DISPARANDO CONTRA DIOS

POR QUÉ LOS NUEVOS ATEOS NO DAN EN EL BLANCO

DISPARANDO CONTRA DIOS

POR QUÉ LOS NUEVOS ATEOS NO DAN EN EL BLANCO

John C. Lennox

ANDAMIO

A mis amigos y colegas David Gooding, Michael Middleton y Arthur Williamson, con profundo aprecio.

FUNDACIÓN RZ
DIÁLOGO ENTRE FE Y CULTURA

Fundación RZ para el diálogo entre fe y cultura es una fundación española que promueve el debate, la reflexión y el intercambio de ideas y experiencias de diálogo interreligioso desde una perspectiva multicultural y cristiana. La fundación está integrada en la red de institutos y organizaciones del grupo global Ravi Zacharias International Ministries (RZIM).

www.fundacionrz.es

PUBLICACIONES ANDAMIO
c/ Alts Forns nº 68, sót. 1º,
08038 Barcelona. España
Tel. (+34) 93 432 25 23
editorial@publicacionesandamio.com
www.publicacionesandamio.com

Publicaciones Andamio es la editorial
de los Grupos Bíblicos Unidos (GBU) en España.

Disparando contra Dios

© Publicaciones Andamio, **2016**
1ª edición abril 2016

Gunning for God
© John Lennox, 2011

Todos los derechos reservados. Esta traducción de *Gunning for God* publicada primeramente en 2011 se publica con el permiso de Lion Hudson plc, Oxford, England.

Todos los derechos reservados. Prohibida la reproducción total o parcial sin la autorización de los editores.

Traducción: Loida Viegas Fernández
Diseño cubierta: Pablo Cabrera - LatidoCreativo.com
Diseño de colección y maquetación interior: Jonatán Burgazzoli

Depósito legal: B. 29123-2015
ISBN: 978-84-945032-4-5

Impreso en Ulzama
Impreso en España

CONTENIDO

INTRODUCCIÓN

Aunque no se agrupan en manadas, un número suficiente de gatos puede hacer mucho ruido y no puede ignorarse.

Richard Dawkins

Probablemente Dios no existe, deja de preocuparte y disfruta de la vida.

Campaña publicitaria humanista británica en autobuses

El ateísmo está en auge en el mundo occidental. Haciendo mucho ruido. Algunos siguen intentando de manera concertada alinear a los ateos fieles, animarlos a no avergonzarse de su ateísmo sino a levantarse y luchar como un ejército unido. El enemigo es Dios. Están disparando a Dios. La pistola más grande, también conocida como antiguo profesor de Comprensión Pública de la Ciencia en Oxford, ha sido Richard Dawkins. En 2005 la revista *Prospect UK* votó por él como uno de los tres principales intelectuales del mundo. Su libro *El espejismo de Dios,*[1] publicado en 2006, ha encabezado las listas de ventas con más de dos millones de copias vendidas tan solo en inglés.

Sin embargo, en la actualidad existe una pistola aun más grande en lo que a las credenciales científicas se refiere, el físico teórico de Cambridge Stephen Hawking. Durante años pareció que Hawking dejaba abierta la cuestión de Dios. Al final de su éxito de ventas *Brevísima historia del tiempo* escribió: "Si descubriésemos una teoría completa... sería el triunfo definitivo de la razón humana, porque entonces conoceríamos la mente de Dios".[2] Sin embargo, en su obra más reciente, *El gran diseño*,[3] escrita en colaboración con Leonard Mlodinow, declara que no hay lugar para Dios. Richard Dawkins se regocija, por supuesto, y hablando de Dios dice: "Darwin lo echó de la biología, pero la física seguía manteniendo la duda. Ahora Hawking le ha dado el golpe de gracia".

Detrás de Dawkins encontramos una falange de francotiradores de menor calibre pero de gatillo fácil. En primer lugar, el elocuente Christopher Hitchens, nacido en Reino Unido pero con base en Estados Unidos, escritor y profesor de Estudios Liberales en Nueva York, autor de *Dios no es bueno*.[4] Después, un científico, Daniel Dennett, que escribió *Romper el hechizo: la religión como un fenómeno natural*.[5] Se describe como "un filósofo sin dios".[6] Finalmente, el más joven, Sam Harris, graduado en Neurociencia, que ha escrito *El fin de la fe*,[7] *Carta a una nación cristiana*[8] y, más recientemente, *El paisaje moral*.[9]

La adrenalina antiDios no solo corre por las venas del mundo anglosajón. En Francia, el activista más prominente es, como era de esperar, un filósofo y no un científico. Se trata del prolífico autor Michel Onfray, que ha escrito *Tratado de ateología*.[10] Vestido de negro de pies a cabeza, se dirige habitualmente a grandes multitudes de atentos oyentes. En Italia, el matemático Piergiorgio Odifreddi ha despertado controversias con su ensayo *Por qué no podemos ser cristianos y menos aún católicos*.[11] El Vaticano no está nada contento con su parodia de la bendición latina, en la que sustituye a la Trinidad por Pitágoras, Arquímedes y Newton.

Dawkins espera poder orquestar un reavivamiento del ateísmo, aunque siente que la tarea es tan complicada como la proverbial reunión de gatos: "Incluso aunque no pueda juntarse en una manada, un número suficiente de gatos puede hacer mucho ruido y es difícil de ignorar".[12] Él, como pastor en jefe de los gatos, y sus colegas sin duda están mostrando cómo hacer mucho ruido. Ahora bien, que dicho ruido pueda traducirse en un lenguaje inteligible es otro asunto totalmente diferente.

Uno de sus intentos de dar a conocer su mensaje es anunciándolo en la parte lateral de los autobuses. Durante un tiempo los autobuses fueron el medio que difundía el mensaje ateo. Circulaban por las principales ciudades británicas con un mensaje destacadamente decepcionante: "Probablemente Dios no existe, deja de preocuparte y disfruta de la vida". Aparte del de una cerveza muy conocida, existen pocos anuncios que contengan la palabra "probablemente". Después de todo, ¿podemos imaginarnos atraídos por anuncios como: "Esta medicina probablemente no tenga efectos secundarios...; este banco probablemente no se arruine...; este avión probablemente le lleve a su destino"? No obstante, Richard Dawkins estuvo dispuesto a ayudar a financiar la campaña de su propio bolsillo.

Para no ser menos, los ateos alemanes, tras no conseguir permiso de las autoridades locales para llevar a cabo una campaña parecida en los autobuses públicos, alquilaron uno con el fin de que llevase el mensaje. En un grandioso estilo teutón, anunciaba cuidadosamente: "Dios no existe (la probabilidad es ya una certeza). Una vida realizada no necesita fe". Mientras el autobús circulaba por Alemania, otro empezó a hacerle sombra, parecido, alquilado esta vez por cristianos. Con más modestia, simplemente planteaba una pregunta: "¿Y qué pasa si Él existe?". Los medios se deleitaban con la visión de ambos vehículos aparcados uno al lado del otro, ciudad tras ciudad. ¿El resultado neto? Dios estaba firmemente a la orden del día.

Imagino que la palabra "probablemente" bien pudo haberse incluido por razones legales, para evitar un enjuiciamiento bajo la legislación de la descripción comercial. Los ateos son conscientes de que no podrían reunir pruebas suficientes que convenciesen a un tribunal de que la probabilidad de que Dios existiese fuera cero; y si esta no es cero, entonces su existencia es posible. Si lo pensamos bien, la probabilidad *a priori* de la existencia de Richard Dawkins es muy baja. La suya, como la del resto de los humanos, es improbable. A pesar de ello, quién lo iba a decir, Richard Dawkins, usted y yo, somos reales. El mensaje del autobús no es relevante. La verdadera pregunta no es: "¿Cuán probable es Dios?", sino más bien: "¿Existen pruebas de que Dios es real?".

Si aún no nos hemos subido al autobús ateo, bien podríamos preguntar qué tipo de Dios es ese cuya existencia se considera improbable. El lema nos informa con soberbia de que es un Dios cuya existencia se asocia (al menos en la mentalidad atea) con las preocupaciones y la ausencia de diversión, sin duda con la implicación de que el ateísmo es la fuente de gozo que echará a ese Dios sombrío y aliviará todas las preocupaciones de la vida.

El matemático David Berlinski entra en escena con una evaluación realista:

> La teoría de que *si* Dios no existe los incrédulos pueden contemplar nuevos placeres suscita una pregunta obvia. ¿Han dejado al menos los ateos de preocuparse y han comenzado a disfrutar de su vida? Lo cierto es que en los últimos años no se ha observado de forma generalizada que ateos prominentes hayan tenido remordimientos de conciencia por causa de la ansiedad. A menos que entraran en coma, resulta difícil imaginar cómo Richard Dawkins, Sam Harris, Daniel Dennett o Christopher Hitchens podrían dejar de preocuparse más de lo que ya lo habían hecho y por tanto es difícil atribuir su entusiasmo al ateísmo.

Berlinski prosigue:

> Sin embargo, aquellos que están considerando el ateísmo como un *nuevo* compromiso doctrinal, no encontrarán plausible el alivio de la ansiedad que se supone que provee. Si la gran preocupación ocasionada por el ateísmo es la indignación de Dios, entonces, dada la timidez con la que han afirmado su *in*exis-

tencia, parecería que los ateos han puesto fin a sus preocupaciones de forma prematura. Sean cuales sean sus demás beneficios, el ateísmo no se presenta generalmente como una posición calculada para aliviar los peores miedos de la humanidad; y, como indica la obra de prominentes ateos, aquellos que han dejado de preocuparse lo han hecho únicamente porque han dejado de pensar.[13]

Uno de esos ateos prominentes, Jean-Paul Sartre, dijo: "El ateísmo es un asunto largo, duro, cruel". Así pues, ¿no podría ser que la preocupación sea parte integrante de *rechazar* a Dios en lugar de una consecuencia de creer en él? ¿Y no sería sabio entonces preguntar exactamente hacia dónde se dirige el autobús ateo antes de subirse a él? Los lemas en el lateral del mismo pueden distraer a la persona y evitar que sea consciente de su destino.

Sin embargo, la campaña de carteles de los ateos no terminó ahí. En 2009, Richard Dawkins y la Asociación Humanista Británica encargaron carteles en los que aparecían dos niños muy felices con la leyenda: "Por favor, no me etiquetes. Déjame crecer y escoger por mí mismo". Sin embargo, en una contradicción exquisitamente irónica de la reivindicación de su primera campaña, que el ateísmo es el requisito previo para la alegría, resultó que los sonrientes niños seleccionados por los ateos para representar su visión de la felicidad infantil eran de una familia cristiana devota. Como dijo el padre de los niños, fue un halago que los ateos juzgasen que esos niños en particular eran felices y libres, sin saber nada de su trasfondo familiar.[14]

Más adelante me detendré en por qué simpatizo realmente con el deseo de los ateos de que no se etiquete a los niños y se les permita elegir por sí mismos. La cuestión de la enseñanza de las creencias propias a los hijos por parte de los padres es, por supuesto, un asunto muy diferente.

En este momento, Richard Dawkins parece ser el conductor principal del autobús ateo. Como él, soy científico (matemático); como él, creo en la verdad; y también como él soy profesor en la Universidad de Oxford. Sin embargo, a diferencia de él, soy teísta; cristiano, para ser preciso. No asocio la existencia de Dios como tal con la preocupación, sino más bien con el gozo. De hecho, si me viese obligado a idear un lema para un anuncio en un autobús, sería parecido a este: "Hay evidencias claras de la existencia de Dios. Por tanto, confía en él y experimenta el verdadero gozo". Por supuesto, soy consciente de que Dios podría ser una fuente potencial de preocupación para los ateos. Después de todo, como Lucrecio destacó hace siglos, si Dios existe los ateos se encontrarán con él algún día. Más sobre esto a su debido tiempo.

Richard Dawkins y yo participamos en dos importantes debates públicos, el primero de ellos en Birmingham, Alabama, en 2007, donde discutimos algunas de las principales teorías de su éxito de ventas *El espejismo de Dios*.[15] El segundo debate trató el tema "¿Ha enterrado la ciencia a Dios?", que es el título de uno de mis libros.[16] Este último debate[17] se llevó a cabo en 2008 en el Museo de Historia Natural de Oxford, el lugar en que Thomas Henry Huxley tuvo su famosa conversación con el obispo Samuel Wilberforce acerca del *Origen de las especies* de

Darwin en 1860. El escenario era tanto inusual como espectacular. Dawkins y yo estábamos sentados en taburetes, con la inmensa cabeza y las fauces de la joya del museo, el esqueleto del *Tyrannosaurus rex*, amenazante sobre nosotros. Este animal se extinguió, sin duda. En eso estamos de acuerdo Dawkins y yo. Él también cree que Dios se ha extinguido o, para ser más exactos, que nunca existió. No estoy de acuerdo.

También tuve dos debates públicos con el fallecido Christopher Hitchens, que se definía como alguien a quien le gusta llevar la contraria. Nuestro primer encuentro se produjo ante una gran audiencia en el Usher Hall, en el Festival de Edimburgo de 2008, donde la moción considerada fue "La nueva Europa debería preferir el nuevo ateísmo".[18] Al final del debate numerosos miembros de la audiencia, que habían indicado inicialmente su indecisión sobre el tema, sorprendieron a muchos al pasar a rechazar la moción. En consecuencia, el moderador, James Naughtie de la BBC la dio como perdida cuando Hitchens así lo reconoció cortésmente. Un miembro de la audiencia que no contribuyó a ese cambio de opinión fue Richard Dawkins. El resultado no pareció agradarle en absoluto.

Me encontré de nuevo con Hitchens en marzo de 2009 en una animada repetición de la confrontación. En este caso el acontecimiento era incluso mayor, organizado por el Socratic Club de la Samford University de Birmingham, Alabama. El asunto tratado fue: "¿Dios es grande?" [Is God Great?], el tema del bestseller de Hitchens *God is not great* [N. *de la T.* Aunque en castellano el libro se ha traducido como *Dios no es bueno*].[19] No es de extrañar, quizá, que en esa ocasión no se realizase votación alguna.

También he debatido con el físico Victor Stenger (entre otros) en Australia en un Debate IQ^2 [20] organizado por *The Sydney Morning Herald* en agosto de 2008, sobre el tema "El mundo estaría mucho mejor sin religión". Como parte de la Semana de la Ciencia de Sídney de 2008, debatí con Michael Shermer, editor del *Sceptic Magazine*, sobre la cuestión "¿Dios Existe?". En julio de 2009 mantuve un largo debate moderado en la televisión australiana con Peter Atkins, Profesor Emérito de Química en Oxford.[21] Además, en abril de 2011 participé en un debate público muy conmovedor con Daniel Lowenstein, Profesor de Derecho en la UCLA, sobre el tema "¿El cristianismo es verdad?".[22]

Todo ello me trae a mi motivación para escribir este libro. En cada debate y exposición he tratado de presentar en el espacio público una alternativa creíble y racional al paisaje ofrecido por los nuevos ateos, en lugar de simplemente intentar emplear armas retóricas o emocionales para "ganar" la discusión del día. Los respectivos oyentes juzgarán si he tenido o no éxito. No obstante, está claro que estos acontecimientos públicos no permiten desarrollar totalmente los argumentos. Así pues, pensé que valdría la pena aprovechar esas experiencias para ofrecer en forma de libro una presentación exhaustiva de los asuntos principales.

Ya he escrito detenidamente sobre el aspecto científico en mi libro *¿Ha enterrado la ciencia a Dios?*; y he tratado la reciente entrada en el debate de Stephen Hawking y Leonard Mlodinow en otro titulado *God and Stephen Hawking: Whose Design is it Anyway?* [Dios y Stephen Hawkins: Al final, ¿de quién es el diseño?].[23] Debido a su actualidad incluiré aquí algo de la esencia de estos argumentos. Sin embargo, el debate principal no se limita a la ciencia. En su lugar, los argumentos que captan a menudo la atención del público en general tienen que ver con la moralidad y los supuestos peligros de la religión. En este libro nos ocuparemos principalmente de estos temas.

Otros autores han allanado el camino. Alister y Joanna McGrath han desmontado muchos de los principales argumentos en *The Dawkins Delusion?* [El espejismo de Dawkins];[24] también lo hace Keith Ward en *Why There Almost Certainly Is a God* [Por qué casi seguro que Dios existe].[25] A un nivel más accesible, la obra de David Robertson *The Dawkins Letters* [Las cartas de Dawkins] es una guía excelente.[26] Más recientemente, David Bentley Hart expone de forma muy efectiva la superficialidad del enfoque histórico de los nuevos ateos en *Atheist Delusions: The Christian Revolution and Its Fashionable Enemies* [Espejismos ateos: La revolución cristiana y sus enemigos de moda].[27] Uno podría preguntarse, ¿por qué entonces otro libro?

Los nuevos ateos quieren mandar "mensajes de concienciación" a los ateos y animarlos a levantarse y luchar por su fe. De ahí que estén constantemente engrosando las filas de sus portavoces. Salen a la calle a conseguir conversos.[28] La importancia de los asuntos y la extensión del interés público aseguran un análisis de los argumentos del nuevo ateísmo desde el mayor número de ángulos posibles, de forma que se "despierte la conciencia" de todo el mundo, los cristianos incluidos.

Mi objetivo es ofrecer uno de esos ángulos, con la esperanza de que servirá de ayuda. Este libro no es simplemente un producto del análisis pasivo, aunque este es importante. También es un producto de la implicación pública con los nuevos ateos y sus ideas. He aparecido en la escena pública a fin de sumar mi voz a la de aquellos que están convencidos de que el nuevo ateísmo no es la posición automática y por defecto de las personas que piensan y que tienen la ciencia en alta estima. Como yo, existen muchos científicos y profesionales de otros ámbitos que consideran que el nuevo ateísmo es un sistema de creencias que, irónicamente, es un ejemplo clásico de la fe ciega de la que abiertamente acusa a otros. Me gustaría aportar mi humilde contribución para aumentar la conciencia pública sobre este hecho.

Sin embargo, tengo una razón más para escribir. El debate inevitablemente ha dado prominencia a los argumentos ateos y a las reacciones contra ellos, lo que significa que la presentación positiva de la alternativa tiende a quedarse corta. Quizá sea por esta razón que los nuevos ateos entonan incesantemente el famoso mantra de Bertrand Russell acerca de que no existen suficientes evidencias. A la luz de esto, en este libro propongo no solo tratar de forma reactiva las objeciones ateas al cristianismo, sino presentar también evidencias detalladas de la verdad del cristianismo.

Me gustaría expresar mi agradecimiento a las muchas personas que a lo largo de los años han estimulado mi pensamiento sobre estos asuntos, incluyendo a aquellos representantes del punto de vista ateo que he encontrado tanto en el debate público como en conversaciones privadas. También estoy agradecido a mi ayudante Simon Wenham y a Barbara Hamilton por su incalculable ayuda con la producción de la transcripción.

La carga de la brigada brillante

Los nuevos ateos se consideran hijos distinguidos y dignos de la Ilustración y, en un intento de abandonar la imagen negativa que sienten que ha tenido el ateísmo hasta ahora, se han bautizado consecuentemente como "los Brillantes". Christopher Hitchens merece elogio por oponerse a semejante "vergonzosa sugerencia".[29] Imaginemos tan solo cuál hubiese sido la reacción si los cristianos se hubiesen definido de forma igualmente necia y condescendiente como "los Inteligentes".

No hay duda de que a los que estamos en desacuerdo con los Brillantes por defecto nos llamarán "los Sombríos" o "los Apagados", o quizá incluso "Los Oscuros". No obstante, Dennett dice que este no es necesariamente el caso, y que aquellos que creen en lo sobrenatural [*N. de la T.* En inglés, "*super*natural"] deberían llamarse a sí mismos los "Súpers".[30] Así pues, "Superbrillante" sería un oxímoron.

La objeción de Hitchens a esta insípida arrogancia se ha ignorado; y los Brillantes han cimentado su declaración en un trozo del ciberespacio creando bajo ese nombre una página web multilingüe. En ella encontramos la siguiente explicación del término: "Un brillante es una persona que tiene una visión naturalista del mundo, libre de elementos sobrenaturales y místicos. La ética y los actos de un brillante se basan en una visión naturalista del mundo".

Como hijos de la Ilustración, los Brillantes se consideran luminarias de una nueva era de entendimiento racional, que repelen las tinieblas de la superstición y el error religiosos. Michel Onfray pone de manifiesto una memoria bastante limitada al explicar sus objetivos de esta forma: "Necesitamos que vuelva el espíritu de la Luz, de la Ilustración, que dio su nombre al siglo XVIII"; como si no hubiese existido un debate intelectual de alto calibre antes del siglo XVIII y, como señala Alasdair MacIntyre,[31] como si el proyecto de la Ilustración no fuese un fracaso en cuanto que no ha sido capaz de proveer un fundamento para la moralidad. Como si la Ilustración nos hubiese elevado del barbarismo a la paz, en lugar de dar paso a una revolución violenta tras otra hasta alcanzar las profundidades de la maldad humana en el siglo XX, el siglo más sangriento hasta la fecha.[32] En su precipitada carga, la Brigada Brillante no parece querer detenerse y considerar tales cosas. Sin embargo, nosotros debemos hacerlo, y lo haremos.

¿Qué hay de nuevo en los nuevos ateos?

Los nuevos ateos ya llevan por aquí algún tiempo; por tanto, en ese sentido trivial, ya no son nuevos. Aun más, a nivel intelectual, sus argumentos nunca fueron realmente nuevos. Sin embargo, lo nuevo sobre ellos es su tono y su hincapié. Los nuevos ateos son más ruidosos y estridentes que sus predecesores. También son más agresivos. Este cambio en el tono se centra en el hecho de que ya no se conforman simplemente con negar la existencia de Dios. Por ejemplo, Christopher Hitchens dijo: "No soy tanto ateo como antiteísta; no solo mantengo que todas las religiones son versiones de la misma mentira, sino que la influencia de las iglesias, así como el efecto de la creencia religiosa, es sumamente dañina".[33] Así pues, la pauta de los nuevos ateos se ha ampliado para incluir un ataque contra la existencia de las creencias. Describen este rasgo particular como su forma de expresar su "pérdida de respeto" por la religión. Como Richard Dawkins lo expresa: "Estoy totalmente harto del respeto que se nos ha obligado a tener por la religión". Christopher Hitchens resumió la posición en su conocida y brutal declaración: "La religión lo emponzoña todo".[34] Bradley Hagerty informa en la Radio Pública Nacional que Hitchens dijo (ante el rugido de aprobación de una gran cantidad de oyentes en la Universidad de Toronto): "Creo que la religión debería tratarse con burla, odio y desprecio, y reivindico ese derecho".[35] La intención de Sam Harris es "destruir las pretensiones intelectuales y morales del cristianismo en sus formas más comprometidas".[36]

¿Por qué la agresión?

Algo parece haberse roto. Y lo ha hecho: las Torres Gemelas el 11S. Según la principal revista semanal alemana de noticias *Der Spiegel*, ese horrible acontecimiento ocurrido en 2001 dio lugar al nuevo ateísmo.

Un artículo de portada titulado "La culpa de todo es de Dios"[37] dice: "Sin los ataques contra Nueva York y Washington no existiría el nuevo ateísmo". En una entrevista posterior en la misma publicación, Dawkins dice que el 11S lo "radicalizó",[38] confirmando por tanto su afirmación anterior:

> Mi último vestigio de respeto por la "religión libre" desapareció en el humo y el polvo asfixiantes del 11 de septiembre de 2001, seguido por el "Día Nacional de Oración" en el que prelados y pastores hicieron su trémula personificación de Martin Luther King e instaron a las personas de creencias mutuamente incompatibles a darse la mano, unidas en homenaje a la fuerza que había sido la causa del problema.[39]

La lógica es simple. Dawkins dice: "Imagine, con John Lennon, un mundo sin religión. Imagine que no hay terroristas suicidas envueltos en bombas, que no existe el 11S o el 7J, que no hay cruzadas, cazas de brujas, ni el Complot de la Pólvora, ni la partición india, ni las guerras árabe-israelíes, ni las masacres serbo-croatas-musulmanas, ni la persecución de los judíos como 'asesinos de Cristo', ni los 'disturbios' de Irlanda del Norte, ni los 'asesinatos de honor', ni telepredicadores con trajes brillantes y cabello cardado, desplumando a sus crédulos espectadores ('Dios quiere que le des todo lo tuyo hasta que te duela'). Imagine que no hay talibanes para volar estatuas antiguas, ni decapitaciones públicas de blasfemos, ni azotes sobre la piel de mujeres por el crimen de enseñar una pulgada de la misma".[40]

Este mensaje resuena poderosamente en un mundo que teme los actos fanáticos perpetrados por los extremistas. ¿Quién de nosotros, a excepción de los propios violentos, no querría un mundo libre de esos horrores? La mayoría de nosotros no dudaría en estar de acuerdo con los nuevos ateos en que existen problemas, grandes problemas, con algunos aspectos de la religión. ¿Cómo podríamos "respetar" a los extremistas religiosos que animan a hombres y mujeres jóvenes a ser bombas vivientes a fin de obtener acceso inmediato al paraíso? Los nuevos ateos tienen bastante razón cuando apuntan a este tipo de cosas, especialmente en sociedades donde existe el peligro de que el discurso público quede paralizado por la corrección política.

Página tras página, los nuevos ateos explican con escabrosos detalles la trágica historia de horror y maldad asociada con la religión, desde los actos atroces de los terroristas suicidas islámicos fundamentalistas, que matan y mutilan a sus víctimas inocentes, hasta el horrible abuso infantil por parte de sacerdotes, que roban a los niños su inocencia y a menudo les causan un trauma psicológico brutal y permanente; desde el temido lavado de cerebro de las sectas a la limpieza étnica de los Balcanes y los disparos entre protestantes y católicos extremistas en Irlanda del Norte. De hecho, una rápida mirada alrededor del mundo en este momento muestra que no solo existen guerras entre grupos religiosos diferentes, sino también luchas despiadadas entre diversas facciones del mismo grupo religioso. Es una letanía enfermiza. La religión parecería ser sin duda el problema principal.

Pues bien, si la religión es el problema, la solución es obvia según los nuevos ateos: librarse de ella. Dicen que la sociedad civilizada ya no puede permitirse más el lujo de sonreír indulgentemente a una religión que se ha vuelto demasiado peligrosa y extrema para semejante complacencia. Por tanto, debe eliminarse; el premio Nobel Steven Weinberg, por ejemplo, no duda en decirlo: "El mundo necesita despertarse de la larga pesadilla de la religión... Los científicos deberíamos hacer todo lo que podamos para debilitarla, algo que sería, de hecho, nuestra mayor contribución a la civilización".

Ese es, en resumidas cuentas, el objetivo de los nuevos ateos; el atento lector no pasará por alto el tono totalitario de la palabra "todo" en la afirmación de Weinberg.[41] Dawkins define el objetivo de esta forma: "Si este libro funciona tal como yo lo he concebido, los lectores religiosos que lo abran serán ateos cuando lo dejen",[42] aunque en su siguiente frase reconoce que esto podría ser un optimismo presuntuoso. No solo quiere reunir a los fieles (ateos) y animarlos a "dar la cara" por su fe (porque se trata de eso, a pesar de sus protestas en el sentido contrario, como veremos). También pretende hacer proselitismo, "despertar la conciencia" de otros, describiendo las atracciones del nuevo ateísmo, incrementando así la huella del ateísmo en el paisaje demográfico.

El paisaje religioso

Para tener una idea del aspecto de ese paisaje, haremos referencia a una encuesta de YouGov en Reino Unido, encargada por el presentador de la BBC John Humphrys en 2007. Según la misma, el 16 por ciento de los 2200 encuestados se definió como ateo; el 28 por ciento creía en Dios; el 26 por ciento creía en "algo" pero no podía decir en qué con seguridad; el 9 por ciento se consideraba agnóstico, entre ellos el propio Humphrys; el 5 por ciento dijo que le gustaría creer y envidiaba a los que lo hacían, pero no podían; el 3 por ciento no sabía; el 10 por ciento no había pensado mucho en ello; y el 3 por ciento dio "otra respuesta".[43] Es interesante establecer estas cifras en el contexto más amplio de una encuesta internacional anterior (2004) en diez países, encargada una vez más por la BBC, titulada " Lo que el mundo piensa de Dios".[44]

De todos los encuestados, alrededor de un 8 por ciento se consideraba ateo; así pues, el Reino Unido tenía el doble de la media con el porcentaje más elevado de ateos, el 16 por ciento. En los Estados Unidos de América, alrededor del 10 por ciento dijo no creer en Dios; aunque una encuesta de Gallup de 2005 deja la cifra mucho más abajo, en el 5 por ciento. Un rastreo por Internet a lo largo de una selección de encuestas recientes parece indicar que un número mayor de personas se siente más cómodo contestando en negativo (que no creen en Dios) que contestando en afirmativo (que son ateas), por muy ilógico que pueda parecer. Por ejemplo, la encuesta *American Religious Identification Survey (ARIS)* llevada a cabo en 2001 da una cifra de ateos del 0,4 por ciento en Estados Unidos, aunque el 14 por ciento se identifica como no religiosos.[45]

Independientemente de lo interesantes que puedan ser estas cifras como indicadores de la naturaleza ascendente de los esfuerzos de los nuevos ateos por hacerse oír, el tema central, si el ateísmo de esas personas es o no verdadero, no va a solucionarse recurriendo a un simple análisis estadístico. Para determinar la verdad necesitamos evidencias más rotundas que esas.

Un rasgo reconfortante del nuevo ateísmo es que no se ve claramente influido por el relativismo posmoderno, al menos en el ámbito de la verdad. Richard Dawkins escribe de forma divertida: "Muéstrenme un relativista cultural a 30000 pies y yo les mostraré un hipócrita".[46] Dirigiéndose a sus lectores cristianos, Sam Harris dice: "Me gustaría reconocer que existen muchos puntos sobre los que ustedes y yo estamos de acuerdo. Por ejemplo, lo estamos en que uno de nosotros tiene razón y el otro no". Los nuevos ateos creen por tanto que existe una verdad accesible para la mente humana. Aceptan la ley del tercero excluido: o este universo es todo lo que hay, o no lo es; o existe un Dios, o no; la resurrección de Jesús ocurrió, o no. En ese sentido son totalmente modernistas en su persuasión. Esto significa, en particular, que podemos tener claro desde el principio de qué estamos hablando; tenemos al menos alguna base para el debate racional.

En lugar de Dios

En 2006 tuvo lugar una conferencia en el Salk Institute de La Jolla, California, sobre el tema "Más allá de la creencia: ciencia, religión, razón y supervivencia". Su cometido era tratar tres cuestiones: ¿Debería eliminar la ciencia a la religión? ¿Qué pondría la ciencia en lugar de la religión? ¿Podemos ser buenos sin Dios? Destacados nuevos ateos como Richard Dawkins y Steven Weinberg se encontraban entre los oradores. *The New Scientist* juzgó que esta conferencia tuvo tal importancia que en la edición especial de su quincuagésimo aniversario incluyó un informe de la misma en un artículo titulado "En lugar de Dios".[47]

Este título revela que el objetivo de los nuevos ateos no es simplemente completar el proceso de secularización desterrando a Dios del universo, sino también poner algo en su lugar. No se trata solamente de que la sociedad debería reemplazar a Dios con otra cosa; es que la ciencia debería hacerlo. Aparentemente, ninguna otra área o actividad humana a excepción de la ciencia está cualificada para aportar algo útil. La ciencia es la reina. Por supuesto, esta es una serie de disciplinas practicadas por seres humanos; por tanto, el objetivo definitivo parecería ser hacer de estos científicos los árbitros absolutos no solo de lo que todos los demás seres humanos deben creer, sino también de lo que deben adorar (recordemos que es Dios a quien desean sustituir). ¿Detectamos más sombras de totalitarismo?

Las dos primeras preguntas del orden del día de la conferencia de La Jolla muestran que propagar el ateísmo forma parte de una meta mayor, la entronización de la ciencia como ser supremo. Este objetivo resuena claramente a la cruzada parecida realizada por T. H. Huxley en los años siguientes a la publicación de *El origen de las especies* de Darwin. Huxley consideró la teoría de Darwin como su arma principal para librarse del cristianismo y lograr la secularización de la sociedad por medio de la dominación de la ciencia. En 1874 este tema se hizo evidente en una famosa reunión de la Asociación Británica en Belfast, en la que Huxley, J. D. Hooker (botánico) y John Tyndall (Presidente de la Asociación Británica para la Ciencia, que estudió los gases atmosféricos) fueron los oradores principales. Tyndall dijo: "Todas las teorías religiosas deben someterse al control de la ciencia y renunciar a todo pensamiento de controlarla".[48]

La dimensión moral

Así pues, resulta inevitable que los nuevos ateos tengan que lidiar con el asunto de la moralidad y la ética. Esta es la razón de que la tercera pregunta (¿Podemos ser buenos sin Dios?) aparezca en el programa de la conferencia, aunque parezca incongruente a primera vista. Los organizadores sintieron sin duda que debían tratar el hecho innegable de que durante siglos la fuente de moralidad, al menos en Occidente, ha sido la tradición judeocristiana. Los nuevos ateos desean abolir la religión, por lo que deben resolver el problema de proveer una fuente alternativa de moralidad, sobre todo porque su principal ataque contra la religión es que no solo es errónea intelectualmente, sino también moralmente hablando.

Por tanto, podemos expresar los principales elementos del plan de los nuevos ateos como sigue:

1. La religión es un espejismo peligroso: conduce a la violencia y a la guerra.

2. Por tanto, debemos librarnos de la religión: la ciencia lo conseguirá.

3. No necesitamos a Dios para ser buenos: el ateísmo puede ofrecer una base perfectamente adecuada para la ética.

En primer lugar, debemos decir algo acerca del significado de los términos "ateísmo" y "religión". Según el Oxford English Dictionary (OED), ateísmo (a-teísmo) es "no creer o negar la existencia de un Dios". El OED cita a Shaftesbury (1709): "No dar crédito de un principio o mente que diseña, ni de una causa, medida o regla de las cosas sino de la casualidad... es ser un perfecto ateo". Dawkins (citando a Steven Weinberg) define su concepto de Dios: "Si no queremos que la palabra 'Dios' se convierta en algo completamente inútil, deberíamos usarla de la forma en que la gente normalmente la entiende: para denotar un creador sobrenatural que es 'apropiado que adoremos'".[49] Así pues, la antipatía declarada de Dawkins es solo hacia lo que él llama "dioses sobrenaturales". Son dioses ilusorios y deben distinguirse del Dios de algunos científicos y filósofos (ilustrados, según Dawkins), para quienes el término "Dios" ha pasado a ser un sinónimo de las leyes de la naturaleza, o de algún tipo de inteligencia cósmica natural que, aunque superior a la humana, evolucionó en última instancia de la materia primitiva del universo como cualquier otra inteligencia menor. Así pues, el blanco principal de los nuevos ateos es el Dios sobrenatural de la Biblia, el Hacedor y Sustentador del universo.

Empleo el término "blanco" a fin de sacar a relucir el hecho de que los nuevos ateos no son simplemente ateos. Quizá se definan mejor como antiteístas, en contraste con el tipo de ateo que, aunque no cree en Dios, no le importa que otros lo hagan siempre que no lo molesten.

Un corolario de su antiteísmo es que cuando los nuevos ateos hablan de "religión" particularmente tienen en mente las grandes religiones monoteístas del judaísmo, el cristianismo y el islamismo, haciendo hincapié principalmente en el cristianismo. Las religiones panteístas como el hinduismo, así como las que podrían clasificarse razonablemente como filosofías, como el confucionismo y ciertas formas de budismo, a penas aparecen en la literatura del nuevo ateísmo.

Crecí en Irlanda del Norte y puedo entender a aquellos que creen que la única solución a los problemas del mundo es librarse de la religión. Sin embargo, precisamente porque fui criado en Irlanda del Norte y sigo siendo un cristiano convencido puedo hacer una contribución para corregir lo que creo que es un desequilibrio inquietantemente peligroso en la lógica del enfoque de los nuevos ateos, tanto en términos del diagnóstico que emiten como en la solución que proponen.

No soy el único con esa inquietud. Muchos ateos la comparten. Barbara Hagerty, en su informe NPR[50] mencionado anteriormente, señala que la reacción a la cada vez mayor agresividad atea no ha encontrado una aprobación universal entre los seguidores de esta corriente. Cita al ateo Paul Kurtz en relación a los nuevos ateos: "Los considero ateos fundamentalistas. Son antireligiosos y mezquinos, desgraciadamente. Ahora bien, son muy buenos ateos y personas muy entregadas a la no creencia en Dios. Pero está esa fase agresiva y militante del ateísmo, que hace más mal que bien". Lo interesante aquí es que Paul Kurtz fue el fundador del Centro para la Investigación, cuya misión es "fomentar una sociedad secular basada en la ciencia, la razón, la libertad de consulta y los valores humanistas", y que organiza un "Concurso de blasfemias" que invita a los participantes a emitir afirmaciones breves criticando las creencias religiosas. Hagerty informó que Kurtz declara haber sido derrocado de su posición en el Centro de investigación por una "conspiración de palacio".

Los ateos se encuentran claramente divididos acerca del enfoque agresivo de los nuevos ateos, y algunos lo hallan positivamente embarazoso. Su incomodidad se hace eco de la del filósofo Michael Ruse cuando escribió el siguiente comentario sobre el libro de los McGrath, *The Dawkins Delusion?*:[51] "*El espejismo de Dios* hace que me sienta incómodo por ser ateo y los McGrath muestran por qué". Por esta razón es importante ser consciente desde el principio de que los nuevos ateos están lejos de representar a todos los ateos. De hecho, muchos de mis amigos y conocidos ateos se esfuerzan por distanciarse de la agresividad de los nuevos ateos.

La fraternidad agnóstica también se ve turbada por el asalto de los nuevos ateos. En su libro *In God We Doubt* [En Dios dudamos],[52] el conocido presentador de radio de la BBC John Humphrys presenta las principales ideas de los nuevos ateos y las respuestas que él es les da con su estilo hostil y sucinto. Lo hace así:[53]

1. Los creyentes son mayoritariamente ingenuos o estúpidos. O, al menos, no son tan listos como los ateos.

Respuesta. Esto es tan claramente incierto que apenas merece la pena detenerse en ello. Richard Dawkins, en su libro El espejismo de Dios, *se vio reducido a producir un "estudio" de Mensa que pretendía mostrar una relación inversa entre la inteligencia y la fe. También declaró que solo unos pocos miembros de la Royal Society creen en un dios personal. ¿Y qué? Algunos creyentes son sin duda estúpidos (como atestiguan los creacionistas) pero he conocido a uno o dos ateos en los que no confiaría para cambiar una bombilla.*

2. Los pocos inteligentes son patéticos porque necesitan un bastón para andar por la vida.

Respuesta. ¿No lo necesitamos todos? Algunos utilizan el alcohol en lugar de la Biblia. No prueba nada sobre ambos.

3. También son patéticos porque no pueden aceptar la irreversibilidad de la muerte.

Respuesta. Quizá, pero no significa que estén equivocados. Cuente el número de ateos en las trincheras o las plantas de oncología.

4. Les han lavado el cerebro para que creyesen. No existe eso del "niño cristiano", por ejemplo, sino solo un niño que ha sido bautizado por sus padres.

Respuesta. Cierto, y muchos niños rechazan esa fe cuando crecen. Sin embargo, otros se mantienen en ella.

5. Les han obligado a creer.

Respuesta. Esto también es cierto en muchos casos, pero realmente no se puede obligar a nadie a creer, solo a fingir que cree.

6. Si no nos deshacemos de la creencia religiosa antes del próximo jueves, la civilización tal como la conocemos está condenada.

Respuesta. Por supuesto que los mulás locos son peligrosos y el islamismo extremista es una amenaza que debe tomarse en serio. No obstante, hemos sobrevivido a la religión monoteísta durante unos 4000 años, y se me ocurren en una o dos cosas que constituyen una amenaza más grande para la civilización.

7. Confiad en mí: soy ateo.

Respuesta. ¿Por qué?
Humphrys añade irónicamente: "No me disculpo si he simplificado en demasía sus puntos de vista con esta pequeña lista: es lo que ellos hacen con los creyentes todo el tiempo".
¡Así es!

Por supuesto, es necesario decir algo más. Pero este tipo de reacción por parte de John Humphrys, que es una persona muy inteligente sin afiliación religiosa (se define como alguien que duda), sirve para mostrar por qué muchas personas se sienten incómodas con el mensaje de los nuevos ateos. Lo encuentran desequilibrado y frecuentemente extremo en muchos puntos; en el mejor de los casos, infundado, y en el peor, claramente erróneo. Dawkins nos anima constantemente a ser críticos; pero veremos que él mismo es altamente selectivo en lo que elige criticar, y de hecho en lo que entiende por crítica.

La ironía del intento de eliminar la religión

Una de las ironías que surgen sobre los nuevos ateos tiene que ver con el hecho de que asignan un importante papel a la teoría de la evolución[54] en su intento de aniquilar la creencia religiosa. Sin embargo, ¡la evolución no parece entrar en el juego! *The Sunday Times*[55] publicó un artículo del editor de ciencia John Leake titulado "Los ateos son una raza moribunda pues la naturaleza 'favorece a los fieles'". Informa sobre un estudio realizado en ochenta y dos países titulado *The Reproductive Advantage of Religiosity* [La ventaja reproductiva de la religiosidad], dirigido por Michael Blume de Jena, que averiguó que aquellos países cuyos habitantes se reúnen para adorar al menos una vez a la semana tienen 2,5 niños cada uno, y los que nunca lo hacen 1,7: número menor al necesario para reemplazarse a sí mismos. Leake contrasta el argumento de Dawkins de que las religiones son como virus mentales que infectan a las personas e imponen grandes costes en términos de dinero y riesgos de salud con la obra de Blume, que sugiere lo contrario: la evolución favorece a los creyentes de forma tan poderosa que a lo largo del tiempo se ha incrustado en nuestros genes una tendencia a ser religioso.

Podríamos haber pensado que si los nuevos ateos tienen razón en lo que a la evolución se refiere, ellos, de entre todas las personas, serían las más entusiastas a la hora de difundir sus genes. Sin duda no es así.

Quizá, entonces, ¿todo lo que tenemos que hacer es esperar?

Quizá no; porque aunque los nuevos ateos parecen haber perdido interés en difundir sus genes, no han abandonado la propagación de sus "memes".

CAPÍTULO 1

¿SON DIOS Y LA FE ENEMIGOS DE LA RAZÓN Y LA CIENCIA?

El monoteísmo aborrece la inteligencia.

Dios da muerte a todo lo que le hace frente, comenzando por la razón, la inteligencia y la mente crítica.

Ambas citas de Michel Onfray

La fe es un mal precisamente porque no requiere justificación y no tolera argumento.

Richard Dawkins

Estas cosas se han escrito para que creáis.

San Juan

Michel Onfray no cree que Dios esté muerto. Pero los teístas no deben aplaudir prematuramente, porque su explicación es la siguiente:

> Una ficción no muere, una ilusión no fallece,
> un cuento de hadas no se refuta a sí mismo...
> No podemos matar una brisa, un viento, una
> fragancia; no podemos matar un sueño o una

ambición. Dios, creado por los mortales a su propia imagen básica, no solo existe para hacer soportable la vida diaria a pesar del camino que cada uno de nosotros recorre hacia la extinción... No podemos asesinar o matar una ilusión. En realidad es más probable que esta nos mate a nosotros, porque Dios da muerte a todo lo que le hace frente, comenzando con la razón, la inteligencia y la mente crítica. Todo lo demás le sigue en una reacción en cadena.[1]

Para Onfray, por tanto, este dios ficticio es un enemigo de la razón. Bueno, los dioses ficticios bien pueden ser enemigos de la razón: el Dios de la Biblia sin duda no lo es. El primero de los diez mandamientos bíblicos contiene la orden de "amar al Señor tu Dios con toda tu mente". Ello debería ser suficiente para mostrarnos que no podemos considerar a Dios un enemigo de la razón. Después de todo, como Creador él es responsable de la propia existencia de la mente humana; la visión bíblica es que los seres humanos son la culminación de la creación. Solo ellos son creados como seres racionales a imagen de Dios, capaces de tener una relación con él, que les ha dado la capacidad de comprender el universo en el que viven.

Según este planteamiento, lejos de ser anticientífica, la Biblia fomenta positivamente la ciencia. Podría decirse que dio a esta su misión inicial. Una de las actividades fundamentales de todas las ramas de la ciencia (de hecho, de todas las disciplinas intelectuales) es nombrar, y por tanto clasificar, todas las cosas y fenómenos. Toda disciplina intelectual tiene su diccionario especial de palabras. Según Génesis, Dios inició este proceso en el campo biológico diciendo a los humanos que pusiesen nombre a los animales.[2] Así la taxonomía se puso en marcha. Con el tiempo dio lugar a que la naturaleza se viera como una unidad racional que era (al menos en parte) susceptible de ser comprendida por los humanos, porque la mente de Dios, a cuya imagen creó la humana, la diseñó.

De hecho, como Alfred North Whitehead y otros han señalado, existen poderosas evidencias de que la visión bíblica del mundo tuvo mucho que ver en el avance meteórico de la ciencia en los siglos XVI y XVII. C. S. Lewis lo resume de la siguiente forma: "Los hombres se volvieron científicos porque esperaban ley en la naturaleza, y lo hacían porque creían en un legislador". Más recientemente, el profesor de Ciencia y Religión de Oxford, Peter Harrison, ha expuesto un argumento impresionante para pulir la teoría de Whitehead. Muestra que el auge de la ciencia no fue debido únicamente al teísmo en general, sino también a los principios particulares de interpretación bíblica empleados por los reformadores, que contribuyeron de forma significativa al avance de la ciencia.[3]

La Biblia nos enseña que la creación es contingente; es decir, Dios como Creador es libre de hacer el mundo como guste. Así pues, a fin de averiguar cómo es el universo y cómo funciona, tenemos que ir y mirar. No podemos pensar como Aristóteles, que pretendía determinar la naturaleza del universo comenzando por principios filosóficos abstractos. Él sostenía que existían ciertos principios *a priori*[4] a los que el universo debía conformarse, una visión que dominó el pensamiento durante siglos. Uno de estos principios era que el movimiento perfecto debe ser circular. Como Aristóteles creía que todo lo que había más allá de la Luna era perfecto, dedujo que los planetas debían moverse en círculos. Cuando Kepler, un cristiano, decidió liberarse de esa limitación metafísica aristotélica y permitir que los datos astronómicos sobre el movimiento de Marte (ya recogidos por Tycho Brahe) hablasen por sí solos, entonces descubrió que los planetas se movían en elipses igualmente "perfectas".

Admiramos a Kepler por su voluntad de dirigirse hacia donde conducen las evidencias en lugar de dejarse coartar intelectualmente por una limitación metafísica, aunque la misma representase la sabiduría establecida durante siglos. Sin embargo, una tormenta de protesta recibió al renombrado filósofo Anthony Flew cuando anunció su conversión al deísmo sobre la base de la evidencia de la complejidad de la vida. Parecería que salir del paradigma naturalista presenta tantas dificultades como hacerlo del aristotélico. La protesta irracional contra Flew por parte de personas cuyas pretensiones intelectuales deberían haber moderado su reacción, constituye una prueba inequívoca de que un naturalismo *a priori* puede lograr de forma efectiva que mentes inteligentes no consideren la idea de que algunas características del universo apuntan hacia una inteligencia diseñadora, aunque esa explicación pueda ser la forma más lógica y obvia de interpretar las evidencias.

Una vez más fue un teísta, no un ateo, quien tuvo la idea que llevó al generalmente aceptado modelo actual del origen del universo a partir del Big Bang. Georges Lemaitre (1894-1966), sacerdote y astrónomo belga, cuestionó la teoría de un universo eterno que había prevalecido durante siglos, y que incluso Einstein sostenía en ese momento (por influencia de Aristóteles, una vez más). Lemaitre aplicó de forma brillante la teoría de la relatividad de Einstein a la cosmología, y en 1927 elaboró una precursora de la Ley de Hubble en relación al hecho de que el universo se está expandiendo. En 1931 propuso su hipótesis del "átomo primigenio" con la que declaraba que el universo comenzó "un día que no tuvo un ayer". Como Alexander Friedman, Lemaitre había descubierto que el universo debe de estar expandiéndose; pero Lemaitre fue más lejos que Friedman al argumentar que debió de producirse un acontecimiento parecido a la creación. De modo interesante, Einstein recelaba de ello, porque le recordaba mucho a la doctrina cristiana de la creación. También lo hacía Sir Arthur Eddington (1882-1944), que había enseñado a Lemaitre en Cambridge y consideraba su obra de 1927 una "solución brillante" a un destacado problema de la cosmología. Sin embargo, la idea de una creación era mucho para Eddington: "Filosóficamente, la idea de un comienzo del orden presente de la naturaleza es repugnante... Me gustaría encontrar una escapatoria genuina".[5]

Mucho después, en los años sesenta, otro conocido científico, Sir John Maddox, por entonces editor de *Nature*, respondió de forma igualmente negativa al descubrimiento de más evidencias que apoyaban la teoría del Big Bang. Para él la idea de un principio era "totalmente inaceptable", ya que daba a entender un "origen absoluto de nuestro mundo" y daba a aquellos que creían en la doctrina bíblica de la creación "amplia justificación" para sus creencias.[6] Resulta bastante irónico que en el siglo XVI algunas personas se resistiesen a los avances de la ciencia porque parecía amenazar la creencia en Dios; mientras que en el siglo XX los modelos científicos de un comienzo no eran aceptados porque podían incrementar la plausibilidad de la creencia en Dios.

Una posición anticientífica es completamente contraria a la visión bíblica del mundo, y me opongo tanto a ella como los nuevos ateos. No quiere decir que las personas no religiosas tengan actitudes anticientíficas. La triste realidad es que las tienen. Desde la perspectiva cristiana tales opiniones son inexcusables, y es lamentable que aún se encuentren. Por otro lado, también es deplorable que los nuevos ateos no sean siempre lo científicos que profesan ser, particularmente cuando se trata de llegar hasta donde conducen las evidencias, especialmente cuando estas amenazan sus presuposiciones materialistas o naturalistas. Los nuevos ateos pueden ser por tanto tan anticientíficos como cualquier otra persona.[7]

Destaquemos de pasada que algunos declaran frecuentemente que los científicos que creen en un Creador están siendo no científicos porque su modelo del universo es incapaz de generar predicciones demostrables. Sin embargo, la declaración anterior de Maddox era hostil a la idea de un comienzo precisamente porque el modelo creativo de Génesis implicaba sin duda ese comienzo, y no aceptaba la confirmación científica de ese modelo. Sin embargo, sus protestas tuvieron que ceder al ser confrontadas con la evidencia. El descubrimiento del desplazamiento gravitatorio hacia el rojo y el eco cósmico de la creación, la radiación cósmica de fondo, confirmaron la predicción obvia que el relato bíblico expresaba: que hubo un comienzo del espacio-tiempo.

La reacción de Maddox debe contrastarse con la de Richard Dawkins. Cuando le expuse esta idea en nuestro debate en Alabama no quedó impresionado. Su respuesta fue que, hubiera existido un comienzo o no, la Biblia tenía un cincuenta por ciento de posibilidades de estar en lo cierto. Sin embargo, a excepción de la suposición gratuita de que el relato bíblico es simplemente pura especulación, la probabilidad de una suposición correcta no es la cuestión. La teoría del Big Bang encontró una resistencia feroz porque había un deseo palpable entre los científicos de que la Biblia no tuviese razón. Hizo falta una evidencia científica enorme y convincente para establecer el modelo estándar. La ironía es que este modelo de universo del Big Bang, que confirma las enseñanzas bíblicas de que hubo un comienzo, está siendo usado ahora para desterrar a Dios por uno de los brillantes físicos teóricos responsables del desarrollo de dicha teoría: Stephen Hawking.

Stephen Hawking y Dios

En su último libro *El gran diseño*, escrito junto a Leonard Mlodinow, Hawking desafía audazmente la creencia religiosa tradicional en la creación divina del universo. Según él, las leyes de la física (no la voluntad de Dios) proveen la explicación de cómo tuvo lugar la vida en la tierra. Argumenta que el Big Bang fue la consecuencia inevitable de estas leyes: "Porque existe una ley como la de la gravedad, el universo puede crearse y se creará de la nada".[8]

Hawking es culpable de numerosas malinterpretaciones y falacias lógicas graves. En primer lugar, su visión de Dios es defectuosa. Según lo que dice, piensa sin duda que Dios es un "Dios tapagujeros", para usarlo como explicación si aún no tenemos una científica. De ahí su conclusión de que en la física no hay lugar para Dios, ya que ha eliminado el último lugar donde se le podía encontrar: el momento de la creación.

Sin embargo, esto no es lo que cualquiera de las grandes religiones monoteístas cree. Para ellas, Dios es el autor de todo el espectáculo. Él creó el universo y lo sostiene constantemente. Sin él, los físicos no tendrían nada que estudiar. En particular, por tanto, Dios es el creador tanto de los trozos del universo que no entendemos como de los que sí entendemos. Y, por supuesto, los segundos son los que proveen las mayores evidencias de la existencia y la actividad de Dios. Del mismo modo en que puedo admirar al genio que está detrás de una obra de arte o de ingeniería cuanto más lo comprendo, mi adoración hacia el Creador incrementa cuanto más entiendo lo que ha hecho.

La visión errónea de Dios por parte de Hawking bien podría vincularse con su actitud hacia la filosofía en general. Escribe: "La filosofía está muerta".[9] No obstante, esta declaración es filosófica en sí misma. Evidentemente, no es científica. Así pues, cuando dice que la filosofía está muerta, se contradice. Estamos ante un ejemplo clásico de incoherencia lógica. No solo eso: la obra de

Hawking, teniendo en cuenta que está interpretando y aplicando la ciencia a cuestiones absolutas como la existencia de Dios, es un libro sobre metafísica, la filosofía por excelencia.

Imaginar que la filosofía está muerta difícilmente sea lo más sabio, especialmente cuando tú mismo estás a punto de dialogar con ella. Tomemos, por ejemplo, la afirmación clave de Hawking citada arriba: "Porque existe una ley como la de la gravedad, el universo puede crearse y se creará de la nada". Sin duda, supone que la gravedad (¿o quizá únicamente la ley de la gravedad?) existe. Eso no es la nada. Por tanto, el universo no se crea de la nada. Peor aún, la declaración "el universo puede crearse y se creará de la nada" se contradice. Si digo "X crea a Y", se presupone la existencia de X en primer lugar a fin de que haga que Y exista. Si digo "X crea a X", presupongo la existencia de X para explicar la existencia de X. Presuponer la existencia del universo para explicar su existencia es lógicamente incoherente. Este hecho pone de manifiesto que lo absurdo sigue siéndolo aunque salga de la boca de científicos mundialmente famosos. También muestra que un poco de filosofía podría haber ayudado.

Como Hawking tiene un concepto equivocado tanto de Dios como de la filosofía, cae en otra serie de errores al pedirnos que escojamos entre Dios y las leyes de la física. Aquí confunde dos cosas muy diferentes: la ley física y un agente personal. Nos pide hacer una elección entre alternativas falsas. Este es un ejemplo clásico de error categórico. Su llamamiento a que escojamos entre la física y Dios es tan manifiestamente absurdo como exigir que elijamos las leyes de la física o al ingeniero aeronáutico Sir Frank Whittle con el fin de explicar el motor a reacción.

Ese error no lo cometió el anterior ocupante de la cátedra de Hawking en Cambridge Sir Isaac Newton cuando descubrió su ley de la gravedad. Él no dijo: "Ahora que tengo la ley de la gravedad no necesito a Dios". Lo que hizo fue escribir *Principia Mathematica*, el libro más famoso en la historia de la ciencia, que expresa la esperanza de "persuadir al hombre pensante" a creer en Dios.

La cuestión es que las leyes de la física pueden explicar cómo funciona el motor a reacción, pero no cómo llegó a existir. Resulta evidente que las leyes de la física por sí solas no podrían haberlo creado. Esa tarea necesitaba de la inteligencia y el trabajo de ingeniería creativa de Whittle. Si lo pensamos bien, ni siquiera las leyes de la física y Frank Whittle juntos podrían por sí solos producir el motor a reacción. También tiene que haber algún material alrededor sujeto a esas leyes con el que Whittle puede trabajar. La materia puede ser una sustancia modesta, pero las leyes no la producen.

Los científicos no fueron los únicos que no colocaron allí al universo; tampoco lo hicieron la ciencia ni las leyes de la física matemática. Sin embargo, Hawking parece pensar que lo hicieron. En *Brevísima historia del tiempo* insinuó este tipo de explicación al sugerir que una teoría podía crear el universo:

> El enfoque habitual de la ciencia de construir
> un modelo matemático no puede responder

las preguntas de por qué debería existir un universo para el modelo a describir. ¿Por qué el universo se molesta en existir? ¿Es la teoría unificada tan convincente que da lugar a su propia existencia? ¿O necesita un creador? Y de ser así, ¿ejerce este algún otro efecto sobre el universo?[10]

Sin embargo, la idea de que una *teoría* o unas *leyes físicas* dan lugar a la existencia del universo no tiene sentido. ¿O me estoy perdiendo algo? Los científicos esperan desarrollar teorías que utilizan leyes matemáticas que describen fenómenos naturales, y lo han hecho con un éxito espectacular. Sin embargo, las leyes que encontramos ni siquiera pueden provocar algo por sí mismas, no digamos ya crearlo.

Las leyes físicas no pueden *crear* nada por su cuenta; son una simple descripción (matemática) de lo que acontece habitualmente bajo ciertas condiciones dadas. La ley de la gravedad de Newton no crea la gravedad; ni siquiera la explica, algo de lo que el propio Newton era consciente. De hecho, las leyes de la física no solo son incapaces de crear nada; tampoco pueden causar que pase nada. Por ejemplo, las célebres leyes del movimiento de Newton nunca provocaron que una bola de billar se desplazara por el tapete verde de la mesa: eso solo lo puede hacer una persona con un taco y la acción de sus propios músculos. Las leyes nos permiten analizar el movimiento y planificar la trayectoria del movimiento de la bola en el futuro (si no hay interferencias externas[11]), pero resultan inútiles para mover la bola, no digamos ya crearla.

No obstante, el conocido físico Paul Davies parece estar de acuerdo con Hawking: "No hay necesidad de invocar a lo sobrenatural para explicar los orígenes del universo o de la vida. Nunca me gustó la idea del juego divino: para mí es mucho más inspirador creer que una serie de leyes matemáticas pueden ser tan inteligentes como para crear todas estas cosas".[12]

Sin embargo, en el mundo común en que vivimos la mayoría de nosotros, la simple ley aritmética 1+1 = 2 nunca creó nada por sí misma. Con toda seguridad, nunca ha puesto dinero en mi cuenta bancaria. Si ingreso 1000 £ en el banco y más tarde otras 1000 £, las leyes de la aritmética explicarán de forma racional el hecho de que ahora tengo 2000 £ en el banco. Sin embargo, si nunca ingreso dinero en el banco y dejo simplemente que las leyes de la aritmética creen más dinero en mi cuenta, estaré en bancarrota permanente.

C. S. Lewis lo vio claro hace mucho. De las leyes de la naturaleza dice:

> No producen acontecimientos: describen el patrón al que todo acontecimiento, cuando ocurre, debe conformarse, del mismo modo en que las reglas de la aritmética describen el modelo al que todas las transacciones con dinero deben conformarse, si es que tenemos algo de dinero. Así pues, en un sentido, las leyes de la naturaleza cubren todo el campo del espacio y el tiempo; en otro sentido, lo que dejan fuera es precisamente todo el universo real, el torrente incesante de acontecimientos

reales que forman la verdadera historia. Eso debe proceder de algún otro lugar. Pensar que las leyes puedan producirlo es como pensar que puedes crear dinero real simplemente haciendo sumas. Porque en última instancia cada ley dice: "Si tienes A, entonces obtendrás B. Pero primero atrapa una A: las leyes no lo harán por ti".[13]

El mundo del naturalismo estricto, en el que las inteligentes leyes matemáticas crean por sí mismas el universo y la vida, es pura (ciencia) ficción. Las teorías y leyes no crean materia/energía. La opinión de que tienen de alguna forma esa capacidad parece más bien un refugio desesperado (y resulta difícil ver qué otra cosa podría ser) para no enfrentarse a la posibilidad alternativa implícita en la pregunta de Hawking citada anteriormente: "¿o necesita un creador?".

Si Hawking no rechazase tanto la filosofía, podría haber estado de acuerdo con la declaración de Wittgenstein de que el "engaño del modernismo" es la idea de que las leyes de la naturaleza nos *explican* el mundo cuando todo lo que hacen es *describir* regularidades estructurales. Richard Feynman, premio Nobel de Física, lleva el asunto mucho más lejos: "El hecho de que existan reglas que deben verificarse es una especie de milagro; el hecho de que sea posible encontrar una norma, como la ley de la inversa del cuadrado, es una especie de milagro. No se entiende en absoluto, pero conduce a la posibilidad de la predicción, lo que significa que nos dice lo que esperaríamos que ocurriese en un experimento que aún no hemos hecho".[14] El propio hecho de que esas leyes puedan formularse matemáticamente fue para Einstein una fuente constante de asombro que apuntaba más allá del universo físico, a ese "espíritu inmensamente superior al del hombre".

Hawking ha sido claramente incapaz de responder a la pregunta central: ¿por qué hay algo en lugar de nada? Él dice que la existencia de la gravedad significa que la creación del universo era inevitable. Pero ¿cómo llegó a existir la gravedad? ¿Qué fuerza creativa hubo detrás de su nacimiento? ¿Quién la puso allí, con todas sus propiedades y potencial para la descripción matemática? De forma parecida, cuando en apoyo a su teoría de la creación espontánea Hawking argumenta que solo era necesario que "la mecha azul" se encendiese para "poner el universo en funcionamiento", siento la tentación de preguntar: ¿de dónde viene esa mecha azul? Sin duda, si hizo que el universo existiese no forma parte de él. Entonces, ¿quién la encendió sino Dios?

Allan Sandage, considerado generalmente el padre de la astronomía moderna (descubridor de los quásares y ganador del premio Crafoord, el equivalente del Nobel en la astronomía), no tiene dudas acerca de su respuesta: "Encuentro bastante improbable que ese orden proviniese del caos. Tiene que haber algún principio organizador. Dios constituye un misterio para mí pero es la explicación del milagro de la existencia, de por qué hay algo en lugar de nada".[15]

Al intentar evitar la clara evidencia de la existencia de una inteligencia divina detrás de la naturaleza, los científicos ateos se ven obligados a atribuir poderes creativos a candidatos cada vez menos creíbles, como la masa/ energía y las leyes de la naturaleza. De hecho, Hawking no solo no se ha librado de Dios; ni siquiera se ha librado del Dios tapagujeros en el que ninguna persona sensata cree. Porque las mismas teorías que formula para desterrar al Dios tapagujeros son altamente especulativas e imposibles de demostrar.

Como cualquier otro físico, Hawking se enfrenta a la poderosa evidencia del diseño, tal como explica en su libro:

> Nuestro universo y sus leyes parecen tener un diseño hecho a medida para sustentarlos y, si queremos existir, hay poco espacio para la alteración. Este hecho no se explica fácilmente y plantea la pregunta natural de por qué es de esta forma... El descubrimiento relativamente reciente del reajuste extremo de tantas leyes de la naturaleza podría conducir de nuevo al menos a algunos de nosotros a la vieja idea de que este gran diseño es la obra de algún gran diseñador... Esa no es la respuesta de la ciencia moderna... nuestro universo parece ser uno de muchos, cada uno de ellos con leyes diferentes.[16]

Así pues, llegamos al multiverso. En líneas generales, la idea es que existen tantos universos (algunos sugieren un número infinito) que cualquier cosa que pueda ocurrir lo hará en alguno de ellos. No sorprende entonces, según este argumento, que exista al menos un universo como el nuestro.[17]

Observamos de pasada que Hawking ha caído una vez más en la trampa de ofrecer alternativas falsas: Dios o el multiverso. Desde un punto de vista teórico, como los filósofos (esa raza despreciada) han señalado, Dios podría crear tantos universos como quisiese. En sí mismo, el concepto del multiverso no excluye a Dios.

Pero volvamos al multiverso de Hawking. Aquí va más allá de la ciencia, hasta el propio ámbito de la filosofía cuya muerte ha anunciado al principio de su libro. Además, Hawkins declara ser la voz de la ciencia moderna. Este hecho da una impresión falsa en lo concerniente al multiverso, ya que existen voces de peso en la ciencia que no apoyan el punto de vista de Hawking.

Por ejemplo, el profesor John Polkinghorne, un eminente físico teórico, rechaza el concepto del multiverso:

> Reconozcamos estas especulaciones como lo que son. No pertenecen a la física sino, en un sentido estricto, a la metafísica. No existen razones puramente científicas para creer en un conjunto de universos. Estructuralmente, es imposible que podamos conocer esos otros mundos. Una explicación posible, de una respetabilidad intelectual equivalente, y para mí de mayor economía y elegancia, sería que este mundo es como es porque es la creación de la voluntad de un Creador que ha dispuesto que sea así.[18]

Me veo tentado a añadir que la creencia en Dios parece ser una opción infinitamente más racional si la alternativa es creer que cualquier otro universo que podría existir exista, incluyendo uno en el que Richard Dawkins fuera el Arzobispo de Canterbury, Christopher Hitchens el Papa y Billy Graham acabara de ser elegido ateo del año.

La última teoría de Hawking para explicar por qué las leyes de la física son como son se llama Teoría M: una teoría de la gravedad supersimétrica que implica conceptos muy sofisticados como cuerdas que vibran en once dimensiones. Hawking la llama confiadamente "la teoría unificada que Einstein estaba esperando encontrar". Sin embargo, Paul Davies (citado arriba), que no es teísta, dice de ella: "No es demostrable, ni siquiera en un futuro previsible".[19] El físico de Oxford Frank Close va más lejos: "La Teoría M ni siquiera está definida... se nos dice incluso: 'Nadie parece saber qué representa la M'. Quizá 'mito'". Close concluye: "No veo que la Teoría M añada un ápice al debate de Dios, ni a favor ni en contra".[20] Jon Butterworth, que trabaja en el Gran Colisionador de Hadrones de Suiza, declara que "la Teoría M es muy especulativa y no se encuentra en la zona de la ciencia ni tenemos evidencias que la respalden". Sin embargo, Butterworth argumenta que aunque la Teoría M no ha podido demostrarse, no requería fe en el sentido religioso, sino que era más bien una corazonada científica.[21]

¡Un momento! ¿Las corazonadas científicas no necesitan fe para seguir con la investigación que podría establecerlas? ¿Acaso no tiene fe Hawking en la Teoría M, aunque sea fe sin demasiada evidencia que la respalde?

Sin duda, necesitamos pensar detenidamente en la fe. Pero antes de hacerlo, podríamos simplemente resumir el debate sobre Hawking de esta manera:

Se nos presenta el siguiente argumento en forma de silogismo:

Si la Teoría M es correcta, entonces Dios no existe.

La Teoría M es correcta.

Por tanto, Dios no existe.

Hemos visto que la primera premisa es falsa, sea o no verdadera la segunda. La segunda no se ha establecido; algunos creen que ni siquiera está bien definida, y mucho menos es demostrable. La conclusión es, por tanto, inválida. El Gran Diseño sigue apuntando firmemente al Gran Diseñador.[22]

Ahora, detengámonos en la importantísima cuestión de la fe.

¿Qué es la fe?

Existe una confusión generalizada en relación con la naturaleza de la fe, especialmente entre los ateos. Esta confusión surge del hecho de que el término "fe" ha desarrollado un abanico de significados y se emplea con frecuencia sin dejar claro cuál de ellos se pretende expresar. Comencemos con el diccionario. Según el OED, la palabra "fe" deriva del latín *fides* (de donde obtenemos "fidelidad"), por lo que su significado básico es "confianza", "dependencia". "El latín *fides*, al igual que su equivalente etimológico griego *pistes*, que es el que aparece en el Nuevo Testamento, tenía principalmente los siguientes significados: 1. creencia, confianza; 2. aquello que produce creencia, evidencia, prueba, garantía, compromiso; 3. confianza en su aspecto objetivo, lealtad, observancia de la confianza, fidelidad".

Así pues, según el OED, los principales significados atribuidos a la palabra "fe" son: creencia, confianza, seguridad, dependencia, y la creencia procedente de la confianza en un testimonio o una autoridad. Por tanto, las afirmaciones "creo en la ciencia"; "confío en la ciencia", y "tengo fe en la ciencia" significan todas lo mismo, y deberíamos destacar que esa fe/creencia/confianza se considera justificada por la mayoría de las personas.

Todo claro hasta que empezamos a leer a los nuevos ateos. Por un lado, dicen que *creen* que Dios no existe. Por otro, dicen que no tienen *fe*. Richard Dawkins declara: "Los ateos no tienen fe; y la razón no es suficiente para impulsar a uno hacia la convicción total de que definitivamente algo no existe".[23] Piensa que "se puede defender que la *fe* es uno de los mayores males del mundo, comparable al virus de la viruela pero más difícil de erradicar. La fe, que es creencia no basada en la evidencia, es el vicio principal de cualquier religión".[24] Según él, "la creencia científica se basa en evidencias públicamente comprobables. La fe religiosa no solo carece de evidencias; su independencia de las evidencias es su gozo, anunciado a los cuatro vientos desde los tejados".[25] Michel Onfray acusa a los creyentes religiosos de "una credulidad increíble porque no quieren ver la evidencia".[26]

Estas afirmaciones nos llevan al núcleo del asunto. Dawkins contrasta aquí la *"creencia* científica" con la *"fe* religiosa". Este hecho muestra que piensa que "fe" no es lo mismo que "creencia", sino un tipo especial de creencia: la creencia cuando no existen evidencias. Muchos ateos parecen compartir este punto de vista idiosincrático, Julian Baggini entre ellos. Él plantea la pregunta: ¿es el ateísmo una posición de fe? Su respuesta es no:

> La posición atea se basa en pruebas y argumentos como la mejor explicación. El ateo cree en lo que tiene buenas razones para creer y no cree en entidades sobrenaturales que proveen pocas razones para hacerlo, ninguna de ellas sólida. Si esta es una posición de fe entonces la cantidad necesaria de fe es muy pequeña. Contraste este hecho con los creyentes en lo sobrenatural y podremos ver lo que es una verdadera posición de fe. La creencia en lo sobrenatural es creencia en lo que carece de evidencias sólidas.

A partir de esto, Baggini deduce lo siguiente: "El estatus de la creencia atea y el de la religiosa son por tanto bastante diferentes. Solo la segunda requiere fe porque solo[27] la creencia religiosa postula la existencia de entidades de cuya existencia no tenemos buenas evidencias".[28] Para Baggini, por tanto, una "posición de fe" es por definición creencia sin evidencia. En otras palabras, para los nuevos ateos, "creencia" parecería ser el término neutral (puede o no justificarse con evidencias), mientras que emplean "fe" como término especial para una creencia sin justificación.

Además, Baggini confunde dos cosas muy diferentes: 1) los términos "fe", "creencia" o "confianza" y 2) la base para esa "fe", "creencia" o "confianza". La idea es que, al contrario de lo que piensa Baggini, según el OED, el uso normal de la palabra "fe" no contiene en sí mismo implicaciones sobre la fuerza o la debilidad de las evidencias que podrían justificar esa fe. Desde esta perspectiva, sería mucho más preciso decir que el ateísmo, el agnosticismo y el teísmo son "posiciones de fe", y podemos preguntar de cada uno de ellos: ¿qué evidencias los sostienen y qué habla en contra de ellos? La confusión surge de una redefinición idiosincrática e implícita de "fe" como un término peculiarmente religioso (no lo es) y que solo significa un tipo especial de creencia, es decir, creer sin evidencias (cosa que no es así).

Por ejemplo, si en lugar del OED buscamos "fe" en el *Merriam Webster's Online Dictionary* encontramos la siguiente entrada:

> 1. a: fidelidad a una obligación o persona: lealtad; b (1): fidelidad a las promesas de uno (2): sinceridad de intenciones. 2. a (1): creencia y confianza en Dios y lealtad a él (2): creencia en las doctrinas tradicionales de una religión; *b (1): creencia firme en algo de lo que no existen pruebas* [cursivas añadidas] (2): confianza total.

Según Webster, pues, la creencia firme en algo de lo que no existen pruebas es un uso permitido de la palabra "fe". El ejemplo más famoso de ese uso quizá sea Mark Twain, que dijo que la fe es "creer lo que sabes que no es verdad". Todos los nuevos ateos le siguen. Una importante web atea (que cita a Mark Twain) lo dice de forma clara: "En pocas palabras, fe significa creencia o confianza. La fe es un tipo particular de creencia. Es sólida, suele ser constante y no necesita de pruebas o evidencias. La mayoría estaría de acuerdo en que la creencia es fe cuando es bastante fuerte y no implica evidencia o razonamiento práctico".[29]

Sin embargo, la fe concebida como creencia que carece de justificación es muy diferente de la fe concebida como creencia que sí la tiene. Para evitar la confusión, por tanto, será útil emplear el término mucho más común y menos ambiguo "fe ciega" cuando nos refiramos a la creencia sin justificación. El uso del adjetivo "ciega" para describir la "fe" indica que la fe no siempre es ciega; de hecho, normalmente no lo es. Sin embargo, Baggini parece pensar que lo es: "Cuando las bases para creer se encuentran disponibles no tenemos necesidad de fe. No es la fe la que justifica mi creencia en que beber agua fresca y limpia es bueno para mí, sino la evidencia. No es la fe la que me dice que no es una buena idea saltar por la ventana de un edificio alto, sino la experiencia".[30] En la primera frase, "fe" se diferencia de las "bases de la creencia"; en la segunda, de la "evidencia"; y en la tercera, de la "experiencia". Esto es puro Mark Twain, y sonará absurdo para quien se tome en serio el OED, ya que en el lenguaje común decir que "la fe no es la justificación de mi creencia" es como decir que la creencia no es la justificación de la creencia o, de forma equivalente, que la fe no es la justificación de la fe. Simplemente no tiene sentido.

En el lenguaje normal, lo que Baggini presumiblemente quiere decir es que pone su fe en beber agua fresca y limpia sobre la base de tal y tal evidencia, y que confía (o pone su fe en) su experiencia, que le dice que no es buena idea saltar de edificios altos. Lejos de no ejercer la fe, la está ejerciendo en ambas ocasiones.

Se deduce de ello que la *validez* o *justificación* de la fe o la creencia dependen de la solidez de la evidencia sobre la que se basa. De hecho, para la mayoría de las personas ese es el punto de vista sensato. Si se les pide que crean en algo, querrán saber cuál es la evidencia sobre la que apoyarse, especialmente si el asunto es importante para ellos. Un director de banco no tendrá fe (confiará, creerá) en alguien que pide un préstamo sustancial a no ser que pueda ver suficientes evidencias en las que basar esa confianza.

Pensemos en la crisis financiera de 2009. Antes de que ocurriese muchos tenían fe en el sistema bancario, porque creían en la integridad de la mayor parte de responsables de los bancos. Entonces se descubrió que la gestión de riesgo responsable no era el punto fuerte de algunos ejecutivos de banca que, debido a su avaricia, jugaron con nuestro dinero en sus arriesgadas aventuras. La base de la confianza en ellos se erosionó hasta tal punto que la economía se paralizó y los bancos tuvieron que ser rescatados. La fe pública en los banqueros demostró ser ciega. De hecho, incluso la fe de estos en sus propias capacidades también acabó siéndolo. Como consecuencia, los bancos se enfrentaron a la muy difícil tarea de recuperar la fe o la confianza del público. El sistema no podía volver a funcionar hasta que no se restableciera una base para la confianza (fe).

¿Qué nos está diciendo esto? Todos sabemos cómo distinguir entre la fe ciega y la basada en la evidencia. Somos muy conscientes de que la fe solo se justifica si existen evidencias que la respalden. Cuando compramos un coche, no gastamos el dinero que tanto trabajo nos ha costado ganar en cualquier vehículo. Comprobamos los índices de fiabilidad del fabricante; hablamos con amigos que tienen un coche parecido. En otras palabras, buscamos razones, evidencias, que justifiquen nuestra decisión de tener fe en la compra de un vehículo concreto.

También sabemos que la fe ciega puede ser peligrosa, incluso para comprar un coche, por no hablar del tipo de fanatismo ciego que alimenta el terrorismo. La mayoría de nosotros sin duda estará de acuerdo con Richard Dawkins cuando este dice: "Si se enseñara a los niños a cuestionarse sus creencias y a reflexionar sobre ellas, en vez de educarlos en la superior virtud de la fe sin cuestión, podríamos apostar que no habría terroristas suicidas".[31]

Fe en las personas

En nuestro uso cotidiano de las palabras "fe" y "creencia", tendemos a distinguir entre "creer en algo" y "creer en alguien". Una vez más, resulta obvio que la confianza en otros seres humanos se basa en la evidencia, a menos que seamos unos ingenuos. Expuse este concepto en mi primer debate con Richard Dawkins en respuesta a su afirmación de que la fe es ciega. Le pregunté sobre su fe en su esposa. Su reacción instintiva, positiva, me confirmó que comprende muy bien que la fe se basa normalmente en la evidencia. De hecho, Dawkins lo explica de forma bastante detallada en una carta escrita a su hija:

> A veces las personas dicen que debes creer en los sentimientos profundos, o de lo contrario nunca confiarás en cosas como "Mi esposa me ama". Pero este es un mal argumento. Pueden existir muchas evidencias de que alguien te ama. A lo largo del día, cuando estás con alguien que te ama, ves y oyes muchas pruebas pequeñas de ello, y todas suman. No se trata de un sentimiento puramente interior, como el que los sacerdotes llaman revelación.[32] Existen cosas externas que respaldan el sentimiento interior: miradas a los ojos, un tono tierno en la voz, pequeños favores y gentilezas; todo ello son evidencias reales.

En ocasiones, las personas tienen un fuerte sentimiento interior de que alguien las ama y que no se basa en evidencia alguna, y así es posible que estén completamente equivocados. Hay personas con el fuerte sentimiento interior de que una famosa estrella de cine las ama, cuando esta ni siquiera las conoce. Estas personas tienen la mente enferma. Los sentimientos interiores deben ser respaldados por la evidencia o simplemente no puedes confiar en ellos.[33]

¡Exactamente! La fe basada en la evidencia no es una idea extraña, ni siquiera para los nuevos ateos.

En todos estos ejemplos deberíamos destacar que la fe no es algo que compensa la ausencia de evidencias, de tal modo que la fuerza de la fe es inversamente proporcional a la solidez de las evidencias. La fe tampoco es lo que "sostiene las creencias que carecen del respaldo habitual de la evidencia o el argumento".[34] Es todo lo contrario, como todos sabemos muy bien. Cuantas más evidencias tengo para confiar en un documento o una persona, mayor será mi confianza en él o ella.

A la luz de todo esto resulta bastante asombroso la firmeza con la que los nuevos ateos han adoptado la definición de Mark Twain como la *única* definición de la fe, con lo que imaginan que la evidencia lo que hace es desplazar de alguna forma la fe en lugar de justificarla. Christopher Hitchens proveyó otro ejemplo clásico de ello: "Si uno debe tener fe para creer en algo, las probabilidades de que ese algo sea verdadero o tenga valor disminuyen considerablemente". ¡Salid de la ciencia entonces! Salid también de Chistopher Hitchens, como señalé en nuestro debate de Alabama, "¿Dios es grande?". Después de todo, en el supuesto de que Christopher Hitchens tuviera suficiente fe para creer en su propia existencia, su argumento me diría que la probabilidad de que exista realmente ha disminuido considerablemente. Esa "lógica" no es precisamente impresionante. Peor aún, lo que Hitchens dice sobre la fe se refuta a sí mismo, ya que es en sí una expresión de fe. Él lo cree y espera que tú lo hagas también; si es cierto, ¡la probabilidad de que tenga algo de cierto disminuye! Se contradice. Es incoherente.

De hecho, en este asunto, parecía que Hitchens se había hecho un embrollo del que casi no podía salir. Consideremos su afirmación admirablemente necia: "Nuestra creencia no es una fe. Nuestros principios no son una fe".[35]

Podemos ver otra raíz de esta confusión endémica ya en el filósofo de la Ilustración Immanuel Kant. Introdujo una disyunción falsa entre la fe y el conocimiento que ha provocado muchos problemas desde entonces. Kant escribió: "He encontrado necesario negar el *conocimiento* a fin de dar lugar a la *fe*".[36] Muchos han interpretado que Kant quiso decir que si hubiesen evidencias convincentes de la existencia de Dios, entonces ya no habría lugar para la fe.

Esta extraña idea es muy común, pero es totalmente falsa. Por ejemplo, el difunto rector del Green College de Oxford, el eminente epidemiólogo Sir Richard Doll, demostró más allá de cualquier duda razonable que fumar provoca cáncer de pulmón. Podemos decir por tanto que *sabemos* que fumar provoca cáncer. ¿Hace este conocimiento que no haya lugar para la fe? Por supuesto que no. Algunas personas tienen fe en la obra de Doll y dejan de fumar, disminuyendo espectacularmente el riesgo potencial para su salud. Otras personas no tienen fe en los resultados científicos; aunque lo saben, y se les recuerda cada vez que compran una cajetilla de tabaco. Su falta de fe es dañina, por supuesto, y con frecuencia fatal, pero siguen fumando. Decir que el conocimiento desplaza de alguna forma la fe revela un pensamiento muy confuso. Después de todo, el conocimiento de los hechos y las personas aumenta nuestra fe en ellos y no al contrario.

¿Es la fe en Dios ciega o está basada en la evidencia?

Como hemos visto, la fe ciega existe y puede ser peligrosa. Por tanto, nuestra siguiente pregunta debe ser: ¿es así la fe[37] cristiana?[38] ¿Es la fe de Mark Twain? Sí, dice Baggini, y aun más, la propia Biblia dice que fe significa creer algo que carece de evidencias. Para defender su postura, Baggini cita la historia del encuentro de Tomás con Jesús en Jerusalén después de la resurrección. En su Evangelio, Juan cuenta que Tomás no estaba con los demás discípulos cuando estos vieron a Jesús, y se negó a aceptar su historia si no le ofrecían una evidencia visual y tangible: "Si no veo en sus manos la señal de los clavos, y meto el dedo en el lugar de los clavos, y pongo la mano en su costado, no creeré".[39]

El relato continúa como sigue:

> Ocho días después, sus discípulos estaban otra vez dentro, y Tomás con ellos. Y estando las puertas cerradas, Jesús vino y se puso en medio de ellos, y dijo: "Paz a vosotros". Luego dijo a Tomás: "Acerca aquí tu dedo, y mira mis manos; extiende aquí tu mano y métela en mi costado; y no seas incrédulo, sino creyente". Respondió Tomás y le dijo: "¡Señor mío y Dios mío!". Jesús le dijo: "¿Porque me has visto has creído? Dichosos los que no vieron, y sin embargo creyeron".[40]

Baggini da su interpretación: "Así pues, el cristianismo respaldó el principio de que es bueno creer lo que carece de evidencias, una máxima bastante conveniente para un sistema de creencias sin ningún tipo de evidencia".[41]

Esta deducción es completamente injustificada y, de hecho, bastante insensata, como vemos si lo pensamos tan solo un momento. El texto dice que Tomás creyó porque *vio*. ¿Significa eso que los millones de personas (incluyéndome a mí) que no han visto a Jesús con sus propios ojos, pero aun así creen en él, lo hacen sin evidencias? ¡Por supuesto que no! Ver es solo un tipo de evidencia. Existen otros muchos, y lo veremos más adelante. Por el momento, destaquemos simplemente que la interpretación de Baggini sería lo mismo que sugerir que, como usted no ha *visto* la gravedad, los átomos o los rayos X, su creencia en su existencia no puede basarse en las evidencias; o como no ha visto a Napoleón, su creencia de que luchó en la batalla de Waterloo es ciega. ¡Y Baggini es un filósofo![42]

Antes de disponerse a escribir, le habría venido bien el consejo de leer en el Evangelio de Juan la declaración inmediatamente posterior al incidente de Tomás, que explica cómo entendía el propio Juan el concepto de la fe: "Y muchas otras señales hizo también Jesús en presencia de sus discípulos, que no están escritas en este libro; pero estas se han escrito para que creáis que Jesús es el Cristo, el Hijo de Dios; y para que al creer, tengáis vida en su nombre".[43] Juan está exponiendo aquí el propósito para el que escribió su libro. Recoge una recopilación de señales: cosas especiales realizadas por Jesús que apuntaban hacia una realidad más allá de ellas y daban por tanto testimonio de su identidad como Dios encarnado. Por ejemplo, Jesús multiplicó el pan para alimentar a una gran multitud y después utilizó ese hecho para apuntar a algo más profundo presentándose como "el pan de vida". Juan dice que las personas creían en Jesús debido a la evidencia que proveía al realizar aquellas señales.[44] Y Juan consideró que esas evidencias también servían para aquellos que, como nosotros, no vieron directamente los acontecimientos en cuestión. Según Juan, la creencia (= fe) exigida por Cristo es cualquier cosa menos ciega. La ceguera se encuentra en las personas que no ven esta realidad.

Terry Eagleton, un distinguido crítico literario británico, es característicamente mordaz:

> Dawkins considera que toda fe es ciega, y que los niños cristianos y musulmanes son educados para creer y no cuestionar nada. Ni siquiera los torpes clérigos que me agobiaron en la secundaria pensaban así. Para el cristianismo tradicional, la razón, los argumentos y la duda honesta siempre han tenido un papel integral en la creencia.[45]

La fe y Freud: ¿Es la fe un espejismo?

La fe, vista a través de la lente distorsionadora del nuevo ateísmo, es una aberración psicológica que solo se encuentra en las mentes religiosas ingenuas o los "cabezas huecas", como Dawkins las define burlonamente. En su opinión, la fe no solo es un espejismo, sino algo moralmente reprensible: "La fe es un mal precisamente porque no requiere justificación y no tolera los argumentos".[46]

También es demente, en su opinión. Dawkins cita a Robert Pirsig, autor de *Zen y el arte del mantenimiento de la motocicleta*: "Cuando una persona sufre espejismos, eso se denomina locura. Cuando muchas personas sufren espejismos, se denomina Religión".[47]

La idea de que la fe en Dios es un espejismo no tuvo que esperar a Richard Dawkins. Antes de navegar bajo arresto hacia Roma para una audiencia con el César, el apóstol cristiano Pablo realizó su defensa final del evangelio en Cesarea, donde el gobernador romano Porcio Festo y el rey Herodes Agripa lo convocaron a comparecer ante ellos. En un episodio muy conocido, Festo interrumpió la defensa de Pablo diciendo: "¡Pablo, estás loco! ¡Tu mucho saber te está haciendo perder la cabeza!".[48] Si Pablo fue acusado de demente en aquella época, no sorprende que actualmente nos encontremos con la misma corriente.

Al consultar el diccionario vemos que la palabra "delirar" o "tener un espejismo" (del latín *de-ludere*: fingir, engañar) en su origen simplemente significaba "engañar a la mente o al juicio para hacerle creer que algo falso es verdadero"; sin embargo, actualmente supone de forma casi invariable la sospecha de una enfermedad psiquiátrica. Un delirio o espejismo es "una creencia falsa fija", "una creencia falsa persistente sostenida a pesar de una fuerte evidencia que la contradice, especialmente como un síntoma de desorden psiquiátrico".

Debemos señalar que Dawkins clasifica la fe bajo la primera parte de esta afirmación; y queda claro que, en este sentido, parte de lo que colocamos bajo el nombre de fe es sin duda ilusorio: fe en el monstruo del espagueti volador; o incluso en los *leprechauns*, si usted es irlandés. De hecho, a los nuevos ateos les gusta clasificar la fe en Dios junto a la fe en Santa Claus y el Ratoncito Pérez. Pero eso es bastante estúpido. Alister McGrath recuerda:

> Cuando era niño creí (durante poco tiempo) en Santa Claus. Sin embargo, pronto entendí la realidad, aunque debo confesar que me guardé mis dudas sobre su existencia para mí porque también me di cuenta de que hacerlo tenía una ventaja material. Nunca he oído de adultos que crean en Santa Claus o en el Ratoncito Pérez. He conocido a muchos que han llegado a creer en Dios. Por tanto, existe una gran diferencia. No obstante, merece la pena plantear la pregunta: ¿por qué es un espejismo creer en el Ratoncito Pérez? La respuesta es obvia: el Ratoncito Pérez no existe.[49]

Este hecho nos lleva a un asunto fundamental que se pasa muy fácilmente por alto. Es el siguiente. La fe en Dios es sin duda un espejismo si Dios no existe. Pero ¿y si existe? Entonces el ateísmo es el espejismo. Por tanto, la pregunta que hay que hacerse es: ¿Dios existe?

Esta idea es tan importante que deseo expresarla de otra forma, y enfrentarme al mismo tiempo a otra objeción. Muchos ateos (inspirados por Sigmund Freud, que pensaba que la fe en Dios es una ilusión)[50] declaran que tienen una explicación muy simple y convincente de por qué las personas creen en Dios. Surge de la incapacidad de hacer frente al mundo real y sus incertidumbres. Michel Onfray nos dice que "la religión se imagina porque las personas no desean hacer frente a la realidad".[51] Preferirían "la fe a la razón para tranquilizarse, al precio de una mentalidad perpetuamente infantil".[52]

Así pues, para los nuevos ateos, Dios es el cumplimiento de un deseo, la figura de un padre ficticio proyectada en el cielo de nuestra imaginación y creada por nuestro deseo de comodidad y seguridad. Según este punto de vista, el cielo es una invención para lidiar con el temor humano a la extinción una vez morimos, y la religión es simplemente un mecanismo de escape psicológico para no tener que enfrentarnos a la vida tal como esta es realmente.

En su éxito de ventas titulado *Dios: Una breve historia del Eterno*,[53] el psiquiatra alemán Manfred Lütz señala que esta explicación freudiana de la creencia en Dios funciona muy bien… *siempre que Dios no exista*. Sin embargo, prosigue, por este mismo razonamiento, *si Dios existe*, entonces el mismo argumento freudiano nos mostrará que el ateísmo es el espejismo reconfortante, la huida de la realidad, una proyección del deseo de no encontrarse con Dios un día y dar explicaciones de tu vida. Por ejemplo, el premio Nobel polaco Czeslaw Milosz, que sabía de lo que estaba hablando, escribe: "El verdadero opio del pueblo es creer en la nada después de la muerte, el inmenso consuelo de pensar que no vamos a ser juzgados por nuestras traiciones, la avaricia, la cobardía y los asesinatos".[54] Así pues, si Dios existe, el ateísmo puede verse como un mecanismo de escape psicológico para evitar asumir la responsabilidad absoluta de nuestra vida.

Lütz deja clara la implicación de este argumento: *en cuanto a si Dios existe o no, Freud no puede ayudarle de ningún modo.*[55] Si los ateos van a utilizar a Freud, también deben proveer otras bases para rechazar la existencia de Dios. De forma parecida, si los cristianos van a utilizar a Freud, también deben aportar otras razones para creer en Dios. Por sí solo, Freud no ofrece ninguna ayuda cuando se trata de esta cuestión central: ¿Dios existe o no?

Por supuesto, soy muy consciente de que los nuevos ateos declaran que la fe no es solo un espejismo; es un espejismo pernicioso que ha desembocado en una violencia horrible y actos de terrorismo como el 11S, un suceso que ayudó a desencadenar la protesta de los nuevos ateos. Analizaremos con detalle esta acusación en el capítulo 2. Sin embargo, primero debemos reflexionar sobre la relación de la fe con la ciencia.

Fe y ciencia

Como hemos visto, los nuevos ateos consideran que fe es un término particularmente religioso (cosa que no es así) y lo definen como creencia sin evidencias (cosa que no es así). Este hecho los conduce inevitablemente a otro serio error: pensar que ni el ateísmo ni la ciencia hacen uso de la fe. No obstante, lo irónico es que el ateísmo es una "posición de fe", y la ciencia no funcionaría sin la fe. La afirmación de Dawkins, citada anteriormente, de que "los ateos no tienen fe",[56] parece doblemente ridícula ya que, junto a todos los demás científicos, no podría involucrarse en la ciencia sin *creer en (tener fe en)* la inteligibilidad racional del universo. Tampoco podría hacer ciencia sin *creer* en las evidencias que se le presentan. Incluso lo dice él mismo, como hemos señalado anteriormente: "La *creencia* [cursivas añadidas] científica se basa en evidencias públicamente comprobables".[57] La fe, por tanto, yace en el corazón de la ciencia.

Después de todo, el objetivo de la ciencia, como la mayoría de los científicos lo ven, no es imponer nuestro sentido humano del orden sobre la materia y el funcionamiento del universo; más bien es desvelar y descubrir el propio orden y la inteligibilidad del universo. Eso significa, por supuesto, que los científicos siempre han tenido que *suponer*, antes de comenzar sus investigaciones, que el universo tiene un orden y una inteligibilidad inherentes. Si no creyesen en la existencia de ambos aspectos, la investigación científica nunca los descubriría, y su obra sería estéril e insustancial.

El físico Paul Davies, aunque no es teísta, dice que la actitud científica correcta es esencialmente teológica: "La ciencia únicamente puede proceder si el científico adopta una visión del mundo fundamentalmente teológica". Señala que "incluso el científico más ateo acepta *como un acto de fe* [cursivas añadidas] la existencia de un orden en la naturaleza similar a una ley, inteligible para nosotros al menos en parte".[58] Albert Einstein dijo:

> Solo pueden crear ciencia aquellos que están totalmente imbuidos en la aspiración a la verdad y el entendimiento. Esta fuente de sentimiento, sin embargo, brota de la religión. A ella también pertenece la fe en que las regula-

ciones válidas para el mundo de la existencia puedan ser racionales, es decir, inteligibles a la razón. *No puedo imaginar a un científico sin esa fe profunda* [cursivas añadidas]. La situación puede expresarse con una imagen: la ciencia sin la religión está coja, la religión sin la ciencia está ciega.[59]

Richard Dawkins es alérgico a los creyentes en Dios que citan a Einstein, como si Einstein les perteneciese. Al principio de *El espejismo de Dios* se queja de ello diciendo que Einstein "se indignó repetidas veces cuando lo llamaban teísta". Dawkins, aunque clasifica a Einstein como científico ateo,[60] parece sumarse a los que lo consideran panteísta, debido a su simpatía por Spinoza. Sin embargo, el libro que Dawkins cita como fuente da una impresión muy diferente.[61] El propio Einstein declaró explícitamente: "No soy ateo y no creo que pueda considerarme panteísta".[62] Por tanto, aunque es cierto que Einstein dijo que no creía en un Dios personal, Dawkins no está autorizado para declararlo ateo.

Además, Dawkins no nos insta, como hizo Einstein, a reconocer que:

> Todo aquel que tiene un compromiso serio con la búsqueda de la ciencia se acaba convenciendo de que un espíritu se manifiesta en las leyes del universo: un espíritu inmensamente superior al del hombre, frente al cual nosotros, con nuestros modestos poderes, debemos ser humildes. De esta forma, la búsqueda de la ciencia conduce a un sentimiento religioso

> de un tipo especial, bastante diferente de la religiosidad de alguien más ingenuo.[63]

Sin embargo, la idea principal que quiero exponer al citar a Einstein es que él no cayó en el engaño de los nuevos ateos de que toda fe es ciega. Einstein habla de la "fe profunda" del científico en la inteligibilidad racional del universo. No podía imaginar un científico sin ella. Así pues, aunque Dawkins tal vez no clasifique a Einstein como teísta, (Dawkins) debe tener esa fe profunda que Einstein tenía; de otro modo Einstein probablemente no lo clasificaría (a Dawkins) como científico.

Hablar así de la fe en un contexto científico agita a los nuevos ateos, simplemente porque no encaja con su concepto idiosincrático de la fe. Están decididos a mantener el concepto de la fe fuera de la ciencia, con resultados desastrosos. Tenemos un ejemplo de ello en un artículo del filósofo A. C. Grayling (cuya mala interpretación de la historia de Tomás hace compañía a la lectura de Baggini). Grayling escogió el título "No, la ciencia no 'reposa sobre la fe'"[64] para su primer artículo como columnista en el *New Scientist*. Grayling no parece haber leído a Einstein, ni mucho menos haberlo entendido. Más bien, parece haberse tragado el eslogan, el gancho, el meme de la fe ciega de los nuevos ateos. Contrasta el método científico con la fe, tal como él la entiende: "Hacer suposiciones basadas en la evidencia y bien intencionadas, respaldadas a su vez por su eficacia a la hora de poner a prueba predicciones, es todo lo contrario a la fe. La fe es un compromiso a creer en algo en ausencia de evidencias o frente a una evidencia compensatoria".

Estas palabras suenan una vez más a Baggini. La primera declaración de Grayling es correcta solo porque evade la cuestión al definir la fe como lo hace en su segunda afirmación. Sin embargo, es fácil pensar en una serie de escenarios donde los términos "creencia" y "fe" se emplean en un sentido positivo. Los científicos creen (tienen fe en) las leyes de Newton[65] o en la base genética de la herencia porque estas descansan sobre evidencias basadas en la observación y la experimentación. Y esa fe brota a su vez de su fe en el método científico, un aspecto del cual Grayling, contradiciéndose a sí mismo, ha descrito como "lo contrario de la fe". Después de todo, como vimos anteriormente, hacer *suposiciones* bien intencionadas y basadas en la evidencia es la forma en la que habitualmente ejercemos la fe: tan solo hay que pensar en cómo conseguimos que el director del banco confíe en nosotros o cómo decidimos subir a un avión.

Por tanto, la fe es fundamental para la ciencia. De hecho, incluso después de todos sus logros, si creen que aún merece la pena seguir con la investigación científica, los científicos tienen que *creer en* la inteligibilidad racional del universo como su *artículo de fe* o *suposición básica* fundamental. Los científicos son todos personas de fe, en el sentido de que *creen* que el universo es accesible para la mente humana. Y como señala mi profesor de mecánica cuántica en Cambridge, Sir John Polkinghorne: "La física es incapaz de explicar su fe [nótese su uso explícito de la palabra] en la inteligibilidad matemática del universo", por la simple razón de que no se puede empezar a hacer física sin creer en esa inteligibilidad.

Además, el comportamiento de partículas elementales nos presenta fenómenos cuánticos que, por el momento, sobrepasan nuestra razón, nuestra intuición y el poder de nuestra imaginación. Se han propuesto varias teorías; ninguna ha sido aceptada universalmente. Ocurre lo mismo con la conciencia humana: nadie la comprende y ninguna teoría ha recibido una aceptación general. En esta situación, para poder proseguir con la investigación, es necesario tener fe no solo en el orden y la inteligibilidad de la naturaleza, sino también en que esta no desembocará en un caos ininteligible (aunque, por lo que sabemos, podríamos dar con un nivel de inteligibilidad más elevado de lo que podemos comprender en el presente). Así pues, la fe en algo que aún no se ha demostrado es, como siempre ha sido, un requisito previo para la investigación científica del universo. ¿Acusaremos por tanto a la ciencia de irracionalidad? ¡Por supuesto que no!

Fe, evidencia y demostración

El lector habrá notado que la palabra "demostración" no se ha utilizado hasta ahora en este capítulo. Una de las razones es la confusión que existe acerca de su significado. En mi propio campo de las matemáticas puras, "demostración" tiene un sentido riguroso, de forma que cuando un matemático dice a otro "Demuéstralo", espera que se le presente un argumento innegable procedente de axiomas aceptados por la vía de las reglas de la lógica hasta llegar a una conclusión que podemos suponer que será aceptada por todos los matemáticos. No hay lugar para la tentativa: si no puedes demostrar rigurosamente el resultado, no publicas.[66]

Por supuesto, esto no quiere decir que nunca se cometan errores; pero estos se erradican de forma muy rápida, especialmente si el resultado es de interés considerable. También existen áreas problemáticas en ciertos casos especiales y extremos en cuanto a qué es exactamente lo que constituye una prueba o demostración. ¿Podemos, por ejemplo, aceptar como válida una demostración de 10000 páginas de argumentación que solamente entiende un puñado de expertos?[67]

Lo importante a destacar es que esa demostración matemáticamente rigurosa no está disponible en ninguna otra disciplina o área de experiencia, ni siquiera en las llamadas ciencias "duras". En ellas encontramos otro uso menos formal de la palabra "demostración", parecido al de los abogados cuando hablan de "pruebas más allá de la duda razonable", con el que quieren expresar que existe una evidencia lo suficientemente sólida como para convencer a una persona razonable de que cierta declaración es cierta. En ese caso, trataré de no emplear la palabra "demostración" para evitar esas ambigüedades y hablaré en su lugar de la fuerza de la evidencia que justifica una conclusión dada.

Sin embargo, eso no quiere decir que todo es conjetura, que no podemos tener certeza de nada, o que no podemos llegar a conclusiones. Por el contrario, aunque no podemos hablar de certeza absoluta, existen muchas situaciones en las que pensamos que hay suficientes evidencias para que confiemos incluso nuestra vida a otras personas, por ejemplo pilotos y cirujanos. No puedo "demostrar" matemáticamente que mi esposa me ama. Sin embargo, con la evidencia acumulada de más de cuarenta años de matrimonio, apostaría mi vida a que lo hace. Por tanto, en nuestra vida hay cosas que consideramos más allá de la duda razonable y confiadamente depositamos nuestra fe en ellas.

La fe en Dios y la facultad cognitiva humana

A la luz de nuestro análisis de la naturaleza de la fe, el punto de vista de Michel Onfray parece tan condescendiente como falso: "Es mejor la fe que trae paz mental que la racionalidad que produce preocupación, incluso al precio de un infantilismo mental perpetuo".[68] Es un ejemplo clásico de la falsa antítesis universalizada que abunda en la literatura del nuevo ateísmo. También es un insulto a algunas de las mentes (científicas) más grandes del mundo. ¿Realmente debemos creer que Francis Collins, director del Instituto Nacional de la Salud de los Estados Unidos y antiguo director del Proyecto del Genoma Humano, está atrapado en un "infantilismo mental perpetuo"; que el físico estadounidense ganador del premio Nobel William Phillips sufre algún retraso mental; que Sir John Houghton FRS, que fue profesor de Física en Oxford, director de la Oficina Meteorológica Británica y director del Panel Intergubernamental para el Cambio Climático (IPCC) que ganó un premio Nobel, es un ingenuo engañado? Según los nuevos ateos, deben serlo, porque son cristianos convencidos.

En la misma línea que Onfray, Dawkins opina que los científicos que creen en Dios "destacan por su extrañeza y son objeto del divertido desconcierto de sus colegas de la comunidad académica".[69] Debo decir que esa no es mi experiencia; y en cualquier caso, sería extraño que un miembro de la academia científica hablase así de sus colegas. Los académicos que se encuentran entre los nuevos ateos no parecen darse cuenta de que, del mismo modo, ellos también pueden ser objeto de la perplejidad de al menos algunos de sus colegas, que podrían verse tentados a pensar que el ateísmo no encaja con la racionalidad científica que profesa. Una de las grandes ironías es que no son la fe en Dios y más concretamente el cristianismo los que no encajan con la racionalidad y la ciencia; el nuevo ateísmo es quien debería sentirse incómodo en su presencia. Con su explicación reduccionista de todos los aspectos del universo en términos de procesos naturales no guiados, el nuevo ateísmo corta de raíz la propia racionalidad sobre la que reposa la ciencia, y en la que los científicos deben confiar para llegar a sus conclusiones. Para ver este hecho, planteemos la siguiente pregunta.

¿Sobre qué evidencia basan los científicos su fe en la inteligibilidad racional del universo?

La primera cosa a destacar es que la razón humana no creó el universo (a no ser que seamos idealistas extremos, una posición que no adoptaron muchos científicos). Este concepto es tan obvio que podría parecer trivial a primera vista; pero realmente adquiere una importancia fundamental cuando pasamos a analizar la validez de nuestras facultades cognitivas. Los seres humanos no solo no creamos el universo; tampoco nuestro propio poder de razonamiento. Usando nuestras facultades racionales podemos desarrollarlas; pero no podemos originarlas. ¿Cómo puede ser entonces que aquello que tiene lugar en nuestra pequeña cabeza nos dé algo cercano a una verdadera explicación de la realidad? ¿Cómo es posible que una ecuación matemática, pensada en la mente humana de un matemático, pueda corresponderse con el mecanismo del universo exterior? Fue una reflexión sobre esta idea la que llevó a Einstein a decir: "La única cosa incomprensible acerca del universo es que es comprensible". Una reflexión parecida estimuló al ganador del premio Nobel de Física Eugene Wigner a escribir un artículo titulado "La efectividad irracional de las matemáticas en las ciencias naturales".[70]

La pregunta que nos ocupa se reduce a lo siguiente: ¿qué autoridad y, por tanto, qué fiabilidad o justificación tiene nuestra razón? ¿Nuestras facultades cognitivas están diseñadas de forma deliberada para permitirnos descubrir, reconocer y creer la verdad? Ahora, soy muy consciente de que algunos se atragantarán con la palabra "diseñadas", y también de que los ateos niegan por definición cualquier diseño deliberado por parte de un creador. Sin embargo, incluso los ateos creen que la razón tiene una función y un propósito correctos, en el mismo sentido que los tiene, digamos, el corazón. El propósito de este es bombear sangre por todo el cuerpo; mientras que un tumor canceroso no cumple una función o un propósito correctos dentro del organismo humano. Es el resultado de un crecimiento sin propósito, caótico.

Además, cuando los ateos afirman que la creencia en la existencia de Dios es la consecuencia de un mal uso de la razón, revelan involuntariamente su creencia de que la facultad de la razón está en este sentido "diseñada" para cumplir el propósito de descubrir la verdad. Si la razón no tuviese una función correcta, es obvio que no se podría acusar a nadie de utilizarla erróneamente. Sin embargo, como vimos anteriormente, muchos siguen el argumento de Freud de que todos los argumentos aparentemente racionales esgrimidos por los creyentes en relación a la existencia de Dios están en realidad impulsados y corrompidos por un mecanismo secreto y subconsciente de cumplimiento de lo que uno quiere: el deseo de construirse una muleta que les ayude a sobrellevar las dificultades de la vida;[71] mientras que la razón, si no está corrompida, conseguirá su propósito correcto y descubrirá la verdad, concretamente el ateísmo. De hecho, ahora Richard Dawkins hace la asombrosa declaración de que la creencia religiosa surge por un error de la evolución.[72]

Sin embargo, la ironía de la posición de los ateos aparece de forma instantánea, tan pronto como uno investiga sobre el origen de la facultad humana de la razón. Los ateos sostienen que la fuerza impulsora de la evolución, que produjo finalmente nuestras facultades cognitivas humanas incluida la razón, no tenía como preocupación principal la verdad, sino la supervivencia. Y todos sabemos lo que ha ocurrido y sigue ocurriendo con la verdad cuando individuos, empresas o naciones, motivadas por lo que Dawkins llama los "genes egoístas", se sienten amenazados y luchan por sobrevivir.

Los nuevos ateos no han sabido ver las implicaciones escépticas de su punto de vista. Se ven obligados a ver el pensamiento como un tipo de fenómeno neurofisiológico. Desde la perspectiva evolutiva, la neurofisiología bien podría ser adaptativa, pero ¿por qué íbamos a pensar por un momento que las creencias producidas por esa neurofisiología son mayoritariamente ciertas? Después de todo, como el químico J. B. S. Haldane señaló hace mucho, si los pensamientos de mi mente son simplemente el movimiento de átomos en mi cerebro, un mecanismo surgido a partir de procesos mecánicos no guiados, ¿por qué iba a creer yo cualquier cosa que estos me dijeran… incluyendo el hecho de que se componen de átomos? En particular, ¿qué base existe para creer que el naturalismo es cierto? En otras palabras, la evolución no guiada de los nuevos ateos socava su naturalismo.

Stephen Hawking parece no haber tenido esto en cuenta cuando escribió en *El gran diseño*: "El hecho de que nosotros, los seres humanos —que somos simples colecciones de partículas fundamentales de la naturaleza—, nos hayamos acercado a un entendimiento de las leyes que nos gobiernan a nosotros y a nuestro universo constituye un gran triunfo".[73]

El ateo John Gray explica las implicaciones de este punto de vista: "El humanismo moderno es la fe en que la humanidad puede conocer la verdad y ser libre por medio de la ciencia. No obstante, si la teoría de la selección natural de Darwin es cierta, esto es imposible. La mente humana sirve al éxito evolutivo, no a la verdad".[74]

A la luz de esto, bien podríamos preguntar: ¿cómo pueden los nuevos ateos declarar, por un lado, que es *racional* creer en la teoría de que la evolución de nuestra facultad de la razón no iba dirigida al propósito de descubrir la verdad; y, por otro, que es *irracional* creer que nuestra facultad de razonar fue diseñada y creada por nuestro Hacedor para permitirnos comprender y creer la verdad?

El filósofo estadounidense Alvin Plantinga resume esa posición:

> Si Dawkins está en lo correcto cuando dice que somos el producto de procesos mecánicos naturales no guiados, nos ha dado sólidas razones para dudar de la fiabilidad de las facultades cognitivas humanas y por tanto para dudar inevitablemente de la validez de cualquier creencia que estas produzcan, incluyendo la propia ciencia de Dawkins y su ateísmo. Su biología y su creencia en el naturalismo parecerían estar por tanto inmersas en un conflicto entre sí que no tiene nada que ver con Dios.[75]

Es decir, el ateísmo socava la racionalidad necesaria para construir, comprender o creer en cualquier tipo de argumento, no digamos ya uno científico. En última instancia, el ateísmo no es otra cosa que un gran espejismo que se contradice a sí mismo.

R. A. Collingwood dijo en una ocasión que el materialismo[76] tiene la característica de "extenderse a sí mismo un gran cheque a cuenta de un ingreso que aún no ha recibido". Reducir el pensamiento a la neurofisiología es un ejemplo básico de esta tendencia, ya que conduce a la desaparición de la ciencia, la racionalidad y la creencia en la verdad; es, en última instancia, nihilista. Este es el precio real que tienes que pagar por el nuevo ateísmo, un precio que los nuevos ateos no ponen en la etiqueta.

El eminente filósofo alemán Robert Spaemann expuso este importantísimo concepto a la inversa, señalando que no nos enfrentamos a una elección entre Dios y la ciencia, como los nuevos ateos nos harían pensar, sino entre depositar la fe en Dios o renunciar a entender el universo. Es decir, si no hay Dios no puede haber ciencia. Spaemann no está sugiriendo que los ateos no puedan hacer ciencia: eso sería completamente incierto. Está diciendo que, si eliminamos a Dios, no hay una base racional para la ciencia. Ni tampoco hay una base racional para la verdad. La ciencia y la verdad quedan sin justificación.

Por el contrario, el teísmo bíblico es coherente en su explicación de por qué el universo es (científicamente) inteligible. Enseña que en última instancia Dios es responsable como Creador de la existencia del universo y de la mente humana. Los seres humanos son creados a su imagen: la de un Creador racional y personal; esa es la razón por la que pueden entender el universo, al menos en parte. No sorprende, por tanto, que exista un vínculo estrecho entre esta creencia y el auge de la ciencia moderna en los siglos XVI y XVII. Así pues, pensar de forma crítica y bíblica no es el oxímoron que Dawkins imagina.[77] Más bien, el oxímoron sería intentar pensar de forma crítica y "dawkinsniana".

Resumen

En este capítulo hemos tratado de comprender por qué existe tal confusión acerca de la naturaleza de la fe. Hemos visto que los nuevos ateos definen fundamentalmente como fe lo que la mayoría de las personas considerarían fe ciega; mientras que el OED deja claro que la fe y la creencia son conceptos equivalentes estrechamente relacionados con la corroboración de las evidencias. Esto es, la fe basada en evidencias es el concepto sobre el que normalmente basamos nuestra vida cotidiana.

Después vimos que la definición idiosincrática de la fe de los nuevos ateos los conduce a ser incapaces de apreciar el papel de la misma en la ciencia, y a ser incapaces de ver que la raíz encontramos la ciencia es la *creencia* de que el universo es racionalmente inteligible. Proseguimos viendo que el punto de vista de los nuevos ateos sobre el origen de la facultad cognitiva humana no les ofrece ninguna base para la fe en la ciencia, tan indispensable para ellos. De hecho, su reducción del pensamiento humano a la neurofisiología es definitivamente nihilista y destruye la posibilidad de la verdad, socavando así la validez de todos los argumentos incluyendo los de los nuevos ateos. La fe de los nuevos ateos resulta carece de evidencias. Su punto de vista, por tanto, constituye un perfecto ejemplo de su propia comprensión (errónea) de una "posición de fe". Por el contrario, la visión bíblica tiene una explicación razonable de por qué podemos hacer ciencia. El universo es (en parte) inteligible para la mente humana, ya que el origen de ambos está en el mismo Creador.

Llegados a este punto, solo puedo decir que la fe atea es lo opuesto a lo bueno. Citando una frase de Christopher Hitchens fuera de contexto, los nuevos ateos son "asesinos de la mente". Epistémicamente, su ateísmo es ciego, contrario a la ciencia e incoherente, aunque emocionalmente sus defensores sean incapaces de asumirlo. Sin embargo, si uno sigue insistiendo en adoptar el punto de vista de que toda fe es ciega, entonces debería rechazar también el nuevo ateísmo ya que, como el antiguo ateísmo, es igualmente un asunto de fe. Resulta irónico que los nuevos ateos sean ejemplos clásicos justo de lo que rechazan: se caracterizan por la fe ciega en que toda fe es ciega. También es irónico que los nuevos ateos ni siquiera vean que ellos mismos están impulsados por la fe, aunque traten de destruirla. Creen que el mundo es racional, que la verdad es importante. Tienen fe en que su propia mente puede comprender las cosas de las que están hablando. También en que pueden convencernos con sus argumentos. Si piensan que su punto de vista no es una fe o un sistema de creencias, ¿por qué intentan aportar evidencias para que el resto de nosotros *crea* en él? Hacen todo eso y sin darse cuenta de que su ateísmo derriba la base racional sobre la que tanto desean apoyarse.

La consecuencia de todo ello es que el espejismo no es la fe en Dios. El verdadero espejismo es el concepto de la fe del nuevo ateísmo, precisamente por el sentido que le asignan al término: una falsa creencia persistente sostenida frente a evidencias claramente contradictorias. En contra de todas las evidencias (¿se molestan acaso en consultar diccionarios?), reducen irracionalmente toda la fe a fe ciega, y después la someten al ridículo.

Por supuesto, ese enfoque les proporciona una forma muy conveniente de evitar el debate inteligente sobre las evidencias reales. Las "personas de fe" o "cabezas huecas" no pueden tener nada sensato que decir porque, por definición, no tienen evidencias que justifiquen sus creencias. Por tanto, no los escuchan ni los involucran en el debate. Resulta muy tentador describir esta actitud como pereza intelectual, o quizá incluso espejismo. ¿Quiénes acaban siendo después de todo las verdaderas "personas de fe"?

La agradable ironía de todo esto es que si adoptamos por un momento (pero solo por un momento) la definición que los nuevos ateos hacen de la fe como una creencia ciega, entonces su ateísmo parece ocupar la primera posición para optar a ser la única fe verdadera.

CAPÍTULO 2

¿ES VENENOSA LA RELIGIÓN?

El concepto de 'Dios' inventado como la antítesis de la vida: todo lo dañino, venenoso, difamatorio, la hostilidad total hasta la muerte contra la vida sintetizada en una espantosa unidad.

Friedrich Nietzsche

La religión lo envenena todo.

Christopher Hitchens

El efecto ventajoso de la creencia religiosa y la espiritualidad sobre la salud mental y física es uno de los secretos mejor guardados en la psiquiatría y la medicina en general. Si los descubrimientos del inmenso volumen de investigación sobre este tema hubiesen ido en la dirección contraria y se hubiese comprobado que la religión daña nuestrasalud mental, habría sido noticia de portada en todos los periódicos del mundo.

Andrew Sims

En la conferencia de 2006 titulada "Más allá de la creencia: ciencia, religión, razón y supervivencia" mencionada en el capítulo anterior, el premio Nobel de Física Steven Weinberg dijo: "La religión es un insulto a la dignidad humana. Con o sin ella, tendríamos personas haciendo el bien y personas malas haciendo el mal. Pero para que las personas buenas hagan el mal, hace falta la religión". Esta impresión de que la religión es dañina parece estar extendiéndose. Según la encuesta británica de YouGov en 2007 citada en la introducción, casi la mitad (el 42 por ciento) de los 2200 participantes pensaban que la religión tenía un efecto pernicioso, y únicamente el 17 por ciento creía que la influencia de la misma era beneficiosa, una cifra extrañamente menor que el 28 por ciento que declaraba creer en Dios.[1]

Una vez más, es interesante ver estas cifras en el contexto más amplio de la encuesta de la BBC de 2004 en diez países, mencionada anteriormente en la introducción, titulada: "Lo que el mundo piensa de Dios".[2] Así pues, en Reino Unido el 29 por ciento de los encuestados creía que el mundo estaría mejor si las personas no creyesen en Dios, en contraste con Estados Unidos, donde solo el 6 por ciento tenía esa opinión.

Por tanto, parece producirse un marcado incremento entre 2004 y 2007. John Humphrys comenta las posibles causas: "Una razón podría ser la publicidad que un puñado de mulás locos y su retórica llena de odio han atraído".[3] Esta observación se alinea con las declaraciones de los nuevos ateos de que el islam fundamentalista ha dado un vuelco a la situación al alertar al mundo de los peligros de la religión. Sin duda, resulta muy fácil escribir un relato mordaz sobre el comportamiento atroz atribuible a los adeptos de diversas religiones; como por ejemplo el capítulo de Christopher Hitchens "¿Sirve la religión para que las personas se comporten mejor?".[4]

El peligro de la generalización injustificada

No obstante, los nuevos ateos minan su propia argumentación de una forma sorprendentemente ingenua al agrupar todas las religiones indiscriminadamente, como si todas fuesen igualmente culpables de la acusación de fomentar una conducta peligrosa. Uno no esperaría que semejante simplificación excesiva, burda e indigna de un erudito proviniese de autores que alaban sonoramente su "enfoque científico". A este respecto debemos destacar que la revista *Prospect*, que había clasificado anteriormente a Dawkins como un intelectual de clase mundial, definió su libro *El espejismo de Dios* como "incauto, dogmático, incoherente y contradictorio". Después de todo, no necesita uno estar en la vanguardia de la investigación académica en cuando al pensamiento religioso para ver que clasificar a los amish amantes de la paz junto a los fundamentalistas islámicos extremistas es inexcusable y peligrosamente ingenuo. De hecho, cualquiera que conozca algo de las religiones sabe que difieren profundamente en sus enseñanzas y prácticas. Por tanto, millones de personas moderadas de todas las convicciones religiosas se opondrán enérgicamente con razón a ser clasificadas por los nuevos ateos junto a los extremistas violentos, incluso los de su propia corriente religiosa. Después de todo, el 11S es un punto de partida un tanto extraño para el ataque de los nuevos ateos contra el cristianismo.

En ocasiones, Dawkins parece apreciar que existen diferencias reales. Hablando del islam, dice: "Si no te lo tomas en serio y le otorgas el respeto debido, te amenazan físicamente, de una forma en que ninguna otra religión ha soñado desde la Edad Media".[5] En otros momentos advierte que "incluso la religión afable y moderada ayuda a proporcionar el clima de fe en el que florece el extremismo de forma natural".[6]

Existe una profunda ironía en la incapacidad de los nuevos ateos para diferenciar unas religiones de otras; porque esperan sin duda que todos los demás distingan a unos ateos de otros. A ellos mismos, que se autoproclaman personas amantes de la paz, no les gustaría que les agruparan arbitrariamente con los violentos extremistas de su propia cosmovisión, como Stalin, Mao y Pol Pot. Así pues, ¿por qué no nos advierten los nuevos ateos de que el ateísmo suave y moderado podría proveer el clima en el que florece de forma natural el ateísmo extremo, como lo hizo en el siglo XX? Si tuviésemos que aplicarles su propia técnica de simplificación excesiva, no tardarían en llegar las protestas vehementes.

Esta incoherencia bastante descarada, la exigencia de que los no ateos distingan a unos ateos de otros mientras los propios nuevos ateos se niegan a hacer lo propio con los grupos religiosos, no ayuda en absoluto a mejorar la credibilidad intelectual de su mensaje. Uno incluso se siente tentado a aplicarles la sentencia de Dawkins e ignorar todo lo demás que digan. Sin embargo, debemos resistir esa tentación, ya que a muchas personas serias les preocupa profundamente, con razón, la merecida mala reputación que algunas religiones tienen por involucrarse en actividades claramente malvadas. Así pues, es importante tratar el asunto de una forma moderada. Como Keith Ward sugiere, la pregunta correcta a plantearnos es si "esta religión particular, en esta etapa de su desarrollo, es peligrosa en este contexto social".[7]

Sin embargo, cabe destacar que Sam Harris parece haber comprendido la insuficiencia del enfoque de sus colegas, posiblemente porque parece tener ciertas ideas cuasirreligiosas propias. Rompiendo filas conscientemente con Dawkins y los demás, los insta a considerar las diferencias existentes entre las religiones del mundo, dando una de sus muchas razones para hacerlo:

> Estas diferencias son realmente un asunto de vida o muerte. Pocos de nosotros nos mantenemos despiertos por la noche preocupados por los amish. Esto no es accidental. Aunque no tengo duda de que los amish están maltratando a sus hijos al no educarlos adecuadamente, no es probable que vayan a secuestrar un avión y lo vayan a chocar contra algún edificio. Pero consideremos cómo nosotros, como ateos, tendemos a hablar sobre el islam. Los cristianos se quejan frecuentemente de que los ateos y el mundo secular generalmente equilibran cada crítica al extremismo islámico haciendo mención al extremismo cristiano. El enfoque habitual es decir que ellos tienen sus yihadistas y nosotros tenemos personas que matan a los doctores que practican abortos. Nuestros vecinos cristianos, incluso los más locos, tienen razón cuando se ofenden por esta pretensión de imparcialidad, porque la verdad es que el islam es bastante más temible y más culpable de mucha miseria humana in-

necesaria de lo que lo ha sido el cristianismo durante mucho tiempo. Y el mundo debe despertarse ante este hecho. Los propios musulmanes deben hacerlo. Y pueden...

Harris prosigue:

El ateísmo es un instrumento demasiado contundente para utilizarlo en momentos como este. Es como si tuviésemos un paisaje de ignorancia y perplejidad humanas —con picos, valles y atractores locales—, y el concepto del ateísmo nos llevara a obsesionarnos con una parte de ese paisaje, la parte relativa a la religión teísta, y seguidamente la allanase. Porque para ser coherentes como ateos debemos oponernos, o parece que nos oponemos, a todas las declaraciones de fe por igual. Es una pérdida de un tiempo y una energía valiosos, y dilapida la confianza de personas que de otra forma estarían de acuerdo con nosotros en asuntos específicos.[8]

Exactamente; y, si los cobeligerantes de Harris no tienen esto en cuenta y no aprenden a diferenciar, harán aguas por todas partes. Como dice Harris, simplemente estarán logrando que todos pierdan tiempo y energía. Por cierto, ya es bastante ver a un ateo como Harris describir la actitud típicamente atea como "una pretensión de imparcialidad", aunque su metáfora visual del ateísmo, que observa "un paisaje de ignorancia y perplejidad humanas", paradójicamente no logra ver la posibilidad de que su ateísmo pueda formar parte de ese mismo paisaje.

En su charla, Harris va más lejos y sugiere que el término "ateísmo" es tan inútil que los nuevos ateos deberían desecharlo completamente:

> No deberíamos llamarnos "ateos". No deberíamos llamarnos "secularistas". No deberíamos llamarnos "humanistas", o "humanistas seculares", o "naturalistas", o "escépticos", o "antiteístas", o "racionalistas", o "librepensadores", o "brillantes". No deberíamos llamarnos nada. Deberíamos pasar inadvertidos; por el resto de nuestra vida. Y mientras estemos aquí, deberíamos ser personas decentes y responsables que destruyen las malas ideas allá donde las encuentran.

Su ingenuidad es maravillosa. Harris no parece ser consciente de que, como todos los demás, tiene una cosmovisión. No existe una posición neutral por defecto desde la que él o cualquier otra persona pueda, con una neutralidad excelente, destruir las ideas malas. Si Harris piensa que ciertas ideas son malas, lo hace porque cree que hay otras buenas; y la suma total de estas ideas forma su visión del mundo. Esta visión es el naturalismo: la creencia de que este mundo es todo lo que existe. Harris, inconsciente y erróneamente, supone que su cosmovisión es la posición por defecto, y que finalmente triunfará siempre que empleemos la razón para destruir las ideas malas. Está totalmente convencido de que el ateísmo no tiene nada que temer ante la razón. No se le ocurre que su ateísmo pueda estar en sí mismo lleno de ideas malas que deben destruirse en el nombre de la razón. Peor aún, su ateísmo podría ser falso.

Por supuesto, podemos tener algo de simpatía por Harris, ya que resulta mucho más fácil etiquetar a las personas que debatir sobre las ideas; excepto que en este caso es difícil ver los apelativos "ateo" o "naturalista" como meras etiquetas, ya que describen con precisión las creencias de las personas así etiquetadas. Por tanto, Richard Dawkins quizá sea más honesto al llevar una insignia con la letra "A" mayúscula en rojo para que todo el mundo vea que públicamente se posiciona como ateo. Algunas webs ateas tienen esas insignias a la venta.

Atacar la religión como tal no es nada nuevo. En un ensayo titulado "¿La religión ha contribuido algo útil a la civilización?", Bertrand Russell escribió: "Mi... opinión sobre la religión es la de Lucrecio. La considero una enfermedad nacida del miedo y una fuente de indecible miseria para la raza humana".[9]

Ahora, no tendría sentido que como cristiano pretendiera hablar en nombre de otras religiones. Corresponde a los seguidores de estas, si lo desean, dar sus propias respuestas a las acusaciones formuladas contra ellos por los nuevos ateos. En cualquier caso, los nuevos ateos centran gran parte de sus esfuerzos en atacar al cristianismo.[10] Dawkins dice explícitamente que su objetivo principal es este;[11] y Hitchens define su ateísmo como ateísmo "protestante",[12] lo que le convierte en candidato a ser elegido norirlandés honorífico. Además, Harris titula uno de sus libros *Carta a una nación cristiana*.[13] Así pues, me centraré en el cristianismo.

En su vehemencia contra Dios y la fe cristiana, los nuevos ateos se hacen claramente eco de Friedrich Nietzsche, que escribió en *El anticristo*:

> Condeno el cristianismo; tengo contra la Iglesia cristiana la más terrible de las acusaciones que un acusador jamás haya pronunciado. Es, para mí, la mayor de todas las corrupciones imaginables; busca obrar la corrupción definitiva, la peor posible. Nada ha escapado de la depravación de la Iglesia cristiana; ha convertido todo valor en indignidad, toda verdad en mentira, y toda integridad en bajeza del alma.[14]

¿El cristianismo ha generado violencia?

Como norirlandés, yo también estoy demasiado familiarizado con cierto tipo de violencia sectaria, donde se ha utilizado la historia religiosa para avivar las llamas del terrorismo (de ambos bandos); aunque, como señalan los historiadores, existe una serie adicional de factores políticos y sociales que hacen que el análisis únicamente en términos de religión sea demasiado simplista.

¿Qué puedo decir entonces acerca de este aspecto malvado de la religión?

Lo primero que debo decir es que lo condeno rotundamente y lo aborrezco, tanto como lo hacen los nuevos ateos. Lo hago, que quede claro, como cristiano. Porque aunque la acusación de los nuevos ateos contra la cristiandad por su violencia esté justificada, no se puede achacar a Cristo ni a su enseñanza. Cristiandad no es lo mismo que cristianismo, como señaló el teólogo y filósofo danés Kierkegaard. La violencia de la cristiandad no era cristiana, por la simple razón de que era diametralmente opuesta a lo que el propio Cristo enseñó. Las personas que se involucran en actividades violentas y crueles en cualquier época, en Irlanda del Norte, los Balcanes o cualquier otro lugar, invocando el nombre de Dios, *no* están obedeciendo a Cristo, aunque digan lo contrario. Después de todo, el calificativo "cristiano" define a un discípulo o seguidor de Jesucristo. Seguir a Cristo significa obedecer sus mandamientos. Y uno de ellos era la *prohibición* explícita de emplear la fuerza para defender a Cristo o su mensaje. Ese mandamiento se conoce muy bien porque Jesús lo emitió en un momento de alta tensión en la narrativa del Evangelio: su arresto en el huerto de Getsemaní.

Jesús enseñó a sus seguidores que no debían odiar a sus enemigos sino amarlos; y actuó en consecuencia cuando la multitud armada fue con Judas al huerto de Getsemaní para arrestarlo. En ese encuentro histórico, *prohibió* específicamente a sus discípulos emplear la violencia. Jesús reprendió a uno de ellos, Pedro, que, poco entrenado en el uso de la espada, la blandió violentamente cortando la oreja de Malco, un siervo del sumo sacerdote. Jesús dijo: "Vuelve tu espada a su sitio, porque todos los que tomen la espada, a espada perecerán".[15] No podría haberlo dejado más claro. Tomar una espada, una pistola o una bomba en el nombre de Cristo es *repudiar* tanto a Cristo como su mensaje. Él no tendrá nada que ver en ello. Disparar o tomar un arma en nombre de Dios es una contradicción y una afrenta contra el mensaje cristiano.

Con el fin de exponer esta lección tan importante, el historiador Lucas recoge que la reacción de Jesús ante el intento de Pedro de defenderlo fue curar inmediatamente la oreja herida. Lucas (que era médico) nos dice que Jesús empleó sus poderes[16] para sanar al hombre. El tajo de la espada de Pedro había dañado la facultad de oír de esa persona. Cristo se la devolvió.[17] Como ocurría siempre con los milagros de Cristo, el milagro físico no es arbitrario. Apunta a una verdad más profunda, aunque muy obvia. Cuando la gente ha recurrido a la violencia física para defender (según ellos) el cristianismo, solo han logrado cortar las orejas de la gente, y no solo las físicas, de tal modo que no pueden oír el verdadero mensaje de Cristo no es oído. Una prueba clara de ello es el triste hecho de que la élite intelectual del nuevo ateísmo está sorda a las palabras de Cristo, en parte, debido al comportamiento de los que desobedecen a Cristo.

Así que digamos alto y claro —tendrá que ser bien alto para que se oiga por encima de los aullidos de los nuevos ateos— que *Cristo repudiaba la violencia*. Él no permitiría que se emplease la fuerza para salvarlo de una acusación falsa, del sufrimiento, o incluso de la muerte.[18] Permitió que lo arrestasen y lo llevasen a juicio. ¿Para acusarlo de qué? ¡De fomentar actos de terrorismo contra el estado! Vaya extraña ironía, que la misma acusación formulada contra Cristo sea idéntica a la de los nuevos ateos contra el cristianismo: la incitación a la violencia.

Uno podría desear que los nuevos ateos fuesen tan inteligentes como Pilato. No necesitó mucho tiempo para comprobar la incoherencia y la falsedad de la acusación que pesaba sobre Jesús. Como procurador romano, Pilato era responsable ante Roma del orden civil; y era plenamente consciente de que las festividades judías en Jerusalén, particularmente la Pascua, en la que miles de peregrinos incrementaban la población local, eran tiempos de tensión política. Temía una rebelión, por lo que se tomó muy en serio la acusación de sedición formulada contra Jesús por las autoridades religiosas lideradas por el sumo sacerdote. De hecho, Pilato insistió en investigar el caso por sí mismo. Los acusadores alegaron que Jesús estaba incitando al populacho a considerarlo el Cristo, el rey mesiánico de los judíos; y que se proponía fomentar un levantamiento popular contra el poder imperial de Roma. Por tanto, en su opinión, Jesús era culpable de traición contra el emperador romano: un delito capital bajo la ley romana.[19]

El apóstol cristiano Juan nos detalla el interrogatorio de Jesús por parte de Pilato.[20] Lo primero que este quería oír de la propia boca del prisionero era si se consideraba el rey de los judíos.

Esta pregunta no podía contestarse con un simple sí o no; porque los términos "rey" y "reino" significaban cosas diferentes según con quién hablaras. Si "rey" y "reino" eran las etiquetas que el propio Pilato estaba poniendo a Cristo —sobre su enseñanza y actividad—, entonces Pilato las entendería en un sentido político. En este caso, Cristo tenía que negar que era un rey. No estaba compitiendo políticamente con el emperador Tiberio de Roma.

Sin embargo, en otro sentido, Cristo era "el rey de Israel". Una semana antes había permitido que las multitudes lo aclamasen como *el rey que viene en el nombre del Señor*. Esperado por sus seguidores, había entrado en Jerusalén sobre un pollino, cumpliendo deliberadamente una profecía del Antiguo Testamento que describe la llegada del rey de Jerusalén.[21] Si este fue el incidente del que las autoridades religiosas judías habían informado a Pilato, Cristo no tenía intención de negarlo, ni tampoco el mensaje transmitido mediante aquel acto.

Pero los líderes religiosos lo habían malinterpretado. Cristo no era, como estaban queriendo hacer ver, el líder de una banda organizada de luchadores por la libertad, preparados para luchar hasta la muerte en una guerra santa con el fin de expulsar a los imperialistas romanos de su país (como un grupo intentó hacer en la guerra de 66-70 d.C.).

La única forma en la que Cristo podía contestar era explicar a Pilato la naturaleza de su reino y el poder por el cual lo establecería. Por tanto, respondió: "Mi reino no es de este mundo. Si mi reino fuera de este mundo, entonces mis servidores pelearían para que yo no fuera entregado a los judíos; mas ahora mi reino no es de aquí".[22]

Sin duda, Pilato ya habría recibido el informe del oficial del ejército, dándole a conocer la conducta no violenta de Cristo durante su arresto en el huerto de Getsemaní; por lo que ya estaría claro que Jesús estaba diciendo la verdad. Pero Pilato aún tenía que asegurarse de qué hablaba Jesús exactamente. Después de todo, acababa de hacer referencia a su reino, lo que indicaba que se consideraba un rey. ¿Podría ser entonces que su negativa a que sus seguidores luchasen para evitar su arresto fuese simplemente una táctica astuta? Al ser sorprendidos por un escuadrón de soldados romanos, pudo ver que resistirse era inútil. Si Pilato liberaba ahora a Jesús, dadas las condiciones adecuadas, ¿intentaría establecer su reino provocando una insurrección armada más adelante? Pilato sondeó una vez más, porque no podía correr riesgos: "¿Así que tú eres rey?".

La respuesta de Jesús no dejó lugar a dudas. Su postura no violenta en Getsemaní no era pragmatismo temporal: brotó de la naturaleza de su reino o gobierno. Su poder para ganarse la lealtad del pueblo era, y solo podía ser, la verdad. "Tú dices que soy rey. Para esto yo he nacido y para esto he venido al mundo, para dar testimonio de la verdad. Todo el que es de la verdad escucha mi voz".[23] Y una cosa está clara acerca de la verdad: no puedes imponerla por la fuerza o la violencia. Los fanáticos religiosos y los ateos militantes no siempre lo han entendido.

"¿Qué es la verdad?", dijo Pilato cuando se daba la vuelta para marcharse. No estaba siendo cínico necesariamente. La verdad, en el sentido absoluto que Jesús obviamente tenía en mente, quizá no era, para Pilato, algo que tuviese mucho que ver con los asuntos militares y políticos en los que él participaba. La verdad era la clase de concepto que ocupaba a filósofos y pensadores religiosos. Sin embargo, por muchas dudas que albergase Pilato acerca del significado de la misma, parece que había visto suficientes evidencias para convencerse de que el prisionero acusado ante él, que renunciaba a la violencia y solo le preocupaba la verdad, no era rival político para el emperador. Ahora tenía la seguridad de que Cristo no representaba amenaza alguna para Roma, y por tanto lo declaró inocente públicamente.

Por supuesto, ese no fue el final de la historia. La multitud y sus líderes sometieron a Pilato a un chantaje emocional tan intenso que este perdió la valentía para actuar consecuentemente con sus convicciones morales. La cobardía de Pilato, no la culpabilidad de Cristo, fue la que le condujo a la crucifixión.

Nos encontramos por tanto ante una desafortunada ironía múltiple. En primer lugar, la acusación de los nuevos ateos contra el cristianismo es precisamente la misma que la acusación que llevó al propio Cristo a juicio: la de fomentar la violencia. Segundo, la acusación contra Cristo no fue formulada por ateos sino por personas muy religiosas, los líderes de la comunidad religiosa de la que el propio Cristo era miembro.[24] Tercero, Pilato, comandante supremo de la potencia invasora romana, declaró a Cristo inocente de la acusación de incitación religiosa a la violencia.

Queda por tanto muy claro que Cristo no intentó imponer por la fuerza su mensaje de amor, sino que en aras de la verdad condenó abierta y rotundamente aquella religión rígida, irreflexiva y explotadora que se concentraba más en los rituales externos y las ventajas sociales que en la actitud interior del corazón, que se nutre de una profunda relación con Dios, expresada en amor y servicio a los congéneres. Aquí tenemos una muestra de lo que Jesús les dijo a algunos de los líderes religiosos de su época:

¡Ay de vosotros, escribas y fariseos, hipócritas!, porque pagáis el diezmo de la menta, del eneldo y del comino, y habéis descuidado los preceptos de más peso de la ley: la justicia, la misericordia y la fidelidad; y estas son las cosas que debíais haber hecho, sin descuidar aquellas. ¡Guías ciegos, que coláis el mosquito y os tragáis el camello!

¡Ay de vosotros, escribas y fariseos, hipócritas!, porque limpiáis el exterior del vaso y del plato, pero por dentro están llenos de robo y de desenfreno. ¡Fariseo ciego! Limpia primero lo de adentro del vaso y del plato, para que lo de afuera también quede limpio.

¡Ay de vosotros, escribas y fariseos, hipócritas!, porque sois semejantes a sepulcros blanqueados, que por fuera lucen hermosos, pero por dentro están llenos de huesos de muertos y de toda inmundicia. Así también vosotros, por fuera parecéis justos a los hombres, pero por dentro estáis llenos de hipocresía y de iniquidad.[25]

La consecuencia de todo esto es que la reivindicación de los nuevos ateos de estar comprometidos con la racionalidad y el pensamiento basado en la evidencia no encaja con su actitud hacia la historia del primer siglo, algo que pone de manifiesto que están gravemente equivocados en su análisis de la naturaleza y la historia del cristianismo. Confunden inexcusablemente los males de la cristiandad renegada con las enseñanzas de Cristo, pensando así que la violencia forma parte de la fe cristiana; mientras que la fe cristiana repudia de forma explícita la violencia y la explotación religiosas. Los nuevos ateos deberían aplaudir a Cristo en lugar de condenarlo.

El alcance de la violencia de la cristiandad

Ahora bien, en aras de la justicia también sería importante detenerse cuidadosamente no solo en la enseñanza de Cristo sino también en la historia de la propia cristiandad, ya que también hay un gran número de malentendidos en cuanto a eso. Por ejemplo, David Bentley Hart recoge las respuestas a una pregunta planteada en el *New York Times*: ¿Cuál es el peor invento de la humanidad? Uno de los que contestaron, Peter Watson, escribió: "Sin duda alguna el monoteísmo ético... Este ha sido responsable de la mayor parte de las guerras y la intolerancia de la historia". Parece como si Watson nunca hubiese oído del siglo XX.

No obstante, culpar al monoteísmo de la mayoría de las guerras de la historia es una opinión popular generalizada, como observa el filósofo y teólogo alemán Klaus Müller: "La tesis de que existe una relación entre el monoteísmo y la intolerancia es vista desde hace tiempo como sentido común, incluso en prominentes libros de texto filosóficos".[26] Esta tesis no se mantiene tras un serio escrutinio. La persecución religiosa y la intolerancia no son exclusivas de las culturas monoteístas, como cualquier persona que conozca la historia del mundo sabrá.

Sin embargo, nos han bombardeado durante tanto tiempo con historias sobre los horrores de las Cruzadas, la Inquisición y la caza de brujas que cualquier intento de valorar el alcance real de esos males muchas veces se topa con la incredulidad, si no con un rechazo total. Sin embargo, para nosotros no solo es importante señalar que los nuevos ateos se equivocan con las enseñanzas de Cristo, sino que también son culpables de tergiversar la historia subsiguiente de la cristiandad. Este hecho se expone con gran claridad en la obra magistral y exhaustiva del eminente historiador Arnold Angenendt, *Toleranz und Gewalt* [Tolerancia y violencia].[27] El análisis histórico de Angenendt ha recibido la aclamación de la prensa por su minuciosidad y su precisión como "probablemente el libro más destacado sobre la historia de la iglesia en los últimos años", y como un libro que no puede ser ignorado por nadie "que desee participar en un debate sustancial acerca de la relación entre la mentalidad del cruzado y el mensaje de paz cristiano, o entre la severidad inquisitorial y la tolerancia religiosa".[28]

La pregunta es simplemente esta: ¿es la "militancia de la iglesia" la "organización criminal más antigua y grande del mundo"?[29] Resulta bastante impactante, por ejemplo, saber que desde 1540 hasta mediados del siglo XVIII la Inquisición española fue responsable de 827 ejecuciones, y la Inquisición romana de 93.[30] Por supuesto, no hay excusa para una sola ejecución de una persona que cree en Dios; pero, como veremos en el siguiente capítulo, los crímenes de las filosofías seculares del así llamado iluminado siglo XX son mucho mayores que los de la Inquisición. Parece obvio que los nuevos ateos tratan de centrar la atención en los últimos para apartarla de los primeros, una estratagema muy necia si desean convencer a alguien que tenga un conocimiento básico de historia.

En un libro como este resulta imposible recoger los detalles enciclopédicos de la investigación de Angenendt, pero quizá haya sido suficiente en este contexto mencionar que existen para que el lector interesado sea consciente de ello.

Violencia contra los niños: ¿la religión es igual a abuso infantil?

Richard Dawkins se preocupa mucho por las actitudes religiosas con los niños: tanto que emplea una metáfora calculada para impactar. Pregunta: "¿no es siempre una forma de abuso infantil etiquetar a los niños como poseedores de creencias, cuando son demasiado jóvenes para entenderlas?".[31] Protesta con fuerza contra el hábito de calificar a un niño como "cristiano", "musulmán" o "hindú" simplemente porque esa sea la religión de sus padres. Dice que se les debería permitir decidir por sí mismos cuando sean lo suficientemente mayores.

Dawkins se sorprendería al saber que yo aprendí eso de mis padres. Ellos me llevaron a la iglesia; pero también me enseñaron a ser crítico con lo que oía y a compararlo con otras visiones del mundo. ¡Y en la sectaria Irlanda del Norte, vaya lugar! ¿No era Dawkins quien quería que imaginásemos con Lennon ese mundo maravilloso en el que "no existe Irlanda del Norte"? Sabemos lo que quiere decir; pero se equivoca al pensar que todo el mundo en

Irlanda del Norte se comporta como en la imagen estereotípica indica. Mis padres y muchos otros que conocí no creían que un niño nazca siendo cristiano, ni siquiera aunque sus padres lo sean. De hecho, pensaban que esta es una de las cosas más importantes que deben quedar claras, que uno no es cristiano por nacimiento o por medio de ceremonias o rituales celebrados en la infancia.

La razón de ello es que se tomaban en serio el Nuevo Testamento y leían en él que no nacemos siendo hijos de Dios; lo somos a través de un acto personal de confianza en Cristo como Señor. Ese acto de confianza es un compromiso libre y no obligado, basado en la evidencia. Un recién nacido no puede dar ese paso. Mis padres vieron (como los nuevos ateos podrían ver si se tomasen la molestia de leer lo que el Nuevo Testamento dice sobre el tema) que Cristo dio la ordenanza del bautismo como un símbolo público para expresar la vida cristiana por parte de aquellos que ya la habían recibido: el bautismo no fue dado para generar esa vida. El orden de los acontecimientos es claro: las personas creían y eran bautizadas como confesión pública, lo que significaba, por supuesto, que el bautismo representaba un posicionamiento muy público y que eran contadas para la fe.

A riesgo de resultar provocador, yo añadiría que existe un sentido en el que los nuevos ateos están apuntando a una de las grandes confusiones de la cristiandad: que los recién nacidos, los niños, o incluso los adultos pueden hacerse cristianos por medio de una ceremonia, que en algunas ocasiones es trágicamente administrada por la fuerza. Como consecuencia, muchas personas creen que una ceremonia celebrada en su infancia ya las hizo cristianas, aunque admiten no tener ni idea de lo que significa la fe personal en Cristo.

Así pues, estoy de acuerdo con la declaración de Dawkins de que decir que un niño en particular es hijo de padres cristianos no es lo mismo que decir que es un niño cristiano. Puede serlo si se convierte en cristiano; por otra parte, puede decidir tomar otro camino.

Mis padres no me inculcaron su fe a la fuerza. Creían en animar a sus hijos a pensar los asuntos por sí mismos y que llegaran a sus propias decisiones en base a las evidencias disponibles. Habrían despreciado la idea de Dawkins de que la religión "nos inculca como virtud el estar satisfechos con el desconocimiento".[32] Creían justo lo contrario. De hecho, cuanto más leo las críticas del cristianismo de Dawkins y otros, más obvio es que la situación es a la inversa: el ateísmo es el que parece convertir en virtud el no comprender lo que el cristianismo es.

Independientemente de que los comentarios de Dawkins puedan aplicarse a cualquier otra religión, no pueden aplicarse de ningún modo al cristianismo que mis padres me enseñaron a partir de la Biblia. En su hogar (y también en el de mis suegros) el debate era algo normal. Siempre estuve rodeado de personas que me instaban a ser curioso intelectualmente porque ellos mismos lo eran; no a pesar de su fe cristiana, sino debido a ella. Para ellos, la Biblia era una fuente inagotable de cosas en las que pensar; de preguntas a debatir, así como de principios por los que vivir. Tengo con mis padres una inmensa deuda por su amor cristiano verdadero, un amor que me dejó espacio para pensar. Y, todo sea dicho, el cristianismo me dio y me ha dado mucho más en lo que pensar que el ateísmo.

La convicción cristiana no puede inculcarse por herencia, una ceremonia o por la fuerza. De hecho, Jesucristo reservó algunas de sus denuncias más duras para las personas religiosas que ofendían a los niños. Todos debemos prestar atención a la advertencia de que nuestra enseñanza no pase a ser un lavado de cerebro, religioso o ateo, ya que puede decirse lo mismo acerca de la enseñanza atea; aunque este dato brilla por su ausencia en los escritos del nuevo ateísmo.

Ahora, soy consciente de que otros no fueron tan afortunados como yo lo fui. He visto de primera mano las consecuencias sufridas por quienes se han visto obligados por la fuerza a adoptar una religión y nunca han podido tener sus propias opiniones. No sorprende que muchos abandonasen la religión a la primera oportunidad. Por ejemplo, en la República Democrática Alemana el ateísmo impuesto era la norma. ¿Definirían eso los nuevos ateos como abuso mental infantil? O podríamos pensar en la Revolución Cultural china, en la que los padres no podían hablar a sus hijos de su fe para que estos no los traicionasen ante las autoridades. ¿Cómo encaja esto en el pensamiento de los nuevos ateos? Sin duda, me encantaría imaginar un mundo sin eso, y me alegra que al menos parte del mundo se ha librado de ello.

Rogaría a los nuevos ateos que fuesen responsables con su uso de los términos, porque se puede abusar de ellos con terribles consecuencias. El abuso infantil es una ofensa extremadamente grave que la sociedad aborrece justificadamente. Seguramente no sea difícil ver que aplicar ese término imprudentemente podría constituir un paso hacia un camino muy peligroso y siniestro: un camino que podría conducir finalmente a la separación de algunos hijos de sus padres debido a un supuesto "abuso religioso". Si esto parece alarmista, escuchemos a Dawkins de nuevo: "Probablemente sea demasiado fuerte decir que el estado debería tener el derecho de quitar los hijos a sus padres", dijo a un entrevistador. "Pero pienso que tenemos que vigilar atentamente los derechos de los padres, y pensar si deberían tener el derecho de adoctrinar a sus hijos". Esto suena ominosamente familiar. ¿Qué ocurre con el adoctrinamiento del ateísmo? ¿Es esta la alternativa? ¿Deberíamos "vigilar atentamente los derechos de los padres" también en ese caso? Puede que Dawkins necesite releer sus propios mandamientos adicionales en relación con los niños.[33]

¿Ha hecho algún bien el cristianismo?

Concentrarse en los actos de las personas que desobedecen a Cristo lleva a los nuevos ateos a caer en su error, ya que son incapaces de tener en cuenta el gran bien que han hecho durante siglos las personas que lo han seguido de forma genuina. Por ejemplo, hablan poco o nada de la inmensa contribución positiva que el cristianismo ha hecho a la civilización occidental.

Terry Eagleton resume mordazmente esta actitud miope hacia la historia:

Tal es la serena imparcialidad científica de Dawkins que, en un libro de casi cuatrocientas páginas, apenas puede admitir que ni un solo beneficio humano ha provenido de la fe religiosa, una visión que es tan improbable *a priori* como empíricamente falsa. Los innumerables millones de personas que han entregado su vida abnegadamente al servicio de los demás en el nombre de Cristo, Buda o Alá son borrados de la historia humana; todo esto por obra de un autoproclamado cruzado contra la intolerancia. Es como el hombre que equipara el socialismo con el Gulag.[34]

Eagleton no se encuentra nada solo en su análisis. El destacado filósofo alemán Jürgen Habermas, que se define como "ateo metodológico", advierte contra "excluir de forma injusta a la religión del espacio público con el fin de no aislar a la sociedad secular de los importantes recursos para la creación de sentido".[35] Prosigue haciendo referencia a la doctrina bíblica de que todos los seres humanos son creados en la imagen de Dios: "Esta *creación* de la imagen expresa una intuición que puede, en nuestro contexto, decir algo a la gente no religiosa". A diferencia de los nuevos ateos, Habermas no alberga dudas acerca de la contribución única de este punto de vista bíblico a los prerrequisitos básicos para el florecimiento de la civilización humana:

El igualitarismo universalista, del que brotaron los ideales de la libertad y una vida colectiva marcada por la solidaridad, la conducta de vida autónoma y la emancipación, la moralidad individual de la conciencia y los derechos humanos y la democracia, es legado directo de la ética judaica de la justicia y de la ética cristiana del amor. Este legado, sustancialmente inalterado, ha sido objeto de una apropiación crítica y continua y de una reinterpretación crítica y continua. Hasta hoy, no hay alternativas. Y a la luz de los desafíos actuales de una constelación postnacional, continuamos bebiendo de la sustancia de esta herencia. Todo lo demás es solo parloteo posmoderno improductivo.[36]

Ese "todo lo demás" incluye por tanto mucho del nuevo ateísmo que, debido a su alejamiento de la verdad, no es realmente más que un "parloteo posmoderno". La ironía es que el cristianismo dio al mundo las universidades que educaron a los nuevos ateos. El cristianismo proveyó los hospitales y hospicios que cuidan de ellos, y todo ello garantiza las libertades y los derechos humanos que les permiten divulgar sus ideas. Existen muchos lugares del mundo donde se lo pensarían dos veces antes de dar sus sermones; y no sería el cristianismo el que se lo impediría.

David Aikman señala que Sam Harris tampoco es capaz de ver la contribución del cristianismo, incluso en su propio país:

Sam Harris ignora totalmente el hecho de que los fundadores de Estados Unidos, aunque en ocasiones abiertamente escépticos con la ortodoxia cristiana, vieron que la libertad política estaba indisolublemente vinculada a las virtudes cuyas raíces estaban en la ética cristiana. Thomas Jefferson, que dijo no haber podido encontrar "ni un solo rasgo redentor" en el cristianismo ortodoxo, lo expresó así: "Dios, que nos dio la vida, nos dio la libertad. ¿Pueden las libertades de una nación estar seguras cuando hemos eliminado la convicción de que dichas libertades son un regalo de Dios?". Quizá los fundadores, que habían estudiado las constituciones de docenas de repúblicas del pasado, reconocían una bondad del teísmo cuando la veían.[37]

Evitando cualquier intento serio por comprender la historia en su misión de demostrar que la religión no hace ningún bien, Dawkins trata de sonar científico y lo hace empleando los resultados del llamado "gran experimento de oración". Muchos creyentes comparten su escepticismo (esto es, en cuanto al experimento; no necesariamente en cuanto a las conclusiones a las que llega Dawkins a partir del mismo). No se sorprenden de que el Dios vivo, revelado a nosotros en la Biblia, no esté dispuesto a que le probemos de la siguiente forma: orando por algunas personas y no por otras, para luego cuantificar la diferencia. El Dios que es el Creador del cielo y la tierra (y no un producto de la imaginación) se interesa por la oración genuina; y es difícil que la oración realizada para tal experimento lo fuese.

En realidad, el débil intento de Dawkins de acercarse a este asunto de forma científica deja mucho que desear, incluso a ojos de sus compañeros ateos. El biólogo David Sloan Wilson es directo en su análisis:

> Cuando se publicó *El espejismo de Dios* de Dawkins, supuse de forma natural que habría basado su crítica de la religión en el estudio científico de la religión desde una perspectiva evolutiva. Siento decir que no es así. No aporta ningún trabajo original sobre el tema y no hace justicia al trabajo de sus colegas. De ahí esta crítica Jefferson a *El espejismo de Dios* y las cuestiones que plantea.[38]

Si los ateos (o cualquier otra persona) desean trabajar de forma científica, sería sabio por su parte averiguar qué investigaciones se han llevado a cabo en el área en cuestión. Para alguien que pretende apoyarse mucho en la evidencia científica, Dawkins exhibe una ignorancia inexcusable de las numerosas investigaciones que han mostrado la contribución positiva del cristianismo al bienestar. Por ejemplo, en contra del argumento de Dawkins de que la religión provoca más estrés que alivio a causa del concepto de la culpa, Sloan Wilson cita los resultados de una investigación reciente que él y Mihaly Csikszentmihalyi han llevado a cabo:

> Estos estudios se llevaron a cabo a una escala tan grande y con tanta documentación que podemos comparar la experiencia psicológica de los creyentes religiosos con la de los no creyentes en el día a día. Podemos comparar incluso a miembros de las denominaciones protestantes conservadoras con los de las li-

berales cuando se encuentran solos y cuando están en la compañía de otras personas. Estadísticamente, los creyentes religiosos son más prosociales que los no creyentes; se sienten mejor consigo mismos; emplean su tiempo de forma más constructiva; y tienden a planificar a largo plazo más que a gratificar sus deseos impulsivos. En el día a día, se muestran más felices, activos, sociables, implicados y entusiasmados. Algunas de estas diferencias se mantienen incluso cuando los creyentes religiosos y los no religiosos reflejan el mismo grado de prosocialidad.[39]

A este respecto, Daniel Batson de la Universidad de Kansas hace una distinción útil entre religiosidad "intrínseca" —creencia en Dios y motivación para asistir a la iglesia como un fin en sí mismo— y religiosidad "extrínseca", donde la religión y el ir a la iglesia se ven más como actividades sociales en las que uno se involucra para beneficio personal. Como quizá era de esperar, Batson encontró una correlación entre el primer grupo y la compasión o la aceptación; mientras que el segundo grupo tendía a ser menos útil para los demás y mostraba más prejuicios.[40]

Wilson deduce que "la especulación poco seria de Dawkins acerca de los efectos inductores de culpa de la religión ni siquiera le sirve para llegar a la primera base", y añade más adelante:

Estoy de acuerdo con Dawkins en que las religiones son un blanco fácil para la crítica en una sociedad pluralista y en que el estigma relacionado con el ateísmo debe eliminarse. Sin embargo, el problema con el análisis de Dawkins es que si su concepto de la religión es erróneo, su diagnóstico de los problemas y las soluciones planteadas también lo serán. Si la protuberancia del hocico del tiburón es un órgano, no iremos muy lejos si pensamos que se trata de una verruga. Esta es la razón por la que la diatriba de Dawkins contra la religión, por bien intencionada que sea, está tan profundamente equivocada... En este momento, no es más que otro ateo enfadado que está explotando su reputación como evolucionista y como portavoz de la ciencia para dar rienda suelta a sus opiniones personales sobre la religión.

Nicholas Beale y John Polkinghorne señalan que, irónicamente, Dawkins ni siquiera puede reivindicar que en este punto la evolución esté de su lado:

La declaración de que la creencia religiosa es nociva desde un punto de vista evolutivo es simplemente falsa. Sean o no ciertas las doctrinas del cristianismo en este caso, existen evidencias abrumadoras de que, en general, los cristianos tienen más hijos que los ateos (los nietos fértiles supervivientes son realmente la prueba de fuego, pero no conozco los datos). También viven más tiempo, tienen más salud, etc. El hecho de que existan excepciones individuales a esta regla no tiene importancia:

la evolución incide en poblaciones, no en individuos. Estos efectos prácticos de vivir la fe cristiana son en el mejor de los casos una débil prueba de la verdad del cristianismo. No obstante, es deshonesto por parte de los biólogos evolucionistas decir que "la fe cristiana es nociva", a no ser que dejen muy claro que lo que quieren decir es: la creencia cristiana es beneficiosa desde un punto de vista evolutivo, pero la considero dañina por otras razones.[41]

Sin embargo, ese tipo de claridad tiende a evitarse. Los nuevos ateos necesitan una densa niebla intelectual para poder sobrevivir, por lo que no carece de prolíficos generadores de niebla.

Tal vez te encuentres cansado de oírme decirlo, pero me parece que es necesaria la repetición a fin de "despertar la conciencia" del público ante la notable realidad de que los nuevos ateos, que reivindican en voz alta estar regidos por el enfoque científico, han sido evidentemente incapaces de interactuar con la investigación científica llevada a cabo sobre el tema de los beneficios del cristianismo. Antes de escribir un libro declarando que Dios es un espejismo, habría sido sabio sin duda que Richard Dawkins, que no es psiquiatra, hubiese consultado la opinión de estos sobre el asunto. Yo tampoco soy psiquiatra, por lo que consulté evidencias relevantes presentadas por los expertos. El resultado no favorece en absoluto el punto de vista de Dawkins.

Quizá la obra más importante que ha aparecido recientemente sobre la cuestión de los beneficios de la creencia religiosa en general, y del cristianismo en particular, sea el libro *Is Faith Delusional?* [¿Es la fe una ilusión?][42], del Profesor Andrew Sims, antiguo Presidente del Real Colegio de Psiquiatras. Sims ha llevado a cabo su investigación a lo largo de muchos años y no se limita, como Dawkins, a comentar sobre un experimento (defectuoso). La conclusión a la que llega en sus estudios respalda los resultados de Wilson mencionados anteriormente. Es la siguiente:

> El ventajoso efecto de la creencia religiosa y la espiritualidad en la salud mental y física es uno de los secretos mejor guardados en la psiquiatría y la medicina en general. Si los descubrimientos del inmenso volumen de investigación sobre este tema hubiesen ido en la dirección contraria y se hubiese comprobado que la religión daña nuestra salud mental, habría sido noticia de portada en todos los periódicos del mundo.

Yo añadiría que los nuevos ateos lo habrían anunciado a bombo y platillo.

Sims cita como prueba el importante metaanálisis de estudios epidemiológicos sobre los efectos psicológicos de la creencia religiosa llevado a cabo por el *American Journal of Public Health*:

> En la mayoría de los estudios, la implicación religiosa tiene correlación con el bienestar, la felicidad y la satisfacción vital; la esperanza y el optimismo; el propósito y el sentido de

la vida; una mayor autoestima; una adaptación mejor al duelo; un mayor apoyo social y menos soledad; índices más bajos de depresión y una recuperación más rápida de la misma; índices menores de suicidio y menos actitudes positivas hacia este; menos ansiedad; menos psicosis y tendencias psicóticas; índices menores de consumo de alcohol y drogas; menos delincuencia y actividad criminal; mayor estabilidad y satisfacción en el matrimonio... Llegamos a la conclusión de que para la inmensa mayoría de las personas los aparentes beneficios de la creencia y la práctica religiosa probablemente sean mayores que los riesgos.[43]

Leemos a los nuevos ateos intentando en vano encontrar por lo menos una mínima mención a ese "inmenso volumen de investigación". Parece que su fe ciega en que tienen razón pasa por alto toda evidencia. Su compromiso con la ciencia del que tanto alardean no es lo que parece.

Sims expone otra importante cuestión psicológica que los nuevos ateos han ignorado. Señala que "espejismo ha pasado a ser una palabra psiquiátrica y siempre tiene matices de enfermedad mental". Deduce lo siguiente: "La declaración de que toda creencia religiosa es un espejismo es errónea y de una hostilidad innata". Sims da un ejemplo de esa hostilidad: "La sugerencia de que la fe es una ilusión no ayuda a los pacientes psiquiátricos para quienes su fe religiosa puede ser muy importante". Concluye con esta observación: "Aunque el contenido del espejismo pueda ser religioso, el conjunto de la creencia, en sí mismo, no es y no puede ser un espejismo".[44] ¿Qué pasa ahora con "el espejismo de Dios"?

Un ateo que cree que África necesita a Dios

El conocido columnista del *Times* Matthew Parris, ateo, está convencido del valor positivo del cristianismo y lo expresa en términos que no dejan lugar a dudas. En un artículo muy debatido, escribió: "Como ateo, realmente creo que África necesita a Dios: los misioneros, y no la ayuda monetaria, son la solución al mayor problema de África: la aplastante pasividad de su gente". Parris explica:

Viajar por Malawi reavivó en mí otra creencia: una creencia que he estado tratando de desterrar toda mi vida, una observación que he sido incapaz de evitar desde mi niñez en África. Esta creencia zarandea mis creencias ideológicas, se niega tozudamente a encajar en mi visión del mundo y me ha he hecho sentirme mal por mi creciente convicción de que Dios no existe.

Aunque soy un ateo declarado, me he convencido de la enorme contribución que el evangelismo cristiano hace en África: marcadamente distinta de la labor de las ONG seculares, los proyectos gubernamentales y los esfuerzos de la ayuda internacional. Estos no conseguirán nada por sí solos. La educación y la capacitación por sí solas tampoco. En África, el cristianismo cambia el corazón de las personas. Da lugar a una transformación espiritual. El nuevo nacimiento es real. El cambio es bueno.

Yo solía evitar esta verdad aplaudiendo, porque se puede, la labor práctica de las iglesias misioneras en África. Es una pena, diría yo, que la salvación forme parte del *pack*, pero la realidad es que los cristianos blancos y negros que trabajan en África curan a los enfermos y enseñan a las personas a leer y escribir; solo un secularista de la clase más extrema podría ver un hospital o una escuela de misioneros y decir que el mundo sería mejor sin ellos.

Parris concluye:

> Los que quieren que África camine con la cabeza alta en esta competición global del siglo XXI no deben engañarse pensando que proveer los medios materiales o incluso los conocimientos que acompañan a lo que llamamos desarrollo dará lugar al cambio. Primero se debe reemplazar todo un sistema de creencias.

Y me temo que debe sustituirse por otro. Eliminar el evangelismo cristiano de la ecuación africana puede dejar al continente a merced de una fusión maligna de Nike, el hechicero, el teléfono móvil y el machete.[45]

Parris, que se confiesa ateo, llega por tanto a una conclusión muy diferente de la de los nuevos ateos. Sin embargo, su artículo es creíble, suena a cierto.

Por el contrario, Christopher Hitchens perdió una oportunidad obvia para destacar que no todos los cristianos son malos. Ha dicho que no podía pasar por la Casa Blanca o el Capitolio "sin pensar qué podría haber ocurrido de no ser por la valentía y el ingenio de los pasajeros del cuarto avión, que se las arreglaron para hacerlo caer en un campo de Pennsylvania a solo veinte minutos de vuelo de su destino". Lo que omite es que uno de los líderes de ese valiente grupo de pasajeros fue Todd Beamer, un cristiano evangélico.

¿Es toda la religión realmente lo mismo, como alegan los nuevos ateos? ¿Van a agrupar a los "Todd Beamers" del mundo con los terroristas suicidas? Keith Ward escribe:

> Si existe una raíz de maldad que se convirtió en una fuerza aterradora que casi destruyó el mundo en la primera mitad del siglo XX, es sin duda la ideología antirreligiosa de Alemania, Rusia, Vietnam del Norte y Corea del Norte. Hace falta una ceguera casi deliberada para negar este hecho histórico y suponer que las religiones perseguidas y aplastadas por aquellas fuerzas brutales son las verdaderas fuentes de mal en el mundo.[46]

Tapar las considerables evidencias de la contribución positiva del cristianismo, y al mismo tiempo acusar al cristianismo y sus enseñanzas de los males de la cristiandad daña profundamente la credibilidad de los nuevos ateos. Esas distorsiones manifiestas de la historia muestran que no estamos tratando con el tipo de evaluación objetiva y comedida que tenemos el derecho de esperar de prominentes intelectuales públicos que dicen formar parte de la élite científica. De hecho, resulta difícil evitar la impresión de que en realidad no estamos tratando con intelectuales, sino con personas tan obsesionadas con sus ideas preconcebidas que se han alejado de la realidad. Después de todo, uno no tiene que ser un genio para predecir cómo reaccionarían los nuevos ateos ante un ataque total contra la ciencia que, empleando su propia metodología, acumulase ejemplo tras ejemplo de las cosas terribles que la ciencia ha hecho en y a nuestro mundo (desde las armas de destrucción masiva hasta el envenenamiento del medio ambiente), a fin de rechazarla por peligrosa e inmoral. De hecho, hay sin duda muchas más evidencias para decir que la ciencia provoca guerras que para afirmar que el monoteísmo provoca guerras.

Como siempre, David Berlinski lo expresa de forma concisa. Después de citar la declaración pública de Steven Weinberg, "Para que las personas buenas hagan cosas malas, hace falta la religión", señala que ni una sola persona de la audiencia de Weinberg planteó "la pregunta que uno podría haber estimado pertinente: ¿quién impuso sobre la sufriente raza humana el gas mortal, el alambre de espinos, los explosivos letales, los experimentos genéticos, la fórmula del Zyklon B, la artillería pesada, las justificaciones pseudocientíficas para las limpiezas étnicas, las bombas de racimo, los submarinos de ataque, el napalm, los misiles balísticos intercontinentales, las plataformas espaciales militares y las armas nucleares? Si la memoria sirve para algo, no fue el Vaticano".[47]

Noam Chomsky considera que la actitud de los nuevos ateos se aparta de la razón: "Creo que el mayor distanciamiento de la razón se produce entre los intelectuales cultos que abogan por la razón y culpan a otros de apartarse de ella. Si ni siquiera podemos aplicarnos a nosotros mismos los principios racionales que exigimos a los demás, nuestro compromiso con la razón es muy débil".[48]

En conclusión, parece que el alegato de Christopher Hitchens de que "la religión lo envenena todo" no tiene a la razón de su lado. Sin duda, en el caso del cristianismo, su declaración es demostrablemente falsa.

CAPÍTULO 3

¿ES VENENOSO EL ATEÍSMO?

La abolición de la religión como felicidad ilusoria del pueblo
es necesaria para que este encuentre su verdadera felicidad.

Karl Marx

No creo que exista un ateo en el mundo que demolería
La Meca, Chartres, la catedral de York o Notre Dame.

Richard Dawkins

Las catedrales son demasiado altas para las apisonadoras.
En su lugar, en la Unión Soviética de Stalin y en la República
Democrática Alemana de Ulbricht utilizaron explosivos.

Richard Schroeder

Sería maravilloso no solo imaginar el mundo de John
Lennon sin todos los males que se han atribuido a la
religión, como Richard Dawkins nos insta a hacer, sino
también poder vivir en ese mundo. En este punto, todas
las personas sensatas estarán sin duda de acuerdo con los
nuevos ateos. Pero, y perdónenme por decir algo obvio, yo
no soy John Lennon. Resulta que soy John Lennox, y me
gustaría pedirle que imagine un mundo sin ateísmo. Sin

Stalin, sin Mao, sin Pol Pot, por nombrar solamente los dirigentes de tres estados oficialmente ateos que fueron responsables de algunos de los peores asesinatos en masa del siglo XX. Imagine simplemente un mundo sin Gulag, sin Revolución Cultural, sin campos de concentración, sin el arrebatamiento de niños a sus padres porque estos les enseñaban sus creencias, sin la prohibición de realizar estudios superiores para los creyentes en Dios, sin discriminación contra los creyentes en el lugar de trabajo, sin pillaje, destrucción ni quema de los lugares de culto. ¿No sería ese un mundo digno de imaginar también?

Sin embargo, como observa la ganadora del Premio Pullitzer Marilynne Robinson, Dawkins considera al ateísmo incapaz de tener intenciones beligerantes cuando dice: "¿Por qué iría alguien a la guerra para luchar por la ausencia de creencias?". Robinson prosigue:

> En nuestro lenguaje encontramos la siguiente peculiaridad: con la palabra guerra normalmente nos referimos a un conflicto entre naciones, o al menos un conflicto en el que ambos bandos están armados. Ha existido una violencia persistente contra la religión: en la Revolución Francesa, en la Guerra Civil española, en la Unión Soviética, en China. En tres de estos ejemplos, la extirpación de la religión formaba parte de un programa para remodelar la sociedad excluyendo ciertas formas de pensamiento y creando una ausencia de creencias. Estos intentos no parecen haber dado lugar a la cordura ni a la felicidad. La conclusión más amable que podemos extraer

es que Dawkins no está familiarizado con la historia de autoritarismo moderno.[1]

Christopher Hitchens también era consciente de este asunto: "Resulta curioso descubrir cómo las personas de fe buscan defenderse ahora diciendo que no son peores que los fascistas, los nazis o los estalinistas".[2] Sin embargo, como Peter Berkowitz señala en *The Wall Street Journal*, Hitchens es el que se pone a la defensiva. Él es quien insiste inequívocamente en que la religión lo envenena todo, y "él es quien ofrece la esperanza utópica de que erradicarla servirá para poner fin a la propensión de la humanidad al mal y a los eternos problemas que vivimos a causa de ella".

Berkowitz añade con sagacidad:

> Su posición [la de Hitchens] tampoco se ve reforzada por su observación de que el totalitarismo del siglo XX adoptó muchos rasgos de la religión. Eso solo explica la necesidad de distinguir, y el señor Hitchens se niega en banda, entre las enseñanzas religiosas auténticas y justas y las enseñanzas religiosas corruptas e injustas. Y genera la pregunta de por qué la aceptación del secularismo en el siglo XX desató una depravación humana de proporciones sin precedentes.[3]

Aquí tenemos un asunto más profundo. Hitchens trata de exculpar a Stalin y Hitler diciendo que es culpa de las ideas que ellos tenían sobre la religión. Pero si puede hacerlo es porque comete el error elemental de no saber distinguir entre religión nominal y una fe personal y viva en Dios. Fuesen lo que fuesen esos malvados hombres por identificación o por trasfondo, en la práctica eran ateos. Lo que tenían en común era una visión utópica de rehacer la humanidad a su propia imagen; y al hacerlo crearon una religión sustituta: "Aquellos que en el nombre de la ciencia declaran que podemos vencer a nuestra naturaleza humana imperfecta crean un sistema de creencias *que funciona como la religión*".[4] Huxley lo vio claro hace mucho tiempo y fue muy explícito acerca de esta cuestión; Haeckel también lo hizo en Alemania. Michael Ruse es suficientemente honesto como para admitir que, para muchos, la evolución parece funcionar de una forma parecida a un creador todopoderoso.

Los nuevos ateos piensan que la ciencia comporta inevitablemente un naturalismo que elimina a la religión, y después emplean la ciencia para "atribuirse autoridad moral sobre toda creación incluyendo a aquellos de su especie demasiado estúpidos para ver la verdad".[5] Piensan que solo ellos comprenden cómo dar lugar a la salvación colectiva y redimir a la raza humana. Si Hitchens puede llamar a Stalin o Hitler religiosos por su trasfondo o el tono religioso de su discurso, entonces también podríamos calificar a Hitchens como religioso ya que dijo ser un ateo protestante.

John Gray, en su libro *Misa negra*, expone una idea muy importante:

> El papel de la Ilustración en el terror del siglo XX sigue siendo un ángulo muerto en la percepción occidental... Los regímenes comu-

nistas se establecieron en busca de un ideal utópico cuyos orígenes se encuentran en la Ilustración... un intento de rehacer la vida. Las teocracias premodernas no trataron de hacerlo... El tipo de terror practicado por Lenin no provenía de los zares.[6]

Los nuevos ateos recurren a medidas desesperadas en su intento de trazar una línea entre las atrocidades de Stalin, Mao y Pol Pot y la filosofía atea que adoptaron. De hecho, en el transcurso de mi debate con él, Dawkins afirmó que no existe una relación entre los ateos y sus atrocidades comparable con la que hay entre las personas religiosas y sus atrocidades correspondientes. Después de todo, me dijo, ambos somos ateos con respecto a Zeus y Odín y sin duda eso no molesta a nadie; aquello en lo que una persona no cree no puede hacer daño a nadie, ¿no?

Sí puede: cuando no creer en algo implica creer en otra cosa que posee el potencial de causar daño. La diferencia entre no creer en Odín y no creer en Dios es inmensa, porque lo primero tiene consecuencias serias; pero la negación de la existencia de Dios tiene enormes consecuencias: de hecho, toda la filosofía materialista de Dawkins. Esta es la razón por la que, como señalé a Dawkins en el debate, ¡no se ha molestado en escribir un libro de cuatrocientas páginas sobre el aodinismo o el azeuísmo! Sin embargo, sí lo ha hecho sobre el ateísmo. ¿Por qué?

Porque él y los demás nuevos ateos no son simplemente ateos, son antiteístas. No creer en Dios no los deja en un vacío pasivo, negativo, inocuo. Sus libros están repletos de todas las creencias que fluyen de su antiteísmo. Estas creencias forman su credo, su fe, por mucho que les guste negar que tienen una fe. De hecho, su propia definición de un brillante es "alguien que tiene una cosmovisión naturalista". Sin duda, Dawkins está citando a Julian Baggini, secundando el significado del compromiso de un ateo con el naturalismo, cuando escribe: "Lo que la mayoría de los ateos *creen* [cursivas añadidas] es que aunque solo existe un tipo de materia en el universo y es física, a partir de esa materia surgen las mentes, la belleza, las emociones, los valores morales; en resumen, toda la gama de fenómenos que confieren riqueza a la vida humana". Solo unas líneas después Dawkins dice (no citando ya a Baggini ni a ningún otro): "Un ateo, en este sentido del naturalista filosófico, es alguien que *cree* [cursivas añadidas] que no hay nada más allá del mundo natural y físico, que no hay ninguna inteligencia creativa sobrenatural escondiéndose detrás el Universo observable...".[7] A la luz de sus propias declaraciones, uno se pregunta a través de qué contorsiones intelectuales puede Dawkins persuadirse de que su ateísmo no es un sistema de *creencias*, cuando su fe brilla con tanta claridad.

En su filosofía, Dawkins es un naturalista profundo, un materialista convencido. Y decir, como dice, que "no existe ni la menor evidencia" de que el ateísmo influya sistemáticamente en las personas para que hagan cosas malas[8] es decirnos mucho más sobre sí mismo que sobre la historia. Esta declaración no nos anima precisamente a depositar mucha confianza en su juicio, especialmente cuando la sumamos a su observación de que toda la religión es mala (como vimos en el capítulo anterior). Por supuesto, Dawkins está equivocado en ambos casos.

La actitud de los nuevos ateos hacia la historia una vez más

Este asunto es muy preocupante. Después de todo, no sorprende que Dawkins no tenga tiempo para la teología, pues deja constancia de ello cuando cuestiona su inutilidad como materia universitaria. Pero, independientemente de lo que uno piense sobre ella, la historia es sin duda un asunto muy diferente. Como biólogo, uno de los principales intereses de Dawkins es la historia de la vida en la tierra; y cuestionaría rápidamente a aquellos que no estuviesen de acuerdo con él. Ahora bien, cuando se trata de asuntos históricos más amplios, vemos que le caracteriza, tanto a él como a los demás nuevos ateos, una actitud asombrosamente despreocupada. Ya hemos visto la superficialidad del análisis que los nuevos ateos hacen de la historia del cristianismo; y ahora estamos a punto de presenciar que la misma debilidad impregna su actitud hacia la historia del siglo XX.

De hecho, el que escribe, que ha tenido el privilegio de visitar los países del antiguo mundo comunista en muchas ocasiones durante los últimos treinta años, se queda pasmado ante la ingenuidad y la inexactitud de la declaración de Dawkins. No podría haberse equivocado más si lo hubiese intentado. He hablado a menudo con intelectuales rusos, algunos de ellos disidentes con un impresionante pedigrí académico, que me han dicho cosas como: "Pensamos que podíamos librarnos de Dios y mantener el valor del ser humano. Estábamos equivocados. Destruimos tanto a Dios como al hombre". Mis amigos polacos son más categóricos: "Dawkins ha perdido el contacto con la realidad de la historia del siglo XX. Que venga aquí y hable con nosotros, si está realmente abierto a escuchar la evidencia del vínculo existente entre el ateísmo y la atrocidad".

Sin embargo, Dawkins declara alegremente: "Los ateos individuales pueden hacer cosas malas, aunque no las hacen en nombre del ateísmo. Stalin y Hitler hicieron cosas extremadamente malvadas en el nombre de, respectivamente, el marxismo dogmático y doctrinario, y una teoría acerca de la eugenesia insana y no científica teñida con desvaríos subwagnerianos".[9] Bueno, si debemos criticar a Stalin y Hitler por ser dogmáticos, ¿en qué lugar deja eso a los nuevos ateos? John Humphrys dice que, cuando produjo en 2006 para la radio de la BBC la aclamada serie *Humphrys in Search of God* [Humphrys en busca de Dios], una cosa que le impactó fue que, de todas las personas que entrevistó, los ateos eran los más dogmáticos. Parafraseando a Peter Berkowitz,[10] Sócrates definió a una persona educada como alguien que era consciente de su propia ignorancia. Los nuevos ateos parecen no darse cuenta de que su ateísmo, lejos de surgir de una indagación libre, es la premisa rígidamente dogmática de la que proceden sus indagaciones, que da color a todas sus observaciones y determina sus conclusiones.

Además, están atrapados en un dogmatismo que se anquilosa en este asunto por la ausencia del conocimiento básico de que, para Marx, el fundamento de toda crítica era la crítica de la religión. De hecho, Hitchens se hizo eco (¿inconscientemente?) de Marx cuando declaró: "El debate sobre la fe es el origen y fundamento de todas las discusiones porque representa el comienzo (pero no el final) de todas las discusiones acerca de la filosofía, la ciencia, la historia y la naturaleza humana".[11]

En el prefacio de su tesis doctoral, Marx escribió:

> La filosofía no hace de ello un secreto. La confesión de Prometeo, "Odio a todos los dioses", es la confesión de la propia filosofía, su propio lema contra todos los dioses, celestiales y terrenales, que no reconocen la conciencia del hombre como la divinidad suprema.[12]

> Un hombre no se considera independiente a no ser que sea su propio señor, y solo es su propio señor cuando debe su existencia a sí mismo. Un hombre que vive por el favor de otro se considera un ser dependiente. Pero yo vivo totalmente por el favor de otra persona cuando le debo no solo la continuidad de mi vida sino también que la haya *creado*, cuando él es su fuente.[13]

Marx sostenía que "la abolición de la religión como felicidad ilusoria del pueblo es necesaria para que este encuentre su verdadera felicidad". Así pues, el ateísmo es el componente central de la agenda comunista. Esta es la razón por la que muchas personas del antiguo mundo comunista con las que he hablado acerca de las declaraciones de los nuevos ateos las rechazan por ridículas. ¿Acaso no han leído nunca Dawkins, Hitchens y Harris

El libro negro del comunismo, en el que leemos que "los regímenes comunistas... hicieron de los asesinatos en masa todo un sistema de gobierno" con una cifra de muertos de unos 94 millones, de los que 85 se atribuyen a China y Rusia?[14]

¿Y qué decir de Hitler? En su libro de referencia titulado *Hitler's God: The German Dictator's Belief in Predestination and his Sense of Mission* [El Dios de Hitler: la creencia del dictador alemán en la predestinación y su sentido de misión],[15] el historiador Michael Rissmann recoge que Hitler consideraba que "Dios" era "el gobierno de la ley natural por todo el universo", y que "su religiosidad [la de Hitler] consistía en un intento de equiparar la predestinación con las regularidades establecidas por la ciencia".[16] Rissmann también relata que Hitler dijo en una ocasión a los reunidos en el búnker que estando aún en la escuela ya había "descubierto los engañosos cuentos de hadas de una iglesia con dos dioses".

Además, Hitler esperaba que el cristianismo se marchitase ante el inexorable avance de la ciencia. En *Hitler's Table Talk*[17] [Conversaciones de sobremesa de Hitler] dice: "Cuando la comprensión del universo se haya vuelto generalizado... entonces la doctrina cristiana será condenada por absurda". Su opinión del cristianismo era muy clara: "La razón por la que el mundo antiguo era tan puro, luminoso y sereno es que no sabía nada de los dos grandes azotes: la sífilis y el cristianismo". Dicho de esta forma suena familiar. ¿No expresó uno de los nuevos ateos una opinión muy parecida, que la religión es como un "virus de la mente, parecido al de la viruela pero más difícil de erradicar"? Realmente, no hay nada nuevo bajo el sol.

Para Hitler, el cristianismo era "el golpe más fuerte que jamás recibió la humanidad"; fue "el primer credo en el mundo en exterminar a sus adversarios en nombre del amor. Su pauta principal es la intolerancia". Así, Hitler se hizo eco de Nietzsche, que llamó al cristianismo "la gran maldición, la gran depravación intrínseca, el gran instinto de venganza para el que ningún recurso es suficientemente venenoso, secreto, subterráneo, mezquino. Yo lo llamo la mancha inmortal de la humanidad". Independientemente de la categoría en la que coloquemos a Hitler, una cosa está clara: era vehemente anticristiano y antijudío.

Sin embargo, Dawkins huye del análisis y se contenta con lo que solo se puede definir como declaraciones muy estúpidas sobre Hitler y Stalin. "Incluso si aceptamos que tanto Hitler como Stalin tenían en común su ateísmo, también ambos tenían bigote, como Saddam Hussein. ¿Y qué?".[18] Podríamos añadir, en un destello repentino de profundidad, que los tres tenían nariz como el resto de nosotros. ¿Qué clase de "razonamiento" es ese? No estamos hablando de características generales compartidas, sino de la ideología motivadora que impulsó a Hitler, Stalin y otros a asesinar a millones de personas en su intento de librarse de la religión, judía, cristiana o cualquier otra. David Berlinski ha puesto el dedo sobre la verdadera cuestión. Recuerda el siguiente suceso:

> En algún lugar del este de Europa, un oficial
> de las SS observaba lánguidamente, con su

arma acunada, cómo un anciano y barbudo judío jasídico cavaba laboriosamente lo que sabía que iba a ser su tumba. Irguiéndose, se dirigió a su verdugo: "Dios está viendo lo que estás haciendo", dijo. Seguidamente, el oficial lo mató de un tiro.

Lo que Hitler *no* creía, y lo que Stalin *no* creía, y lo que Mao *no* creía, y lo que las SS *no* creían, y lo que la Gestapo *no* creía, y lo que el NKVD *no* creía, y lo que los comisarios, los funcionarios, los arrogantes verdugos, los doctores nazis, los teóricos del Partido Comunista, los intelectuales, los "camisas pardas", los "camisas negras", los Gauleiters, y un millar de devotos del partido *no* creían, era que Dios estaba viendo lo que estaban haciendo.

A nuestro juicio, a muy pocos de los que llevaron a cabo los horrores del siglo XX les preocupaba demasiado que Dios estuviese viendo lo que estaban haciendo.

Ese es, después de todo, el *sentido* de una sociedad secular.[19]

Michel Onfray clasifica a Feuerbach, Nietzsche y Marx como las "luminarias que sucedieron a Kant". "Luminarias" parece un término extraño para describir a hombres cuya filosofía atea encendió la mente de una sucesión de tiranos, y en el siglo XX condujo a una gran oscuridad que envolvió a grandes segmentos de la tierra con la consecuencia del asesinato de millones de personas.

Muchos más murieron entonces que en todas las guerras religiosas de siglos anteriores juntas, aunque estas también fueron inexcusables. ¿De verdad quiere Onfray que pensemos en Feuerbach, Nietzsche y Marx como los primeros "brillantes"?

¿Creen realmente los nuevos ateos que una sociedad verdaderamente secular, en la que se ha abolido la religión, sería menos propensa a la violencia que otra en la que se tolerase cualquier forma de religión? Esta idea es descabellada, cuando los ejemplos de tales regímenes en el siglo XX han sido los más intolerantes y violentos de toda la historia.

Sin embargo, la insistencia de los nuevos ateos en exonerar al ateísmo les hace caer en el absurdo. Dawkins escribe que no cree que haya "un ateo en el mundo que demolería La Meca, Chartres, la catedral de York o Notre Dame". Esta declaración ha recibido la respuesta que merece: "Las catedrales son demasiado altas para las apisonadoras. En su lugar, la Unión Soviética de Stalin y la República Democrática Alemana de Ulbricht utilizaron explosivos, por ejemplo, para derribar la iglesia de la universidad de Leipzig en 1968". Esta es la acertada réplica de Richard Schröder, ahora profesor de filosofía en Berlín y anterior líder del Partido SPD, que creció en la RDA y conoce por tanto muy bien el comunismo.[20]

La mente se aturde con las implicaciones de la afirmación de Dawkins. ¿Acaso no ha leído nunca acerca de la cruel destrucción de iglesias en los países ateos, o de su obligada transformación en museos del ateísmo a fin de borrar la religión del mapa, o en almacenes, cines, restaurantes o similares? Después de todo, Stalin cerró unas 54000 iglesias; cierto es que no todas se demolieron. Y si Dawkins ha leído estas cosas, ¿por qué las niega de forma tan explícita? Sin embargo, es este mismo Dawkins el que se atreve a hacer cierto tipo de paralelismo entre los creacionistas y los que niegan el holocausto.[21]

Uno también se pregunta si los nuevos ateos han hablado alguna vez con hombres y mujeres que hayan sido torturados hasta casi la muerte, o atiborrados de drogas psiquiátricas, o que hayan pasado muchos años en la cárcel, o todo tipo de cosas, simplemente por ser creyentes en Dios que no encajaban en una sociedad atea y debían ser "curados" a la fuerza. Estoy bastante seguro de que no han conocido a demasiados ateos que hayan sufrido de esa forma a manos de los cristianos.

También sospecho que nunca se han sentado con una chica de trece años en la antigua RDA, como yo hice. Era la alumna más brillante de la escuela, pero le acababan de decir que no podía seguir con su educación por no estar dispuesta a jurar públicamente lealtad al estado *ateo*. Uno se siente tentado a llamar eso asesinato intelectual. Se cometió en muchas ocasiones, siempre en nombre del ateísmo. ¿No era eso aun peor que derribar edificios? Pero según Dawkins, no existe la *menor* evidencia de ello. ¿En serio? Si este es el nivel de crítica racional de la historia del siglo XX que los nuevos ateos pueden ofrecer, están encaminados a escribir su propio obituario intelectual.

Sentimos algo de alivio cuando encontramos ateos con una visión bastante más equilibrada de la situación histórica. Después de acusar a la religión de diversos crímenes, Peter Singer y Marc Hauser escriben:

> Para que no se nos acuse de tener una visión miope del mundo, los ateos también han cometido muchos crímenes atroces, incluyendo la matanza por parte de Stalin de millones de personas en la URSS, así como la creación de "campos de exterminio" por parte de Pol Pot, en los que murieron asesinados más de un millón de camboyanos. Si unimos todos estos hilos, la conclusión es clara: ni la religión ni el ateísmo tienen el monopolio del uso de la violencia criminal.[22]

No obstante, son demasiado generosos con el ateísmo.

A este respecto, también resulta alentador ver que Dawkins haya admitido recientemente (¿quizá debido a la influencia de Sam Harris?) que:

> Hasta donde yo sé, no hay cristianos derribando edificios. No sé de terroristas suicidas cristianos. No sé de ninguna denominación cristiana importante que crea que el castigo por la apostasía es la muerte. Tengo sentimientos encontrados acerca del declive del cristianismo, ya que este podría ser un parapeto contra algo peor.[23]

Es una pena que no pensase eso antes de escribir *El espejismo de Dios*; pero me alegra ver que lo esté diciendo ahora.

¿Es peligroso el nuevo ateísmo?

El público en general está preocupado, y con razón, por la propensión de los nuevos ateos a cuestionar las interpretaciones eruditas de la historia ampliamente aceptadas, en aras de propagar una plan ideológico ateo. Esa tendencia puede convertirse fácilmente en un totalitarismo desagradable. Por supuesto, no es difícil pensar en una razón por la que los nuevos ateos insisten tanto en reescribir la historia del siglo XX retocando tanto el papel del ateísmo. No quieren que a nadie se le ocurra trazar un paralelismo entre su agenda antirreligiosa y el cruel y violento intento del comunismo de borrar la religión de la faz de la tierra.

Desgraciadamente, algunos de ellos invitan a hacer tales comparaciones. En el foro patrocinado por la Science Network que tuvo lugar en el Salk Institute de La Jolla, California (mencionado en la introducción), el tono de intolerancia llegó a tal punto que el antropólogo Melvin J. Konner comentó: "Los puntos de vista han oscilado entre la A y la B. ¿Debemos golpear la religión con una barra de acero o solo con un bate de béisbol?".

Esperaría que la mayor parte de los nuevos ateos se distanciasen de este tipo de declaraciones incendiarias. Después de todo, no encaja con un movimiento que habla tanto de la violencia religiosa. Además, la historia nos enseña que los movimientos que comienzan con análisis intelectual y debate pueden acabar siendo intolerantes y violentos. En el siglo XIX, Karl Marx desarrolló sus teorías ateas en la idílica tranquilidad de una biblioteca de Londres. Uno se pregunta qué pensaría ahora de lo que sus palabras han causado. Las ideas tienen consecuencias. Las ideas pueden ser explosivas. No sería sabio por tanto olvidar que ya se han producido antes intentos de destruir la creencia en Dios: y solo han conseguido destruir seres humanos.

¿No fue el camarada Khrushchev quien declaró que pronto mostraría al mundo al último cristiano ruso? Me pregunto por qué pensé en ello cuando leí las palabras de Steven Weinberg en la conferencia del Salk Institute animando a los científicos a contribuir con "*todo* lo que podamos hacer para debilitar la religión". Este toque de totalitarismo quizá solo sea como el anemoscopio que sirve para mostrar hacia dónde sopla el viento; y no hace tanto, ese mismo viento soplaba en dirección al Gulag.

Deseo subrayar una vez más que muchos de nosotros que no somos ateos compartimos la antipatía que los nuevos ateos sienten hacia el mal patente que se ha perpetrado en nombre de la religión. Sin embargo, su programa ateo, aunque superficialmente atractivo para muchos, es potencialmente peligroso por las mismas razones que los nuevos ateos emplean (con menos justificación) contra la religión. Por ejemplo, Dawkins advierte (en contra de la evidencia, al menos en el caso del cristianismo) de que "las enseñanzas de la religión moderada ... son una invitación abierta para el extremismo".[24] Del mismo modo, ¿no sería sabio que prestase atención a su propio consejo y también nos advirtiese de que las enseñanzas del ateísmo moderado pueden ser una invitación al extremismo incluso más abierta, algo de lo que sí existen pruebas muy claras? Después de todo, hay una clara línea directa desde la Ilustración hasta la violencia de los siglos XIX y XX.

No obstante, el diagnóstico bíblico es que la raza humana es deficiente debido al mal, una opinión que no sorprende a la luz de nuestra experiencia común, aunque esa opinión encuentre resistencia entre aquellos cuya mente está irracionalmente llena de ideas optimistas de "progreso". Sin embargo, John Gray insiste:

> La necesidad fundamental es cambiar la opinión predominante de que los seres humanos: son criaturas inherentemente buenas que inexplicablemente cargan a sus espaldas una historia de violencia y opresión. Aquí topamos con la realidad y con el principal obstáculo que esta supone para la opinión predominante al afirmar los defectos innatos de los seres humanos. Casi todos los pensadores premodernos daban por hecho que la naturaleza humana es fija y defectuosa, y tanto en este como en otros aspectos estaban cerca de la verdad. Ninguna teoría política que suponga que los impulsos humanos son naturalmente benignos, pacíficos o razonables puede ser creíble.[25]

La fuente de ese defecto aparece en la siguiente afirmación fundamental del apóstol Pablo: "Por tanto, tal como el pecado entró en el mundo por un hombre, y la muerte por el pecado, así también la muerte se extendió a todos los hombres, porque todos pecaron".[26] Hablaremos de esta afirmación con más detalle en el capítulo 6.

John Gray, que obviamente no es amigo del teísmo, escribe:

> Los regímenes totalitarios del siglo pasado encarnaron algunos de los sueños más osados de la Ilustración. Algunos de sus peores crímenes se llevaron a cabo al servicio de ideales progresistas, e incluso algunos regímenes que se consideraban enemigos de los valores de la Ilustración intentaron hacer realidad un proyecto de transformación de la humanidad empleando el poder de la ciencia, cuyos orígenes se encuentran en el pensamiento ilustrado. El papel de la Ilustración en el terror del siglo XX sigue siendo un ángulo muerto en la percepción occidental.[27]

Se trata sin duda de un ángulo muerto en la percepción de los nuevos ateos, y no es difícil ver por qué: el argumento de Dawkins para prohibir la enseñanza de la religión llevaría lógicamente de forma aún más rápida a prohibir la enseñanza del ateísmo debido a los horrores que ha provocado, horrores que aún siguen vivos en la memoria de muchas personas.

Después de todo, resulta muy irónico que un debate filmado entre los cuatro líderes, Dawkins, Dennett, Harris y Hitchens, se titule *Los cuatro jinetes*: sin duda una alusión a los cuatro jinetes descritos en el libro de Apocalipsis como conquista, guerra, hambruna y muerte.[28] Uno se pregunta si su elección de este epíteto es otra evidencia de su ignorancia del libro que tratan de menospreciar. Eso espero, porque encuentro algunas de las declaraciones de estos jinetes bastante escalofriantes.

Por ejemplo, Sam Harris suena como un mensajero de la muerte cuando hace esta reprensible afirmación: "Algunas proposiciones son tan peligrosas que puede incluso ser ético matar a las personas que las creen".[29] Podríamos preguntar si serán los nuevos ateos quienes finalmente tendrán la autoridad para decidir cuáles son esas proposiciones mortales y quienes ejecutarán la sentencia.

Los nuevos ateos hacen lo que pueden para mostrar que la violencia, la crueldad y la guerra son elementos centrales del cristianismo, pero que no tienen nada que ver con el ateísmo. La enorme ironía de esta afirmación extremadamente desmedida es que una investigación de la enseñanza de Cristo y de las ideologías antirreligiosas del siglo XX ya mencionadas demuestra lo contrario. La cruzada de los nuevos ateos fracasará inevitablemente, porque su falso diagnóstico conduce a una solución aún peor que el problema que intentan resolver, como la historia ha puesto de manifiesto. Sin embargo, como la experiencia nos enseña que aprendemos poco de la historia, puede que el nuevo ateísmo no fracase antes de haber hecho mucho daño.

El nuevo ateísmo no es nuevo

Mi debate con Christopher Hitchens, que abrió el Festival de Edimburgo en agosto de 2008, trataba el tema: "La nueva Europa debería preferir el nuevo ateísmo". En mi contribución final a ese debate, dije algo parecido a lo siguiente:

Realmente no hay nada nuevo en el nuevo ateísmo. Durante más de cuarenta años una versión de este dominó la Europa del Este. Y Europa del Este lo rechazó de forma decisiva en 1989. Lejos de obstaculizar la formación de la nueva Europa, como nuestro título sugiere, el cristianismo desempeñó un papel crucial en su creación. El presidente de la Academia Británica, Sir Adam Roberts, profesor de Relaciones Internacionales en Oxford, es una autoridad mundial sobre la Guerra Fría y el papel de la religión en los movimientos de resistencia. En una ponencia pública a la que asistí en Oxford, señaló que en 1989 las iglesias cristianas de Leipzig tuvieron un rol fundamental a la hora de evitar la violencia que habría dado a la RDA una excusa para sacar las tropas a la calle y amenazar así la política de Gorbachov de permitir que la democracia pacífica siguiese su camino. Sir Adam hizo hincapié en que si las iglesias no hubiesen actuado como lo hicieron, el resultado habría sido desastroso: no habría existido la nueva Europa.

La propia creación de la nueva Europa es por tanto un ejemplo de cómo el cristianismo auténtico, que insiste en la dignidad de los seres humanos creados a imagen de Dios, trae libertad. El nuevo ateísmo amenaza con socavar esas libertades, tal como hizo su prede-

cesor comunista. Aleksandr Solzhenitsyn lo expresa bien:

> Si se nos pidiese hoy formular de la forma más concisa posible la causa principal de la ruinosa revolución que se tragó a unos sesenta millones de los nuestros, no podría decirlo de una manera más precisa que esta: los hombres han olvidado a Dios; por eso ha pasado todo esto... Si se nos preguntase por el rasgo principal de todo el siglo XX, aquí también sería incapaz de encontrar nada más preciso y conciso que repetirlo de nuevo: los hombres han olvidado a Dios... Ante las esperanzas mal planteadas de los dos últimos siglos, que nos han reducido a la insignificancia y nos han llevado al borde de la muerte nuclear y no nuclear, solo podemos proponer una búsqueda decidida de la cálida mano de Dios, que hemos rechazado de manera tan dura y desdeñosa. Solo de esta forma podremos abrir los ojos a los errores de este desgraciado siglo XX y podremos dirigir nuestros esfuerzos a revertirlos. No hay nada más a lo que aferrarse en el alud, ya que la visión combinada de todos los pensadores de la Ilustración equivale a nada.[30]

La nueva Europa solo existe porque el muro creado por la anterior versión del nuevo ateísmo fue derribado. ¿Queremos realmente levantar otro muro?

CAPÍTULO 4

¿PODEMOS SER BUENOS SIN DIOS?

Si Dios no existe, todo es permisible.

Fiódor Dostoievski

Los nuevos ateos no solo disparan a Dios en el nivel científico, sino también en el moral. Su ataque tiene dos caras. Primero, denuncian lo que perciben como la moralidad primitiva, inaceptable, ciertamente aberrante para ellos, de la Biblia. Segundo, declaran que Dios es innecesario para la moralidad. Nos dicen que no rechazan la moralidad como tal, sino simplemente la opinión tradicional de que depende en cierto modo de Dios. En pocas palabras, su punto de vista es que podemos ser buenos sin Dios.

Chistopher Hitchens rugía contra la "pesadilla del Antiguo Testamento"[1] y la "maldad del Nuevo Testamento".[2] A Richard Dawkins le encanta provocar a los oyentes leyendo en voz alta una invectiva feroz contra el Dios del Antiguo Testamento, describiéndolo como "posiblemente el personaje más molesto de toda la ficción".[3] Hitchens, en el debate que mantuvo conmigo en el Festival de Edimburgo, no se anduvo con rodeos sobre su aborrecimiento de Dios quien, en su opinión, es un tirano y un acosador, que siempre está vigilándonos. En su opinión, "Dios no es bueno".

Ahora bien, todas estas críticas de los nuevos ateos contra Dios son sin duda críticas morales. Queda claro hasta para sus compañeros ateos. En una breve sección de su libro dedicado a Richard Dawkins, Michael Ruse escribe: "Finalmente, y lo más importante, está el hecho de que Dawkins está inmerso en una cruzada moral, no como un filósofo que trata de establecer premisas y conclusiones sino como un predicador, diciendo cuáles son los caminos hacia la salvación y la condenación. *El espejismo de Dios* es sobre todo una obra de moralidad".[4] Ahora, las cruzadas morales deben basarse directamente en estándares morales, o de otro modo no sería posible distinguir el mal de su contrario. De hecho, en este caso particular, esos estándares deben ser muy elevados, ya que se emplean para justificar una intolerancia contra la religión extremadamente vehemente. De forma natural, surge la pregunta: ¿de dónde proceden esos estándares autoritarios, si Dios no está en escena?

El destacado ético Peter Singer articula las implicaciones de dejar a Dios fuera de escena de esta manera:

> Independientemente de lo que depare el futuro, es probable que sea imposible restaurar del todo la visión de la santidad de la vida. Los fundamentos filosóficos de este punto de vista se han hecho pedazos. Ya no podemos basar más nuestra ética en la idea de que los

seres humanos son una creación especial hechos a imagen de Dios, diferenciados de todos los demás animales, y los únicos que poseen un alma inmortal. Al entender mejor nuestra propia naturaleza hemos eliminado la creencia de que había un abismo entre nosotros y las otras especies; ¿por qué íbamos a creer entonces que el mero hecho de que un ser sea miembro de la especie *Homo Sapiens* dota su vida de un valor único, casi infinito?[5]

De forma parecida, Julian Savulescu, antiguo discípulo de Singer y ahora profesor en Oxford, escribe: "Creo que la existencia de Dios es irrelevante. Lo que importa es la conducta ética".[6]

El novelista ruso Fiódor Dostoievski no estaba de acuerdo. En su famosa novela *Los hermanos Karamazov* puso en boca de Iván una afirmación que habitualmente se cita de la siguiente manera: "Si Dios no existe, todo es permisible". Dostoievski no estaba argumentando que los ateos fuesen incapaces de tener una conducta moral, o de ser buenos. Eso sería falso, una difamación. De hecho, muchos que declaran ser cristianos en ocasiones quedan en evidencia si los comparamos con sus vecinos ateos. La idea expuesta por Dostoievski no es que los ateos no puedan ser buenos, sino que el ateísmo no aporta ningún fundamento intelectual para la moralidad.

Los nuevos ateos toman un rumbo diferente. Richard Dawkins cita la obra del biólogo de Harvard Marc Hauser, que sugiere que la moralidad está profundamente arraigada en la naturaleza humana de forma muy similar a como parece estarlo el lenguaje.[7] En colaboración con Peter Singer, Hauser vio que no existe una diferencia real en la forma en que personas de diferentes creencias reaccionan ante dilemas morales.[8] Dawkins argumenta que este hallazgo evidencia que no necesitamos a Dios para ser buenos o malos.

Sin embargo, ese aspecto innato de la moralidad concuerda totalmente con el punto de vista bíblico de que los seres humanos son creados a imagen de Dios como seres morales. Porque eso significaría que todos los seres humanos poseen un sentido innato de la moralidad, crean o no crean en Dios, que es precisamente lo que encontramos. En otras palabras, el cristianismo respalda los hallazgos de la investigación de Hauser, pero no respalda las conclusiones ateas extraídas de ella. Este argumento —que la fuente de la moralidad común observada alrededor del mundo en los grupos étnicos más dispares concuerda con la existencia de Dios— lo presentó C. S. Lewis en su obra fundamental *La abolición del hombre*,[9] mucho antes de que Hauser elaborara su investigación.

Sin embargo, existe una consideración más profunda que disminuye la plausibilidad del punto de vista de Dawkins, que sale a la luz cuando preguntamos cómo se propone el ateísmo afianzar los conceptos del bien y el mal. Hablando de forma lógica, solo existe un número limitado de fuentes posibles sobre las que basar la moralidad. Tradicionalmente, en Occidente al menos, Dios ha sido el garante trascendente absoluto y la fuente de la moralidad. Si no hay Dios, solo nos quedan la naturaleza y la sociedad, o una mezcla de ambas, como fuente de moralidad. Aquí es donde empiezan los problemas.

Antes de nada, existe un reconocimiento generalizado de que resulta muy difícil encontrar una base para la moralidad en la naturaleza. Albert Einstein, en un debate sobre ciencia y religión en Berlín en 1930, dijo que nuestro sentido de la belleza y nuestro instinto religioso son "formas tributarias que impulsan a la facultad de razonar hacia sus mayores logros. Es correcto hablar de los fundamentos morales de la ciencia, pero no puedes invertir la idea y hablar de los fundamentos científicos de la moralidad". Según Einstein, por tanto, la ciencia no puede ser una base para la moralidad: "Todo intento de reducir la ética a fórmulas científicas debe fracasar".[10]

Richard Feynman, también físico ganador del premio Nobel, compartía el punto de vista de Einstein: "Ni siquiera las fuerzas y las capacidades más grandes parecen traer instrucciones claras acerca de cómo emplearlas. Como ejemplo, la gran acumulación de conocimiento sobre el comportamiento del mundo físico solo nos convence de que ese comportamiento parece no tener sentido o propósito. Las ciencias no enseñan directamente el bien o el mal".[11] En otra ocasión, declara: "Los valores éticos se encuentran fuera del ámbito científico".[12]

Dawkins también ha pensado lo mismo hasta hace poco: "Resulta bastante difícil defender la moral absoluta sobre una base que no sea la religiosa". También ha admitido que no podemos hacer ética a partir de la ciencia: "La ciencia no dispone de métodos para decidir qué es ético".[13] Sin embargo, parecería que Dawkins ha cambiado de opinión sobre este asunto después de leer el último libro de Sam Harris, *The Moral Landscape: How Science Can Determine Human Values* [El paisaje moral: cómo puede la ciencia determinar los valores humanos].[14]

Holmes Rolston señala:

> La ciencia nos ha hecho cada vez más competentes en conocimiento y poder, pero también nos ha dejado cada vez menos seguros acerca de lo correcto y lo incorrecto. No ha sido fácil conectar el pasado evolutivo con el futuro ético. No existe una ruta clara desde la biología hasta la ética, a pesar del hecho de que estemos aquí... El génesis de la ética es problemático.[15]

David Hume y el problema del "ser y el deber ser"

Una de las razones principales de por qué es problemático el génesis de la ética desde la biología (o, de hecho, desde cualquier otro aspecto de la naturaleza) la señaló hace mucho tiempo el filósofo escocés de la Ilustración David Hume (1711-1776).

Aquí tenemos el famoso pasaje:

> No puedo evitar añadir a estos razonamientos una observación que podría tener cierta importancia. En cada sistema de moralidad que he observado hasta ahora, encuentro siempre que el autor procede durante algún tiempo según la forma común de razonamiento, y establece la existencia de un Dios, o hace observaciones

sobre asuntos humanos; cuando de repente soy sorprendido porque, en vez de las usuales cópulas "es" o "no es", no me encuentro ninguna proposición que no esté conectada con un "debe" o "no debe". Este cambio es imperceptible; sin embargo tiene consecuencias últimas. Porque como este "debe", o "no debe", expresa alguna nueva relación o afirmación, es necesario que se pueda observar y explicar; al mismo tiempo debe darse una razón para algo que parece completamente inconcebible: cómo esta nueva relación puede ser una deducción de otras que son completamente diferentes de ella. Pero como los autores no toman comúnmente esta precaución, debo intentar recomendarla a los lectores; y estoy persuadido de que esta pequeña atención subvertiría todos los sistemas vulgares de moralidad, y nos permitiría ver que la distinción entre vicio y virtud no se encuentra simplemente en las relaciones entre objetos, ni es percibida por la razón.

Hume observa aquí que los autores sobre filosofía moral normalmente presentan argumentos para lo que *debería*[16] ser en base a declaraciones factuales sobre lo que *es*. Parecen derivar conclusiones imperativas de premisas indicativas. Según Hume, simplemente no es posible.

Además, al afirmar que en la naturaleza no hay una base racional para la ética, Hume señaló, en primer lugar, que la naturaleza tendía a dar señales contradictorias y, en segundo lugar y más importante, que intentar deducir la ética a partir de la naturaleza era cometer un error categórico: las observaciones de la naturaleza son actividades de primer orden, mientras que los juicios de valor son de segundo orden; esto es, no pertenecen a la misma categoría. En su opinión, una afirmación era verdadera por razones lógicas o empíricas, una disyunción comúnmente conocida como "el tenedor de Hume". Así pues, como pensaba que las declaraciones éticas no podían verificarse por medio de razones lógicas, afirmaba que solo podían sostenerse sobre la base de la experiencia. De hecho, pensaba que la compasión era un factor fundamental en la naturaleza humana y que la ética dependía de ella. Así, Hume buscó de alguna manera basar la ética en la naturaleza y la psicología humanas, por lo que podría decirse que adoptó una versión del naturalismo.[17] No obstante, esto no sirvió para evitar el problema del "ser y el deber ser", pues seguía tratando de obtener, como C. S. Lewis lo expresa, "una conclusión en el modo imperativo a partir de premisas en el modo indicativo: y aunque siga intentándolo durante toda la eternidad no podrá tener éxito, porque la empresa es imposible".[18]

Es importante resaltar en este punto que no estoy sugiriendo que la ciencia no pueda ayudarnos a realizar juicios éticos. Por ejemplo, saber cuánto dolor sienten los animales puede ayudar a formar un juicio sobre los ensayos con animales. Pero el juicio se emite sobre la base de una convicción moral anterior, que el dolor y el sufrimiento son algo malo. La ciencia puede decirnos que si pones estricnina en el té de tu abuela, la matará. La ciencia no puede decirte si deberías hacerlo o no a fin de quedarte con sus propiedades.

El intento de Sam Harris de obtener valores morales a partir de la ciencia no escapa a este problema. Existen dos razones principales para ello. La primera tiene que ver con el significado de la ciencia. En el mundo anglo-sajón, la palabra "ciencia" significa habitualmente "las ciencias naturales". Este uso contrasta por ejemplo con el uso del término paralelo *Wissenschaft* en alemán, que no solo incluye las ciencias naturales sino también las huma-nidades: historia, lenguas, literatura, filosofía y teología. Es decir, *Wissenschaft* está mucho más cerca del signifi-cado del término latino *scientia*, "conocimiento", del que deriva la palabra "ciencia". Harris, en una entrevista en *The Independent*,[19] dice que emplea la palabra "ciencia" en el sentido más amplio de "pensamiento racional", es decir, en el transmitido por *Wissenschaft*. Pero si ese es el caso, entonces no hay problema en "deducir" la mora-lidad de la "ciencia" ya que la teología es una actividad perfectamente racional, aunque, por supuesto, Harris no puede aceptarlo y mantiene su postura.

Harris vincula seguidamente otro juego de manos (o más bien, de mente) a esto, diciendo: "Simplemente debemos posicionarnos en algún lugar. Estoy argumentando que en la esfera moral es seguro comenzar con la premisa de que es bueno evitar comportarse de una manera que produzca el peor sufrimiento posible para todos".[20] Así pues, Harris *empieza* asumiendo una convicción *moral* y *después* aplica su ciencia para decidir si una situación dada se conforma a ella. Esto es muy diferente de lo que el subtítulo de su libro da a entender: *Cómo puede la ciencia determinar los valores humanos.*[21]

Hay mucho más que decir. En su análisis de Harris en el *New York Times*, Kwame Anthony Appiah pregunta: "¿Cómo sabemos que el acto moralmente correcto es, como Harris supone, el que más hace por aumentar el bienestar, definido en términos de nuestros estados mentales conscientes? ¿Realmente la ciencia ha revelado eso? Si no lo ha hecho, entonces la premisa del argumento de Harris de que todo lo que necesitamos es la ciencia debe tener orígenes no científicos".[22]

El biólogo P. Z. Myers detalla:

> No creo que el criterio de Harris —que podemos emplear la ciencia para justificar la maximización del bienestar de los individuos— sea válido. No podemos. Podemos utilizar la ciencia para decir *cómo* maximizar el bienestar, una vez hemos definido el bienestar... aunque incluso eso podría ser un poco más escurridizo de lo que él presenta. Harris está introduciendo una premisa no científica en su categoría de bienestar.[23]

La respuesta de Harris es reveladora:

> Empleando la formulación de Myer, debemos introducir una "premisa no científica" para justificar cualquier rama de la ciencia. Si esto no constituye un problema para la física, ¿por qué iba a ser un problema para una ciencia de

la moralidad? ¿Podemos demostrar, sin recurrir a suposiciones previas, que nuestra definición de "física" es la correcta? No, porque incorporaremos nuestros estándares de prueba a cualquier definición que elaboremos.[24]

Así es; pero si la premisa no científica es una suposición *moral*, entonces Harris no puede deducir la moralidad de la ciencia. En la misma línea, destacamos que Harris no puede descartar la suposición anterior de Dios.

Harris no ha evitado a Hume, después de todo.

Sin embargo, esos intentos de desafiar a Hume han tenido y tienen lugar, particularmente para tratar de encontrar una senda que lleve de la biología a la ética. Históricamente, desde la época de Darwin, estos esfuerzos se han llevado a cabo esencialmente en dos olas. Hubo, en primer lugar, un período de lo que ha acabado considerándose ética evolutiva tradicional, llamada ahora "darwinismo social";[25] aunque realmente fue Herbert Spencer quien la desarrolló (1820-1903), cuyo objetivo explícito era establecer una moralidad "científica". La teoría se caracterizaba por una gran confianza en que la evolución ofrecía una dirección para el progreso: la evolución era progreso y por tanto podía, en cierto sentido, servir de fundamento de la ética como ese tipo de conducta que fomentaba el progreso.[26]

La segunda ola "sociobiológica" comenzó a mediados del último siglo, con la revolución de la biología molecular inaugurada por el descubrimiento del ADN con todas sus consecuencias lógicas para la genética y la herencia. En contraste con la primera ola, al menos algunos de sus principales promotores científicos (aunque no todos) insisten en que el nuevo entendimiento de los mecanismos hereditarios no deja lugar a la idea de progreso como base para la ética. Expondremos algunas de las consecuencias de este hecho seguidamente.

El darwinismo social

Michael Ruse describe de forma sucinta la esencia de la ética evolutiva tradicional: "Uno desentraña la naturaleza del proceso evolutivo, el mecanismo o la causa de la evolución, y después lo transfiere al ámbito humano, argumentando que aquello que se sostiene como un hecho entre los organismos lo hace como una obligación entre los humanos".[27] El propio Ruse señala que el cambio del "es" al "debería ser" es central en la metodología del darwinismo social, y aun así no parece que nadie se incomode: "Los éticos evolutivos tradicionales parecen estar sumamente tranquilos ante las acusaciones por su razonamiento falaz. Incluso están de acuerdo en que el cambio del "es" al "debería ser es engañoso:[28] ¡salvo únicamente en este caso concreto!".[29]

Ruse pregunta razonablemente por qué se sienten tan confiados al realizar ese movimiento o cambio que David Hume declara imposible. ¿Podría faltar una premisa? Su respuesta es que realmente falta una premisa: los darwinianos sociales creen que la evolución tiene una dirección, que lleva el nombre de progreso, siempre hacia arriba, siempre hacia delante, mejorando más y más. Vemos esta actitud en Spencer, Haeckel, Fisher y

Julian Huxley. En ese sentido, son humanistas y consideran a los seres humanos con sus capacidades intelectuales como el producto supremo de la evolución hasta el momento. Para ellos, los seres humanos eran muy especiales y, debido a sus capacidades, claramente superiores a todos los animales no humanos. ¡Peter Singer bien podría haberlos acusado de "especiecismo"! Ruse resume la posición: "La evolución conduce al bien y a cosas de gran valor. De ahí que sea la fuente de nuestras obligaciones morales". Ruse no está nada contento con el punto de vista tradicional, y nos detendremos en su propia opinión sobre el asunto más adelante.

La actitud contemporánea hacia el progreso moral evolutivo es mucho más complicada y variada. Encontramos a algunos, como E. O. Wilson, que siguen abanderando ese progreso; y otros, como John Gray, que dicen que el propio darwinismo de Wilson demuestra que ese mismo progreso es una fantasía. Una de las razones de este cuadro dividido es que existen ciertos aspectos sombríos en las formas en que se percibe la aplicación del darwinismo social; y otra es el efecto de la revolución de la biología molecular.

La idea de tomar lo que acontece en la naturaleza y aplicarlo a las sociedades humanas no cuenta con una historia feliz. Después de Russell Wallace, codescubridor junto a Darwin del principio de la selección natural, fue uno de los primeros en exponer las implicaciones sociales de dicho principio. En 1864 escribió que la selección haría que la racionalidad y el altruismo se expandiesen: un proceso que conduciría a la utopía, pero en su curso el "hombre salvaje desaparecería inevitablemente en encuentros con los europeos, cuyas cualidades intelectuales, morales y físicas superiores les hacen prevalecer 'en la lucha por la existencia y para aumentar a su costa'".[30]

Darwin no trató las consecuencias sociales de su teoría en *El origen de las especies*, dejando esa tarea para su libro posterior, *El origen del hombre y la selección en relación al sexo*. En él extrajo implicaciones sociales y éticas de los principios gemelos de "la lucha por la supervivencia" y la noción de Spencer de "la supervivencia del más apto" aplicadas al desarrollo del lado moral de la naturaleza humana. Tanto él como alguno de sus contemporáneos creyeron que estos principios gemelos no solo podían explicar satisfactoriamente el origen de las especies; también podían predecir de forma segura el desarrollo futuro de las diversas razas de la humanidad. Haciéndose eco de Galton, escribió: "En algún período futuro, no muy distante al medir por siglos, las razas civilizadas de hombres sin duda exterminarán casi por completo y sustituirán a las razas salvajes por todo el mundo".[31] De nuevo: "Las razas más civilizadas llamadas caucásicas han batido rotundamente a los turcos en la lucha por la existencia. Mirando al mundo en una fecha no muy distante, un número infinito de razas inferiores habrán sido eliminadas por las más civilizadas a largo y ancho del mundo".[32]

Desde una perspectiva contemporánea, la inexactitud de este punto de vista, por no hablar de su incorrección política, es, cuando menos, asombrosa. De hecho, uno no puede evitar pensar que, incluso en la época de Darwin, no debió ser fácil convencer a las razas "turca", las "inferiores" y las "salvajes", como él las llamaba, de que sus principios evolutivos formaban una base sólida para los valores morales. No es necesario decir que la aplicación de este tipo de pensamiento "científico" a judíos, gitanos, discapacitados y otras minorías no deseadas no fue ningún obstáculo para la "solución final" nazi.

El resultado claro de este y otros avances (por ejemplo, los experimentos genéticos) fue el descrédito del enfoque del darwinismo social, de forma que en 1944 Richard Hofstadter pudo escribir: "Tales ideas biológicas como 'la supervivencia de los más aptos'... resultan ser totalmente inútiles para intentar comprender la sociedad... La vida del hombre en la sociedad... no se reduce a la biología y debe explicarse en los términos característicos del análisis cultural".[33]

A este respecto, merece la pena citar la observación de John Horgan en *Globe and Mail* del intento de Sam Harris de derivar la ética de la ciencia en *El paisaje moral*. Cabe destacar que Horgan considera a Harris uno de sus "opositores de la religión" favoritos:

> Mi segunda y más seria objeción a la teoría de Harris[34] brota de mi conocimiento de intentos pasados de crear lo que él llama una "ciencia de florecimiento humano". Hace solo cien años, muchas personas razonables vieron el marxismo y la eugenesia como programas brillantes, basados en hechos, para mejorar el bienestar humano. Estas ideologías pseudocientíficas culminaron en dos de los regímenes

más letales de la historia, la Unión Soviética y la Alemania nazi.

Harris insiste repetidamente en que no debemos descartar la revelación científica de una moralidad universal, objetivamente cierta, solo porque aún no sea posible. Mientras ese logro sea posible en principio, dice, no debemos preocuparnos de que aún no lo sea en la práctica. Pero vivimos en el mundo de la práctica, donde incluso las personas más inteligentes, mejor informadas e intencionadas cometen terribles equivocaciones. Temo por tanto las consecuencias prácticas de que un movimiento científico extraiga una moralidad universal.[35]

Después de todo, la preocupación de los científicos por el bienestar de la humanidad no siempre ha sido benigna.

Sociobiología[36]

El descubrimiento de la estructura del ADN por Crick y Watson en Cambridge en 1953 nos introdujo en un mundo nuevo; y no pasó mucho tiempo antes de que algunos de los científicos más destacados, en particular los ganadores del Nobel Crick y Monod, indicasen públicamente cuáles eran, para ellos, las consecuencias morales y éticas de este nuevo entendimiento revolucionario de la base genética de la vida.

Particularmente, Jacques Monod declara que la teoría evolutiva contemporánea nos deja con un universo libre de un propósito último y de obligaciones morales, de forma que desde la biología no existe un camino a la ética. Monod estaba convencido de que Hume estaba en lo cierto, que el "debería ser" no podía deducirse del "es": "El puro azar, absolutamente libre pero ciego, es lo que encontramos en la raíz del estupendo edificio de la evolución con el resultado de que el hombre por fin sabe que se encuentra solo en la inmensidad indiferente del universo... Ni su destino ni su deber están escritos". Su punto de vista se basa en su percepción de la relación entre el problema del "ser y el deber ser" y la teoría evolutiva:

> Uno de los grandes problemas de la filosofía es la relación entre el ámbito del conocimiento y el de los valores. El conocimiento es lo que "es" y los valores son lo que "debería ser". Yo diría que todas las filosofías tradicionales hasta el comunismo, este incluido, han tratado de derivar el "debería ser" del "es". Eso es imposible. Si es verdad que no hay un propósito en el universo, que el hombre es puro accidente, no podemos derivar ningún "debería ser" del "es".[37]

Nótese el supuesto, "si no hay un propósito en el universo". Es evidente que si no existe un Creador personal responsable del universo, entonces el universo y la vida humana son productos accidentales de procesos impersonales, irracionales, y por tanto naturales y aleatorios. ¿Qué otra posibilidad hay? Gray es claro: "En las creencias monoteístas, Dios es el garante final del sentido en la vida humana. Para Gaya,[38] la vida humana no tiene más significado que la del moho".[39]

El propio concepto de sentido es por tanto una víctima inevitable del punto de vista de Monod. Singer lo expresa así: "La vida en su conjunto carecía de sentido. Comenzó, como las mejores teorías disponibles nos cuentan, con una combinación casual de moléculas; después evolucionó por medio de mutaciones aleatorias y de la selección natural. Todo eso simplemente ocurrió; no ocurrió por algún propósito".[40] Y el biólogo e historiador de la ciencia William B. Provine también está de acuerdo con Monod en que el deber del hombre no está escrita: "No existe ninguna ley moral o ética, ni tampoco principios rectores absolutos para guiar a la sociedad humana. El universo no se preocupa de nosotros y no tenemos un sentido último en la vida".[41]

A nivel popular, se comunica el mismo mensaje al público general. Por ejemplo, Alasdair Palmer, corresponsal científico de *The Sunday Telegraph*, asegura asimismo a sus lectores:

> No solo es la explicación religiosa del mundo la que se contradice con las explicaciones científicas de nuestros orígenes. También lo hacen la mayoría de nuestros valores éticos, ya que casi todos ellos han tomado forma a partir de nuestra herencia religiosa. Una explicación científica de la humanidad no tiene más lugar para el libre albedrío o la igual capacidad de todo individuo para ser bueno y actuar justamente que el que tiene para el alma.[42]

Para Monod, las consecuencias para la ética son claras. Primero muestra desprecio por lo que considera la base de la moralidad: "Las sociedades liberales de Occidente aún defienden (aunque sea de boquilla) y presentan como base de la moralidad una mezcla repugnante de religiosidad judeocristiana, progresismo científico, creencia en los derechos naturales del hombre y pragmatismo utilitario". Después argumenta que el hombre debe dejar de lado estos errores y aceptar que su existencia es totalmente accidental. "Debe despertar ya de su sueño milenario y descubrir su soledad total, su aislamiento fundamental. Debe ser consciente de que, como un gitano, vive en la frontera de un mundo extraño; un mundo que está sordo a su música y se muestra indiferente ante sus esperanzas, sus sufrimientos y sus crímenes".[43]

Aquí estamos tratando claramente con una forma extrema de reduccionismo materialista[44] que no ve a los seres humanos como otra cosa que sus genes; aunque aparentemente el propósito principal, de hecho el único propósito de los genes no es producir más seres humanos sino reproducirse ellos mismos: la estrategia está escrita en el código genético de cada célula de nuestro cuerpo y nuestro cerebro. Las generaciones de seres humanos son simplemente máquinas o vehículos para reproducir lo que Dawkins llama "genes egoístas".

¿Pero en qué sentido es posible basar la moralidad en los genes humanos? Michael Ruse se une a Edward O. Wilson para explicar cómo piensan que puede ser: "La moralidad, o para ser más estrictos, nuestra creencia en la moralidad, es simplemente una adaptación que se da para promover nuestros fines reproductivos. De ahí que la base de la ética no resida en la voluntad de Dios... En cualquier caso, la ética tal como la entendemos es una ilusión con la que nuestros genes nos han engatusado para que cooperemos".[45]

Pero, si una persona no es otra cosa que sus genes, y estos controlan su conducta moral, ¿cómo se le puede culpar de hacer un mal, o alabar por hacer el bien? En cualquier caso, ¿qué sentido tendría eso si el concepto de moralidad es una ilusión inducida genéticamente? Uno no puede resistir la tentación de pensar que se trata de un tipo muy extraño de *ética*, ¡pues se fundamenta en la artimaña *poco ética* de engañarnos por medio de una ilusión para conseguir nuestra cooperación! Y por qué detenernos aquí: ¿qué razón existe entonces para creer que esta teoría no es en sí misma una ilusión generada genéticamente?

Gray encuentra irónico el hecho de que Monod, a pesar de su radical interpretación materialista de la vida escrita en los genes, adopte la idea de que la humanidad es una especie privilegiada de forma única:

> Como muchos otros, Monod une dos filosofías irreconciliables, el humanismo y el naturalismo. La teoría de Darwin muestra la verdad del naturalismo: no nos diferenciamos de los animales; nuestro destino y el del resto de la vida en el planeta tierra son el mismo. Sin embargo, fijémonos en la siguiente ironía, que es de lo más exquisita porque nadie ha reparado en ella: el darwinismo es ahora el principal pilar de la fe humanista en que po-

demos trascender nuestra naturaleza animal y gobernar la tierra.[46]

Pero entonces aparece otra ironía aun más delicada que el propio Gray parece no haber observado. Su filosofía, admite, socava la verdad: "El humanismo moderno es la fe en que la humanidad puede conocer la verdad a través de la ciencia, y por tanto ser libre. Pero si la teoría de la selección natural de Darwin es cierta [¡sic!], eso es imposible. La mente humana sirve al éxito evolutivo, no a la verdad".[47] Pero qué decir de la propia mente de Gray, cuando esta lo lleva a escribir de la filosofía de los últimos 200 años: "No ha abandonado el error fundamental del cristianismo: la creencia de que los humanos son radicalmente diferentes de otros animales".[48] Uno debe suponer, según Gray, que el hecho de que él escriba esta frase "sirve al éxito evolutivo". Bueno, sí parecería servir al éxito de la teoría de la evolución, si esta fuera cierta. Pero Gray ha socavado el concepto de la verdad, eliminando así toda razón para que lo tomemos en serio. La incoherencia lógica reina una vez más.

El libro de Monod se titula *El azar y la necesidad*. Para Gray, son precisamente el azar y la necesidad los que demuestran que la idea de que la moralidad se impondrá al final es un engaño. De hecho, para él la moralidad es en gran medida una rama de la ficción y se compone simplemente de "aquellos prejuicios que heredamos en parte del cristianismo y en parte de la filosofía clásica griega". Y continúa: "En última instancia sabemos de que nada puede protegernos del destino y el azar".[49]

Evolución y altruismo[50]

Un aspecto de la conducta social y moral del ser humano que la teoría de la evolución siempre ha encontrado difícil de explicar es el altruismo. Es un problema, ya que ese comportamiento parece dificultar, y no facilitar, que la raza sobreviva en términos evolutivos. En pro del argumento suponemos que, como la evolución siempre obró para promover la supervivencia de las especies, podría de alguna forma provocar que los seres humanos diesen un sentido moral a actos y prácticas que promoviesen la supervivencia de la raza. Pero entonces, por la misma razón esperaríamos que la evolución produjese una aversión moral hacia cualquier cosa que dificultase o hiciese menos probable la supervivencia.

A la luz de esto, resulta muy difícil ver cómo un proceso evolutivo irracional podría explicar la convicción moral omnipresente y profundamente arraigada de que tenemos el *deber* de sustentar a aquellas personas que, por su propia naturaleza, son más susceptibles de inhibir, o incluso amenazar, el "progreso" evolutivo: los débiles, los discapacitados, los enfermos, los ancianos. Y no solo aquellos de nuestra propia familia, tribu o raza, sino todas las personas en general; aunque sustentarlos implique un serio desgaste de nuestros recursos y dificulte la supervivencia de la raza. Argumentar que el deseo instintivo de sobrevivir lleva a los ricos a sustentar a los pobres y a los enfermos con la esperanza de que otros les ayuden cuando ellos se debiliten y enfermen no es convincente. Esa compasión mutua es muy elogiable; pero definitivamente no es necesaria para la supervivencia de la raza. Si esta supervivencia fuese el *único* objetivo de la evolución, como se pretende, la evolución nunca produciría el sentido de obligación moral que nos lleva a gastar recursos en los discapacitados, los débiles, los enfermos y los ancianos. Ya hemos destacado la confusión en la que cae Dawkins cuando trata de explicar el altruismo como la rebelión contra los genes egoístas.

Los sociobiólogos, liderados por Wilson, piensan no obstante que han encontrado respuestas a este cuestión, "el problema teórico central de la sociobiología",[51] estudiando los hábitos sociales de grupos de animales no humanos y comparándolos con los patrones de conducta de los humanos. Comienzan observando que la idea de que la naturaleza es "roja en uñas y dientes" es muy inexacta; y que de hecho hay muchos ejemplos de cooperación en la conducta animal (y por supuesto también en la humana). La cooperación de un organismo con otro por sus propios intereses de supervivencia se llama *altruismo biológico*, una expresión técnica que no conlleva matices morales. Así pues, el altruismo biológico no debe confundirse con el altruismo moral genuino. La cuestión fundamental es por tanto: ¿qué relación existe entre el altruismo biológico y el altruismo moral genuino? Damos la respuesta de Ruse: "El altruismo moral literal es una de las principales formas en que se logra la cooperación biológica ventajosa", y a fin de lograrla, "La evolución nos ha llenado de pensamientos acerca de lo correcto y lo incorrecto, acerca de la necesidad de ayudar a nuestros congéneres, etc".[52]

Sin embargo, esto no explica de dónde proceden esos pensamientos, o cuál es la base de la "moralidad" de dichos pensamientos. En realidad parecería que Ruse está admitiendo que es imposible basar la moralidad en la evolución. El prominente biólogo evolucionista Francisco Ayala señala en el mismo simposio que lo que Ruse (y Wilson) están diciendo "no es que las normas de la moralidad puedan fundamentarse en la evolución biológica, sino que la evolución nos predispone a aceptar ciertas normas morales, concretamente, aquellas que concuerdan con los 'objetivos' de la selección natural".[53] No olvidemos que todo esto se incluye bajo una moralidad que es una ilusión, con la que nuestros genes nos han engatusado. La confusión parece casi total. ¿Qué resistencia pueden ofrecernos los autores se aplican a sí mismos su propia lógica y llegan a la conclusión de que sus teorías son una ilusión inducida genéticamente?

Ayala prosigue centrando la atención en el punto de vista de Wilson sobre la función de la moralidad: "La conducta humana —como las capacidades más profundas para la respuesta emocional que derivan de ella y la guían— es la técnica enrevesada por medio de la cual el material genético humano se ha mantenido y se mantendrá intacto. La moralidad no tiene ninguna otra función demostrable". Como señala Ayala, parece como si se estuviese cometiendo la falacia naturalista. Y no solo eso. Una forma de interpretar esto (seguramente nada que ver con el pensamiento de Wilson) es que se está diciendo que la única función de un código moral es preservar los genes; y por tanto podría entenderse como una justificación del racismo o el genocidio "si los vemos como el medio para preservar aquellos genes que pensamos que son buenos o deseables, y eliminar los que

pensamos que son malos o indeseables".[54] El resultado
de todo esto es que los intentos de fundamentar la ética
en la biología parecen estar tan condenados al fracaso
como los esfuerzos para construir una máquina de movimiento perpetuo.[55]

No obstante, Richard Dawkins trata desesperadamente[56]
de construir algo que pueda servir de base para la moralidad en general y el altruismo en particular diciendo
que, aunque el hombre no es otra cosa que sus genes,
puede en cierto modo rebelarse contra ellos cuando lo
lleven a hacer lo incorrecto: "Estamos hechos como máquinas de genes... pero tenemos el poder de volvernos
contra nuestros creadores. En la tierra, nosotros somos
los únicos que podemos rebelarnos contra la tiranía de
los duplicadores egoístas".[57]

Empleamos la palabra "desesperadamente" de forma
deliberada, porque al principio del mismo libro Dawkins dice: "Somos máquinas de sobrevivir, vehículos autómatas programados a ciegas con el fin preservar las
moléculas egoístas conocidas con el nombre de genes".[58]
Pero después parece retractarse de su posición en el último capítulo de la obra: "Para entender al hombre
moderno, debemos empezar desechando al gen como
única base de nuestras ideas sobre la evolución".[59] Y
como gran conclusión, nos insta a rebelarnos contra la
tiranía genética.

Pero ¿cómo podemos rebelarnos, si no somos otra cosa
que nuestros genes? Si no existe un elemento o fuerza no
material y no genética en nosotros, ¿qué hay entonces en
nuestro interior que pueda tener la capacidad de rebe-

larse contra nuestros genes y comportarse moralmente? Dawkins no nos habla en ningún sitio del origen de esa capacidad o de cuándo apareció. ¿Y dónde conseguiremos principios morales objetivos que nos guíen en esa rebelión? Dawkins no ofrece respuestas.

El intento de basar la moralidad en los genes recuerda a los esfuerzos inútiles de basarla en el instinto, como señaló C. S. Lewis.

Supón que estás sentado en tu casa una tarde cuando oyes en el exterior un grito terrible pidiendo ayuda. Inmediatamente sientes la urgencia instintiva de acudir al rescate de quien esté en problemas. Pero entonces el instinto contrario de autoconservación emerge y te insta a no involucrarte. Ahora bien, ¿cómo decidirás cuál de esos dos instintos obedecer?; en otras palabras, ¿cuál es tu *deber*? Queda claro que sea lo que sea lo que te dice qué *deberías* hacer, puesto que tus instintos están dando consejos contrarios no puede ser un instinto.[60]

La abolición de la moralidad

La mayor ironía de esta saga es que el propio Dawkins confirma la sentencia de Dostoievski, propinando el golpe mortal no solo al intento de obtener una moralidad basada en los genes sino a los propios conceptos del bien y del mal sobre los que se fundamenta la moralidad. Escribe:

> En un universo de fuerzas físicas ciegas y replicación genética algunas personas van a resultar heridas y otras serán afortunadas y

no encontraremos ninguna moraleja o razón en ello, tampoco ninguna justicia. El universo que observamos tiene exactamente las propiedades que podríamos esperar si en el fondo no hubiera ningún diseño, ningún propósito, ni bien ni mal. Solo indiferencia ciega y despiadada. El ADN no conoce ni se preocupa. El ADN solo es. Y bailamos al son de su música.[61]

Podríamos suponer que estas palabras están escritas de forma cuidadosa, pues representan la opinión calculada del autor. Sus consecuencias para la moralidad, o para ser más exactos para la ausencia de ella, son profundas. Dawkins niega explícitamente la existencia de las categorías del bien, el mal y la justicia en nombre de una interpretación determinista de la función del ADN. Su ateísmo naturalista lo lleva lógicamente a concluir que no solo no existe una base para la moralidad, sino que en última instancia no existe tal cosa como la moralidad.

Dawkins desea que imaginemos un mundo sin religión. Pero imaginemos su mundo determinista de fuerzas físicas ciegas y reproducción genética. En un mundo así no tendríamos otra opción que decir que los terroristas suicidas de Nueva York y Washington del 11 de septiembre de 2001, el estudiante que asesinó a la mitad de los maestros de su escuela en Erfurt, Alemania, en abril de 2002, los terroristas del metro y el autobús de Londres de julio de 2005, y una lista interminable de otros muchos, estaban simplemente bailando al son de su ADN. Los arquitectos del genocidio en los campos de exterminio de Camboya, Ruanda y Sudán estaban igualmente siguiendo los dictados de su propio programa genético. ¿Cómo podría nadie culparlos por lo que hicieron? De hecho, en ese mundo determinista, la palabra "culpa" no tendría significado.

Y si algunas personas sintiesen que abusar de niños o cortarlos en pedazos es su idea de la diversión, ¿simplemente estarían bailando de forma autómata lo que marca su ADN? De ser este el caso, ninguno de nosotros puede evitar ser lo que algunas personas llaman de forma equivocada moralmente malos. De hecho, las propias categorías del bien y el mal desaparecen como algo que no tiene sentido. Simplemente, no se pueden aplicar a una población de robots programados biológicamente.[62]

No resulta difícil imaginar las consecuencias de enseñar esas ideas nihilistas a los jóvenes, cuyo sentido de la responsabilidad ya está siendo erosionado por la cultura occidental contemporánea hasta el punto de que el trágico índice de apuñalamientos y tiroteos juveniles está incrementándose rápidamente en todos los países. Decirles que su conducta no es sino una danza al son de la música de su ADN, con la inferencia de que no son responsables de su comportamiento o sus consecuencias, sería una receta para el desastre. ¿Realmente queremos echar gasolina al fuego?

Resumen

Si no existe una base eterna para los valores fuera de la humanidad, ¿cómo no van a ser los estándares de Dawkins, Hitchens o cualquier otro convenciones humanas limitadas, en última instancia productos carentes de sentido de un proceso evolutivo ciego y sin dirección? Así pues, lejos de dar una explicación adecuada para la moralidad, este ácido particular de los nuevos ateos la disuelve en medio de la incoherencia.

Dostoievski vio hace mucho que el elevado coste de rechazar a Dios era la destrucción de la moralidad. Sartre quedó tan impresionado con esta idea que hizo del argumento de Dostoievski el punto de partida de su filosofía existencialista. Sartre escribió:

> El existencialista... piensa que es muy angustioso que Dios no exista, porque junto a él desaparece toda posibilidad de encontrar valores en un cielo de ideas; ya no puede haber un bien *a priori* ya que no existe una conciencia infinita y perfecta que lo idee. En ningún sitio está escrito que el bien existe, que debemos ser honestos, que no debemos mentir; porque la realidad es que nos encontramos en un plano en el que solo hay hombres. Dostoievski dijo: "Si Dios no existe, todo sería posible". Este es el punto de partida del existencialismo. Ciertamente, todo es permisible si Dios no existe, y como consecuencia el hombre está desesperado, porque no encuentra nada a lo que aferrarse ni dentro ni fuera de sí mismo. No puede empezar a buscar excusas.[63]

David Berlinski añade un giro brusco a las implicaciones de *Los hermanos Karamazov* de Dostoievski:

Lo que confiere poder a la advertencia de Karamazov, porque eso es lo que es, es simplemente que ha pasado a formar parte de un silogismo hipotético de lo más actualizado:

La primera premisa:

Si Dios no existe, entonces todo está permitido.

Y la segunda:

Si la ciencia es verdadera, entonces Dios no existe.

La conclusión:

Si la ciencia es verdadera, entonces todo está permitido.[64]

Cada vez más, los nuevos ateos parecen "ateos suaves" que realmente no han empezado a comprender las implicaciones de sus propias creencias ateas. Ateos "duros" como Nietzsche, Camus y Sartre preguntarían a los nuevos ateos cómo pueden justificar racionalmente su compromiso aparentemente absoluto con valores atemporales sin, de forma implícita, invocar a Dios. Dirían que eso es imposible: la existencia de valores absolutos precisa de Dios. También podrían decir que los nuevos ateos son muy conscientes de ello, ya que su mundo determinista, en el que el comportamiento humano no es sino un baile al son del ritmo del ADN, no tiene más sentido moral que la danza de las abejas.

A pesar de la afirmación de Dawkins que acabamos de citar, en general los nuevos ateos no parecen haber tenido en cuenta el hecho de que su ateísmo no solo les quita sus valores liberales, sino también todos los valores morales. *En consecuencia, todas las críticas morales de los nuevos ateos contra Dios y la religión son inválidas no tanto porque son erróneas sino porque no tienen sentido.* Si esa negación de la ética es el centro de la hipótesis del espejismo de Dios, no hace falta ser un genio para ver dónde está realmente el espejismo. Después de todo, si el ADN no conoce ni se preocupa y bailamos al son de su música, ¿cómo es que la mayoría de nosotros conocemos y nos preocupamos?

CAPÍTULO 5

¿ES EL DIOS DE LA BIBLIA UN DÉSPOTA?

Nadie toma su moralidad de la Biblia.

Richard Dawkins

El igualitarismo universalista, del que brotaron los ideales de la libertad y una vida colectiva marcada por la solidaridad, la conducta de vida autónoma y la emancipación, la moralidad individual de la conciencia, los derechos humanos y la democracia, es el legado directo de la ética judaica de la justicia y la ética cristiana del amor. Este legado, sustancialmente inalterado, ha sido objeto de una apropiación y una reinterpretación críticas continuas. Hasta hoy, no hay alternativas. Y a la luz de los desafíos actuales de la constelación posnacional, seguimos bebiendo de la sustancia de esta herencia. Todo lo demás es simplemente parloteo posmoderno improductivo.

Jürgen Habermas

La conclusión del último capítulo es simplemente esta: la invectiva de los nuevos ateos contra la moralidad de la Biblia es inválida, ya que su ateísmo no les aporta la base intelectual necesaria para poder hacer una evaluación moral de cualquier tipo. Su crítica tiene tan poco sentido como el que ellos le confieren al universo. Así pues, podríamos descartar razonablemente todo lo que dicen. Sin embargo, este acercamiento a la cuestión no sería útil; porque hay muchas personas que encuentran sus críticas atractivas, como si tuviesen alguna validez a la luz de la moralidad común que todos compartimos como creados a la imagen de Dios, creamos o no en él. Por tanto, no es apropiado rechazar las objeciones ateas solo porque no pueden ofrecer un fundamento lógico de la moralidad. Así pues, pasaremos a considerar el contenido de lo que los ateos tienen que decir al respecto.

Lo primero que asombra a muchos de la evaluación moral que los nuevos ateos hacen del cristianismo es su falta de equilibrio. Por ejemplo, mencioné anteriormente que en nuestro debate en el Festival de Edimburgo, Christopher Hitchens expresó sin rodeos su aversión hacia un Dios que, en su opinión, es un tirano y un acosador, siempre vigilándonos. En cualquier caso, describir a Dios como alguien que está constantemente vigilándote es una triste caricatura. Triste porque, como señalé a Hitchens en aquel momento, también podríamos describir el matrimonio como "vivir con alguien que está vigilándote continuamente". Esta visión negativa dejaría fuera todo lo maravilloso de la más profunda de las relaciones humanas, del mismo modo que la caricatura de Hitchens hace lo propio con todo lo maravilloso de la más profunda de todas las relaciones: la de un ser humano con su Creador. Los nuevos ateos parecen no haberse dado cuenta de que el Antiguo Testamento retrata a Dios como un Dios de compasión, amor, misericordia, y como compañero, pastor y guía, además de como un Dios de justicia y juicio. La compasión y la misericordia no son características destacadas de los tiranos o los acosadores. La idea de que Dios nos vigila tampoco debe interpretarse de forma negativa, como veremos.

Los nuevos ateos hacen una crítica feroz del Dios de la Biblia. Eso es tan útil para el debate racional como la crítica feroz que fácilmente y con mucha más razón se le puede hacer a la ciencia, si a uno le apetece (y algunos están dispuestos). No es difícil desprestigiar a la ciencia si apuntamos al papel que esta ha tenido en la producción de bombas, minas, armas de destrucción masiva, venenos, contaminación, desforestación, desertificación, etc. Los nuevos ateos serían los primeros en protestar en contra de esa distorsión, si la ciencia fuese el tema a debatir.

Sin embargo, lanzan sus ataques con una dureza irreflexiva en lugar de hacerlo a partir de un análisis serio y equilibrado, ataques que, como crítica *moral* resultan toda una ironía, no digamos ya como crítica intelectual. El resultado es una superficialidad patente. No podemos considerar todos los ejemplos de este libro; pero uno de ellos particularmente evidente es la intervención de Dawkins en relación a la enseñanza bíblica sobre el altruismo. Dice lo siguiente: "Los cristianos raramente de dan cuenta de que muchas de las consideraciones morales que aparentemente promueven tanto el Antiguo como el Nuevo Testamento se concibieron originalmente para aplicarse solo a un grupo definido muy limitado".[1] A su metodología de investigación parece habérsele escapado que la razón por la que los cristianos "raramente son conscientes" es que su afirmación es completamente falsa. Uno se pregunta a cuántos cristianos consultó para llegar a esa conclusión, ya que la mayoría de ellos fácilmente la habría ayudado a evitar semejante metedura de pata torpe y desinformada.

Después, Dawkins añade con contundencia: "'Ama a tu prójimo' no significa lo que ahora pensamos que significa. Solo significa 'Ama a otro judío'".[2] Esta declaración nos muestra que Dawkins ha abandonado cualquier pretensión de seriedad académica cuando se trata de investigar temas fuera de su área de conocimiento. Si hubiese dedicado cinco minutos a mirar el texto bíblico en lugar de optar por la ignorancia del no teólogo John Hartung, sin duda no habría hecho el ridículo de esta manera. La "exégesis" Hartung-Dawkins se basa en Levítico 19:18: "No te vengarás, ni guardarás rencor a los hijos de tu pueblo, sino que amarás a tu prójimo como a ti mismo". Está claro que Dawkins (¿o Hartung?) estaba tan convencido de su interpretación que no se molestó en leer el resto de Levítico 19. Un poco más adelante, habría leído de forma explícita que amar al prójimo no significaba limitarse a su propio grupo: "Cuando un extranjero resida con vosotros en vuestra tierra, no lo maltrataréis. El extranjero que resida con vosotros os será como uno nacido entre vosotros, y lo amarás como a ti mismo, porque extranjeros fuisteis vosotros en la tierra de Egipto".[3]

No contento con malinterpretar Levítico, Dawkins nos informa ahora de que el propio Jesús era un "devoto de la misma moralidad grupal".[4] Como acabamos de ver, el Antiguo Testamento no la enseñaba. Y Jesús tampoco admiraba esa moralidad ficticia. No hay lugar para las conjeturas. En una ocasión le preguntaron a Jesús qué significaba la palabra "prójimo" en la máxima del Antiguo Testamento "Ama a tu prójimo como a ti mismo". Jesús contestó con la parábola del buen samaritano, cuya idea fundamental era mostrar que el concepto de prójimo trascendía las fronteras étnicas.

Quizá podamos perdonar a Dawkins por no conocer Levítico; pero difícilmente podemos perdonarle por exhibir una ignorancia igual de profunda ante una de las parábolas más famosas de la literatura. Ese es el lío en el que se ha metido Dawkins por no comprobar los hechos y limitarse a una única fuente no experta: el doctor y antropólogo social a tiempo parcial John Hartung, cuya especialidad es, y no es broma, la anestesiología. Una búsqueda rápida en Internet de las opiniones de Hartung sobre el pueblo judío nos haría pensárnoslo dos veces antes de otorgar credibilidad a cualquier análisis que pueda hacer de los documentos bíblicos. Sé lo que Dawkins pensaría si yo obtuviese toda mi información sobre Darwin de un teólogo, un experto en filología china, o incluso un anestesista.

Esa interpretación errónea de las Escrituras de un asunto fundamental y a la vez elemental nos lleva a desconfiar de cualquier otra declaración que Dawkins pueda hacer sobre las enseñanzas de la Biblia. No hay duda de que surgen cuestiones morales relativas a la Biblia que deben tratarse; pero no nos ayudará lo más mínimo que ese análisis se base en puntos de vista poco eruditos, mal informados e incorrectos de lo que la Biblia realmente dice.

Los nuevos ateos, aunque sin duda conocen lo que la Biblia dice, omiten que la Biblia enseña que Dios no solo es un Dios de un genio creador y un poder asombrosos, sino también de compasión, misericordia, justicia, belleza, santidad y amor, que cuida de su creación y de los seres humanos como parte de ella. Según la Biblia, los seres humanos son especiales: todo hombre y toda mujer son creados a imagen de Dios y tienen por tanto un valor infinito. La importancia de esta enseñanza no puede ser mayor, ya que fundamenta y da fuerza a los valores que la mayoría de nosotros considera inviolables: en particular, los conceptos occidentales del valor de cada vida humana, de los derechos humanos y de la igualdad de género.

El doctor Ernst-Wolfgang Böckenförde, eminente abogado europeo, estaba subrayando este hecho cuando hizo la siguiente observación, que ha sido objeto de mucho debate: "El estado secular vive de suposiciones normativas que no puede garantizar".[5] Esta es la razón por la que el intelectual ateo Jürgen Habermas insta a la sociedad secular a no desechar los recursos importantes, a que retenga el sentido del poder de articulación del lenguaje religioso: "La filosofía tiene razones para mantenerse abierta a aprender de la tradición religiosa".[6] Habermas deja claro que la idea bíblica de los seres humanos creados a imagen de Dios forma parte de la genealogía de los derechos humanos.

La historia confirma este punto de vista. En su detallada exposición, el historiador Arnold Angenendt señala, por ejemplo, que los padres de la iglesia primitiva condenaron la esclavitud en base a que no era correcto comprar con dinero a un ser creado a imagen de Dios. En la Edad Media, Burchard von Worms dijo que cualquiera que matase a un judío o a un pagano había borrado tanto una imagen de Dios como la esperanza de salvación futura. En el siglo XVII John Milton dijo que "todos los hombres han nacido libres porque son a imagen de Dios".[7]

La moralidad de los nuevos ateos: los nuevos diez mandamientos

Aunque de forma inesperada e involuntaria por su parte, los nuevos ateos confirman la importancia de la enseñanza moral bíblica para la ética; aunque, para ser justos, la interpretan de forma diferente, como veremos. En su sección sobre "El *Zeitgeist* moral"[8], Richard Dawkins observa[9] que la mayoría de las personas, religiosas o no, suscriben más o menos los mismos principios morales,[10] y sugiere que estas éticas deberían codificarse como los "nuevos diez mandamientos" (NDM). La lista de mandamientos que escoge la toma de un blog de Internet.

1. No hagas a otros lo que no quieras que te hagan a ti.

2. En todo, esfuérzate por no causar daño.

3. Trata a los seres humanos, a todos los seres vivos y al mundo en general con amor, honestidad, fidelidad y respeto.

4. No pases por alto el mal ni eludas el administrar justicia, pero disponte siempre a perdonar las ofensas libremente admitidas y honestamente lamentadas.

5. Vive la vida con un sentido de alegría y admiración.

6. Busca siempre aprender algo nuevo.

7. Prueba todas las cosas; comprueba siempre tus ideas frente a los hechos, dispuesto a descartar incluso una creencia apreciada si no concuerda con ellos.

8. Nunca busques censurar o aislarte de una disensión; respeta siempre el derecho de los demás a estar en desacuerdo contigo.

9. Forma opiniones independientes en base a tu propia razón y experiencia: no permitas que otros te dirijan ciegamente.

10. Cuestiónalo todo.[11]

Lo primero que nos impacta en esta lista es que, aunque no contiene ninguna referencia a Dios, por supuesto, estos nuevos diez mandamientos tienen mucho en común con los de la Biblia (DMB), que enumeramos para comparar:

1. No tendrás otros dioses delante de mí.

2. No te harás ídolo, ni semejanza alguna de lo que está arriba en el cielo, ni abajo en la tierra, ni en las aguas debajo de la tierra.

3. No tomarás el nombre del Señor tu Dios en vano.

4. Acuérdate del día de reposo para santificarlo.

5. Honra a tu padre y a tu madre.

6. No matarás.

7. No cometerás adulterio.

8. No hurtarás.

9. No darás falso testimonio contra tu prójimo.

10. No codiciarás la casa de tu prójimo; no codiciarás la mujer de tu prójimo, ni su siervo, ni su sierva, ni su buey, ni su asno, ni nada que sea de tu prójimo.

Los diez mandamientos tienen lo que podríamos considerar como dos dimensiones: una vertical que tiene que ver con las relaciones entre los seres humanos y Dios (1-4), y una horizontal relativa a las relaciones entre los seres humanos (5-10). Los nuevos diez mandamientos solo contemplan la dimensión horizontal.

Al comparar las listas, los cuatro primeros de los NDM corresponden aproximadamente a los últimos seis de los DMB. Los cinco últimos de los NDM tienen relación con procesos de razonamiento, cuestionamiento, prueba y formación de opinión y, estrictamente hablando, no son mandatos morales excepto posiblemente el 8. Por un lado, constituyen una expresión clara del espíritu de la Ilustración que el nuevo ateísmo desea promover: Dios sustituido por la razón (humana). Por otro, vemos al mismo tiempo que la mayoría de los sentimientos expresados, como en 1-4 de los NDM, también se encuentran en la Biblia. Echémosles un vistazo:

NDM 5. Vive la vida con un sentido de alegría y admiración.

La Biblia está llena de exhortaciones a estar alegre: "El corazón alegre es buena medicina";[12] *y la venida de Cristo al mundo se anuncia con las siguientes palabras: "Traigo nuevas de gran gozo".[13] Estas palabras forman parte de un conocido himno navideño que, como Dawkins mismo informa, él canta encantado.[14] Al menos parte de su alegría parece proceder directamente del cristianismo.*

NDM 6. Busca siempre aprender algo nuevo.

Los primeros cristianos eran conocidos como "discípulos", una palabra que significa "aprendiz". La esencia del verdadero cristianismo es buscar siempre aprender algo nuevo, mantenerse mentalmente fresco y vigoroso. Christopher Hitchens recordaba[15] el discurso que dio en el funeral de su padre en Portsmouth, para el que escogió el texto bíblico de Filipenses 4:8: "Por lo demás, hermanos, todo lo que es verdadero, todo lo digno, todo lo justo, todo lo puro, todo lo amable, todo lo honorable, si hay alguna virtud o algo que merece elogio, en esto meditad". Según el mismo Hitchens, una de las razones por la que escogió ese texto fue "por su mandato esencialmente secular". Sin embargo, es esencialmente un mandato cristiano, basado en la realidad de que Dios no es un aguafiestas (paz a la campaña atea en los autobuses). Dios nos anima a interesarnos en todo lo que es verdadero, honesto, justo, puro y bueno.

NDM 7. Prueba todas las cosas; comprueba siempre tus ideas frente a los hechos, dispuesto a descartar incluso una creencia apreciada si no concuerda con ellos

Eso es exactamente lo que el apóstol cristiano Pablo ordena hacer a todos los cristianos.[16] Los ateos no tienen

el monopolio de la huida de la ingenuidad. Todos debemos hacer caso a esa advertencia.

NDM 8. Nunca busques censurar o aislarte de una disensión; respeta siempre el derecho de los demás a estar en desacuerdo contigo.

La disposición a disentir y defender el derecho de los demás a no estar de acuerdo con nosotros es el verdadero sentido de la tolerancia; y necesitamos que nos lo recuerden en una era de corrección política hipócrita y peligrosa que dice que no debemos discrepar con nadie para evitar ofender. Históricamente, el concepto de la verdadera tolerancia se basa en el valor de los seres humanos como seres creados a imagen de Dios. Celebro el hecho de que los nuevos ateos profesen la tolerancia como una de sus creencias principales. No obstante, debo confesar que suena bastante vacía a la luz de la intolerancia ante la creencia religiosa que caracteriza tantas de sus declaraciones. Suena como si no se tomasen demasiado en serio ni siquiera sus propios mandamientos.

NDM 9. Forma opiniones independientes en base a tu propia razón y experiencia: no permitas que otros te dirijan ciegamente.

Fue el mismo Jesucristo el que nos advirtió acerca de los ciegos que guían a ciegos.[17]

NDM 10. Cuestiónalo todo.

Este es muy parecido al NDM 8. Una de las cosas asombrosas de la enseñanza de Jesús en los Evangelio es la frecuencia con la que hacía preguntas y estimulaba a los demás a que también hicieran preguntas.

Esta breve valoración muestra rápidamente que la moralidad básica que Dawkins aprueba es ampliamente cristiana tanto en cuanto a los mandatos morales relativos a nuestras actitudes hacia los demás como en cuanto a sus consejos. A la luz de ello, la declaración de Dawkins en otros lugares (en el mismo libro) de que "nadie toma su moralidad de la Biblia"[18] no es convincente. Después de todo, el grueso de su propia moralidad es principalmente bíblica; y acaba de decirnos que "la mayoría de las personas, religiosas o no, suscriben los mismos principios morales". Solo puede pensar, por tanto, que lo que quiere decir con ello es que existen algunas actitudes morales en la Biblia que encuentra inaceptables. Este es un tema bastante diferente que ahora consideraremos; pero no debemos permitir que oculte el hecho de que Dawkins, como la mayor parte de las personas —al menos en Occidente—, debe su moralidad en gran parte a la Biblia.

Cuestiones de la moralidad del Antiguo Testamento

Para los nuevos ateos, el hecho de que su moralidad, como vimos arriba, se corresponda con la que encontramos en la Biblia queda eclipsado por ciertas cosas que consideran inaceptables, particularmente en el Antiguo Testamento: la invasión de Canaán por parte de Israel, la institución de la esclavitud y diversos castigos judiciales, en particular la lapidación por adulterio.

Además, como la crítica que los nuevos ateos hacen del Antiguo Testamento se basa en valores morales que encontramos en ese mismo Antiguo Testamento, las preguntas que planten también inquietan a muchos cristianos. Detengámonos en la invasión de Canaán, por ejemplo. Según el Antiguo Testamento, Dios ordenó por medio de Moisés a Josué, un comandante de las fuerzas de Israel, atacar a las tribus cananeas que ocupaban la tierra. Moisés ordenó a los israelitas: "Y cuando el Señor tu Dios los haya entregado delante de ti, y los hayas derrotado, los destruirás por completo. No harás alianza con ellos ni te apiadarás de ellos".[19] La consecuencia fue: "Y Josué, y toda la gente de guerra con él, vino de repente sobre ellos... E hirieron a filo de espada a todas las personas que había en ella, destruyéndolas por completo".[20] Este acto parece violar el mandamiento bíblico de amar al extranjero, y parece ser incoherente con la existencia de un Dios descrito como compasivo y amoroso.

Este incidente saca a la superficie los problemas de la existencia del mal moral, del dolor y del sufrimiento. Aparte de los cananeos, hoy personas inocentes siguen sufriendo de forma horrible, y muchos mueren asesinados en todo el mundo como resultado directo de la maldad de otros y como consecuencia de desastres naturales y enfermedades.

Me apresuro a decir que el doble problema del mal y del dolor es el más difícil que los cristianos (pero no solo ellos) se encuentran, tanto en la teoría como en la práctica. Estas son, después de todo, las razones que muchos esgrimen para abandonar por completo la creencia en Dios. No obstante, es totalmente erróneo imaginar que los nuevos ateos son los primeros en haber pensado estas objeciones, aunque en ocasiones esa sea la impresión que dan. Mentes serias han luchado con el problema del mal desde el principio de la historia. Y todos nosotros seguimos haciéndolo. De hecho, ¿hay alguien que no se vea afectado por ellos?

Permítanme una nota personal. El mismo año en que una habilidosa intervención médica me salvó la vida en el último momento, mi hermana perdió a su hija de 22 años recién casada por un tumor cerebral maligno. Si doy gracias a Dios por mi recuperación, ¿qué diré a mi hermana? ¿O a mi hermano, que hace unos años casi muere por una bomba terrorista en Irlanda del Norte, quedando herido de forma permanente? Mi sobrina fallecida era cristiana; su marido no ha perdido su fe en Dios; tampoco lo han hecho mi hermana ni mi hermano. Por tanto, los que sufren deben de tener algo que decir, no solo aquellos que simplemente filosofan sobre el tema. Debemos escucharles.

La invasión de Canaán y su contexto moral

Por supuesto, algunos dirán: ¿por qué tenemos que pensar en los cananeos? Después de todo, esa invasión tuvo lugar siglos antes del comienzo del cristianismo, por lo que difícilmente es relevante para el tema del enfrentamiento entre el nuevo ateísmo y el cristianismo.

Bueno, es cierto que la invasión de Canaán es, históricamente hablando, precristiana. También es cierto que existen importantes distinciones entre el Antiguo Testamento y el Nuevo. Por ejemplo, el antiguo Israel era una teocracia: una nación física que según la Biblia fue escogida por Dios como testimonio principal y especial de él en el mundo. Actualmente no existe ninguna nación así; porque, como hemos visto, Cristo aclaró a Pilato que su reino no era de este mundo, por lo que sus siervos no lucharían. Por esta razón, los mandatos específicamente cristianos son muy diferentes de algunos de los que encontramos en el Antiguo Testamento.

Sin embargo, aunque existen discontinuidades entre el Antiguo Testamento y el Nuevo, queda igualmente claro que también hay continuidades. En particular, la Biblia nos enseña que solo existe un Dios. No hay dos, uno en el Antiguo Testamento y otro en el Nuevo. Tampoco hay dos series de mandamientos morales. De una forma u otra, cada uno de los diez mandamientos, a excepción de la ley del día de reposo, se repite en el Nuevo Testamento para los cristianos. Así pues, los nuevos ateos tienen razón cuando consideran que la descripción que el Antiguo Testamento hace de la naturaleza de Dios es pertinente para el debate.

Antes de entrar en detalle acerca de la invasión de Canaán, debemos desechar una idea. Solo por el hecho de que un incidente aparezca recogido en la Biblia no quiere decir que Dios (o cualquier otra persona) lo apruebe. En ocasiones, lo que sucedió simplemente se recoge, sin ningún tipo de comentario moral. En otras, como el adulterio del rey David con Betsabé, se menciona primero el incidente y el comentario moral (negativo) llega más adelante.

Sin embargo, este *no* es el caso con la invasión de Canaán. No está relatada en alguna parte recóndita de la Biblia, sin ningún comentario moral. Todo lo contrario. Las instrucciones dadas a Israel sobre lo que debía hacer con los cananeos al entrar en el territorio se encuentran en uno de los principales libros del Antiguo Testamento dedicado a asuntos de ética, moralidad y justicia; de hecho, dedicado a las leyes morales que acabamos de exponer. Es el libro de Deuteronomio, el libro que dice que Dios "hace justicia al huérfano y a la viuda, y muestra su amor al extranjero dándole pan y vestido".[21] Para expresar el concepto de forma aun más clara: la Biblia no tiene problema en yuxtaponer la mención a la elevada moralidad de "ama a tu prójimo como a ti mismo" con la orden de invadir a los cananeos, aunque esta acción parezca entrar en conflicto con la comprensión bíblica de la justicia.

Esta circunstancia se produce por una razón: según Deuteronomio, *la acción ejecutada contra los cananeos era moralmente justificable.*[22] La base de esta declaración aparece explícitamente: "Es a causa de la maldad de estas naciones que el Señor las expulsa de delante de ti".[23]

Ahora bien, antes de descartarlo, como hacen los nuevos ateos, como un ejemplo de encubrimiento de algo que no es otra cosa que una brutal limpieza étnica, debemos darnos cuenta de una serie de cosas.

En primer lugar, si contemplamos la totalidad del relato bíblico, esta acción es excepcional. En este mismo libro (Deuteronomio, capítulo 20) se establecen las leyes de guerra que deben caracterizar a Israel. Para su tiempo, son notablemente humanitarias. Por ejemplo, los hombres estaban exentos de las obligaciones militares si acababan de comprometerse, comprar una casa, planta una viña, o incluso simplemente si tenían miedo (20:5-8). Además, la guerra solo era justificable como último recurso. En un primer momento, se ordenaba al ejército que buscase la paz siempre que fuese posible (20:10). Y cuando iban a la guerra, es digno de mención que dejaban con vida a las mujeres y los niños; y no se permitía a los soldados la destrucción indiscriminada de árboles. Lord Jonathan Sacks, Rabino principal de las Congregaciones Hebreas Unidas de la Commonwealth, señala que los libros de Levítico y Deuteronomio contienen la primera legislación medioambiental del mundo.[24]

Además, Deuteronomio, como Levítico, no enseña la moralidad "excluyente" de la que Dawkins habla. Contiene instrucciones específicas para garantizar el trato justo a los extranjeros. De hecho, en una sección dedicada a la imparcialidad del juicio de Dios, encontramos una orden explícita a *amar* a los extranjeros. El texto dice que Dios "hace justicia al huérfano y a la viuda, y muestra su amor al extranjero dándole pan y vestido. Mostrad, pues, amor al extranjero, porque vosotros fuisteis extranjeros en la tierra de Egipto".[25] El hecho de que la invasión de Canaán no parezca haber estado caracterizada a primera vista por las normas de guerra habituales o las actitudes positivas hacia los extranjeros muestra que realmente fue un episodio muy excepcional.

En segundo lugar, la invasión de Canaán se considera como un juicio de Dios por la maldad de esas naciones. "Toda acción abominable que el Señor odia ellos la han hecho en honor de sus dioses; porque aun a sus hijos y a sus hijas queman en el fuego en honor a sus dioses".[26] Es decir, estas tribus practicaban una forma de idolatría particularmente cruel y brutal que no solo quebrantaba los tres primeros de los diez mandamientos, sino que también incluía el más horrible de los rituales paganos, el sacrificio de niños, una de las prácticas más degradantes que hayan existido jamás.

En tercer lugar, Dios había sido paciente durante varios siglos con las tribus que llevaban a cabo esas prácticas malvadas. De hecho, en la famosa visión que Abraham tuvo sobre su posteridad, se le dijo que sus descendientes pasarían cuatrocientos años en una tierra "que no es suya" (Egipto) antes de ser llevados a la tierra de los amorreos. La razón que se le da es que "hasta entonces no habrá llegado a su colmo la iniquidad de los amorreos".[27] En otras palabras, la invasión de Canaán coincidió con el juicio de Dios por la tremenda maldad de un grupo de tribus que Dios mismo había demorado siglos.

En cuarto lugar, la invasión no debía basarse en ningún sentimiento de superioridad moral nacional. De hecho, Dios advirtió explícitamente al pueblo de Israel de los peligros de esa actitud: "No digas en tu corazón cuando el Señor tu Dios los haya echado de delante de ti: 'Por mi justicia el Señor me ha hecho entrar para poseer esta tierra', sino que es a causa de la maldad de estas naciones que el Señor las expulsa de delante de ti".[28]

En quinto lugar, la nación de Israel no debía considerarse como la favorita de Dios que no podía desviarse. Moisés le dijo claramente que el mismo juicio que había caído sobre los cananeos caería sobre ellos si practicaban el mismo tipo de idolatrías crueles. "Y sucederá que si alguna vez te olvidas del Señor tu Dios, y vas en pos de otros dioses, y los sirves y los adoras, yo testifico contra vosotros hoy, que ciertamente pereceréis. Como las naciones que el Señor destruye delante de vosotros, así pereceréis, porque no oísteis la voz del Señor vuestro Dios".[29] La historia nos confirma que eso es exactamente lo que ocurrió. Las diez tribus del norte desobedecieron los mandatos de Dios y acabaron en el cautiverio asirio; más adelante, Judá hizo lo propio y cayó derrotada ante Babilonia: tal como Moisés y los profetas habían predicho.

Se deduce que es simplista e impreciso considerar la invasión de Canaán como una limpieza étnica por parte de un enemigo sediento de sangre. También se deduce que, si vamos a criticar la invasión de Canaán por parte de los israelitas, debemos mantenernos en la misma línea y adoptar la misma actitud hacia las subsiguientes invasiones de Israel por parte de asirios y babilonios.

Sin embargo, existe otra consideración. Ya he mencionado antes el hecho de que, para los cristianos, es la propia comprensión bíblica de la justicia la que nos hace preguntarnos acerca de la moralidad de la invasión de Canaán. ¿Podría ser simplemente que nuestra dificultad con las afirmaciones bíblicas sobre este tema es que malinterpretamos su significado? ¿Podría ser que Deuteronomio no tiene problema en yuxtaponer una elevada moralidad de protección de los débiles y los indefensos por la simple razón de que la acción llevada a cabo no quebrantaba esa moralidad? De ser este el caso, tenemos que preguntar: ¿cómo habría entendido exactamente Josué la orden de "destruir totalmente" a los cananeos?

Consideremos antes otra frase que parece incluir a todos. Pensemos, por ejemplo, en el significado de la expresión "todo Israel" en los siguientes ejemplos: "Estas son las palabras que Moisés habló a todo Israel al otro lado del Jordán";[30] "Cuando todo Israel venga a presentarse delante del Señor";[31] "Murió Samuel, y se reunió todo Israel y lo lloraron";[32] "Y el rey y todo Israel con él ofrecieron sacrificios delante del Señor".[33]

Queda claro sin duda que la expresión "todo Israel" no debe interpretarse en el sentido literal de "toda persona en Israel sin excepción". Por ejemplo, muchos israelitas no habrían podido asistir a las ceremonias mencionadas debido a otras obligaciones, otros habrían estado enfermos, etcétera. En otras palabras, la expresión debe interpretarse en el sentido natural de "una representación sustancial". Empleamos ese tipo de lenguaje actualmente: "Todo Londres fue al funeral de la princesa de Gales". Sabemos exactamente lo que eso significa: nadie pensaría en interpretarlo literalmente.

¿Cómo deberíamos entender entonces estas órdenes de eliminar a todos sin excepción aparente? Un acercamiento obvio es preguntar si existe alguna prueba en el resto del relato bíblico de lo que realmente ocurrió. La hay. Si leemos el libro de Josué encontramos que Josué mató a espada a todos los habitantes de Debir y Hebrón. Sin embargo, en el libro posterior de Jueces, se dice que Judá y Benjamín conquistaron esas mismas ciudades. ¿Qué debía significar eso, si Josué ya había exterminado a sus moradores? En base a eso, Nicholas Wolterstorff[34] sostiene que la expresión "herir a filo de espada a todos los habitantes" es una fórmula (por ejemplo, aparece siete veces en Josué 10). Argumenta que es una convención literaria que debería entenderse en conjunción con el hecho de que Josué (como se recoge en Jueces) no aniquiló literalmente a toda la población de las ciudades contra las que luchó.

Wolterstoff concluye que los mandatos de "destruir totalmente" o "herir a filo espada a todos los habitantes" deben interpretarse como "anotarse una victoria decisiva sobre alguien"; y no implicaban por tanto que los israelitas violasen sus normas de guerra habituales eliminando a los indefensos.

Una respuesta rápida a esto será: incluso si Wolterstorff tiene razón, han existido y siguen existiendo millones de personas inocentes e indefensas que han sufrido un mal monstruoso a manos de sus congéneres en todo tipo de circunstancias horribles. Sin duda, todos sentimos el peso de esta objeción. Lo consideraremos en breve.

Resumiendo hasta ahora, pues: según la Biblia, la invasión de Canaán se llevó a cabo por razones morales, y constituyó un juicio divino por la maldad de las tribus cananeas. Era tan maligna que no solo traería el juicio sobre los cananeos, sino también sobre los israelitas si eran transigentes con ella.

Aquí llegamos a la raíz del problema, como muchos lo ven. El juicio. En primer lugar, está el concepto del juicio divino en sí; en segundo lugar, la naturaleza del juicio específico que implica arrebatar la vida humana; y finalmente, el hecho de que se confíe a seres humanos imperfectos la ejecución de dicho juicio.

También, justificadamente desconfiamos de las motivaciones de aquellos líderes que se sienten llamados por Dios para librar al mundo del mal. Y, de todos modos, ¿es la idolatría realmente tan grave? ¿Cómo puede Dios, si es que existe, contemplar tales juicios, no digamos ya ordenar que ocurran? ¿Estos actos son bases éticas sólidas para abandonar la fe en Dios y unirse a los nuevos ateos? Al final, ¿el ateísmo explica mejor toda la cuestión moral?

Estas preguntas pueden fácilmente remover nuestros sentimientos y hacer que el debate sea casi imposible. Sin embargo, debemos afrontarlas con tanta sensibilidad como podamos reunir.

El juicio de Dios

El tema central, por tanto, es el juicio de Dios y sus ramificaciones. Es importante aclarar desde el principio que, al contrario de lo que se cree popularmente, este tema no solo aparece en el Antiguo Testamento, del mismo modo que el amor y la compasión de Dios no solo aparecen en el Nuevo Testamento. De hecho, las personas citan frecuentemente al profeta del Antiguo Testamento Isaías para resumir su anhelo de un mundo en el que no haya más guerra: "No alzará espada nación contra nación, ni se adiestrarán más para la guerra".[35]

Cuando se trata del asunto del juicio, el Nuevo Testamento es, en todo caso, más solemne que el Antiguo en su descripción de un juicio final que tiene consecuencias eternas. La realidad es que, según el Antiguo y el Nuevo Testamento, habrá un juicio final en el que se evaluará imparcialmente la conducta humana. El Nuevo declara que Cristo será el juez.[36] Esa evaluación final se basará en el principio del juicio de iguales: los juzgados son los seres humanos; por tanto, el encargado de juzgarles será un ser humano perfecto.

Estas afirmaciones son más que suficientes para que los ateos pongan el grito en el cielo, por no hablar de la afirmación de que Cristo es el juez. Para el ateísmo, la muerte es por definición el final de todo; y por tanto no hay juicio que temer. Recordemos el mensaje en el autobús: "Probablemente Dios no existe, deja de preocuparte...". Ese elemento del mensaje ateo es muy antiguo. Se remonta sin duda a la filosofía epicúrea, tan bien expresada en el famoso poema del poeta latino Lucrecio *De Rerum Natura*.[37] En su poema, Lucrecio adopta las ideas de los atomistas Demócrito y Leucipo, y argumenta que debido a que los átomos del cuerpo se dispersan irremediablemente al morir, no puede haber vida después de la muerte: "Nada en absoluto tendrá el poder de afectarnos o provocar en nosotros ningún tipo de sensación". Predica esto como una declaración de libertad: libertad de la amenaza de un juicio final.

Esta "libertad" sigue siendo un elemento clave en el nuevo ateísmo. Como hemos mencionado anteriormente en este capítulo, muchos ateos se ofenden profundamente ante la idea de un Dios que vigila a las personas, ya que piensan que es una expresión de tiranía, y desean ser libres. Sin embargo, la idea de que Dios nos vigila tiene realmente mucho sentido, algo de lo que los nuevos ateos, con su convicción *a priori* de que Dios es un tirano, no parecen ser conscientes. Sin embargo, deberían serlo. ¿Desearían vivir en un país en el que no hubiese una fuerza policial que vigilase a las personas? ¿Estarían dispuestos a volar al otro lado del Atlántico desde un aeropuerto sin control de seguridad? Creo que no. Porque la experiencia común nos dice que los seres humanos necesitamos personas que nos vigilen. Por supuesto, algunas personas son tiranas, como las dictaduras, tanto de derechas como de izquierdas, han demostrado. Pero esos aterradores vigilantes con frecuencia son precisamente aquellos que no creen que exista un *Dios* que los vigila, idea que David Berlinski expone de forma muy elocuente en la historia del asesinato del anciano judío por el SS, relatada en el capítulo 3.

El siguiente resumen, de un artículo de investigación sobre psicología, es revelador:

> Examinamos el efecto de una imagen de un par de ojos puesta junto a una caja donde los usuarios de la cafetería universitaria debían depositar el dinero por lo que habían consumido. Cuando sustituimos una simple imagen de control por la imagen de los ojos, el número de personas que pagaba subió casi el triple. Este descubrimiento nos ofrece la primera evidencia desde una situación real de la importancia de las señales de vigilancia, y de

ahí la preocupación por la reputación, sobre la conducta cooperativa humana.[38]

Por cierto, el póster de los ojos vigilantes lo colocaron justo encima de la caja.

En su ensayo "La naturaleza humana en la historia", el eminente historiador de Cambridge Herbert Butterfield comenta sobre la importancia de algún tipo de supervisión:

> Así pues, el historiador comienza con una opinión más elevada del estado de la personalidad que los pensadores de otros campos, tal como lo hace el cristianismo cuando ve a cada individuo como una criatura eterna. Sin embargo, después de este espléndido comienzo, el historiador pasa, al igual que la propia tradición de la teología cristiana, a una visión más baja de la naturaleza humana que la habitualmente vigente en el siglo XX... No obstante, me parece que en cuanto a las relaciones entre la naturaleza humana y las condiciones externas del mundo, el estudio de la historia nos abre los ojos a un hecho significativo... si en la sociedad eliminásemos ciertos dispositivos de seguridad, muchos hombres que habían sido respetables toda su vida se transformarían ante el descubrimiento de las cosas que ahora podían hacer impunemente; hombres débiles que se habían mantenido en el camino recto por el equilibrio existente en la sociedad caerían en el crimen; y se pueden dar las con-

diciones adecuadas para que la gente saquee y robe, aunque hasta ese momento de su vida ni siquiera se les hubiese pasado por la cabeza. Una huelga prolongada de la policía, una revolución en una capital y la exaltación por la conquista de un país enemigo probablemente mostrarán el lado sórdido de la naturaleza humana entre personas que, protegidas y guiadas por las influencias de la vida social normal, han presentado hasta ese momento una imagen respetable al mundo.

La conclusión que Butterfield saca de esto es que "la diferencia entre civilización y barbarismo es una revelación de lo que es en esencia la misma naturaleza humana cuando está bajo condiciones diferentes". Y añade: "Sin embargo, una idea es fundamental. Nadie puede hacer como que hemos eliminado el egoísmo y el egocentrismo del ser humano".[39] Si en una ciudad bien gobernada, argumenta, el crimen se ha reducido de forma significativa porque la policía lo ha frenado, nadie argumentaría que ya no hay necesidad de policía. Sin ella, la naturaleza humana básica reanudaría su actividad criminal.[40]

Uno de los ejemplos más memorables de esto es el corte de suministro eléctrico que hubo en Nueva York la noche del 13 de julio de 1977 provocado por una tormenta, y que dejó a toda la ciudad sin electricidad. El primer efecto fue que las personas no podían ver, ni ser vistas. Fue el estado absoluto de "nadie te está vigilando". Una puerta abierta a la anarquía. Muchos aprovecharon para arrasar con todo, saqueando tiendas e incendiándolas para destruir cualquier prueba. En una extensión de cinco manzanas en Crown Heights, setenta y cinco establecimientos fueron saqueados, treinta y cinco manzanas de Broadway quedaron destruidas, y en medio del caos 550 policías quedaron heridos y hubo 4500 arrestos. El conocido psicólogo conductual Ernest Dichter dijo: "Fue como en *El señor de las moscas*. Las personas recurren al comportamiento salvaje cuando los frenos de la civilización fallan".[41]

Existen otras áreas en las que los frenos parecen estar fallando: por ejemplo, en nuestra actitud hacia el medio ambiente. Obtener un acuerdo internacional ha resultado ser algo extremadamente difícil, y algunos de los principales científicos están empezando a sugerir que la religión puede tener un papel importante. Figuras del nivel de E. O. Wilson, pionero de la sociobiología, y Lord May, antiguo presidente de la Royal Society, ambos hombres no religiosos, han pedido una alianza de la ciencia y la religión para combatir la destrucción de la biosfera.

Hablando acerca del fracaso a la hora de coordinar medidas contra esa destrucción, Lord May llegó a sugerir que, aunque la religión autoritaria había debilitado los intentos de conseguir una cooperación global contra el cambio climático, la propia religión podría haber ayudado a la sociedad humana a protegerse de sí misma en el pasado, y podría ser necesaria de nuevo. Lo fascinante es el aspecto de la religión que Lord May considera importante en este contexto: "Dado que el castigo es un mecanismo útil, ¿cuánto más efectivo sería invertir ese poder no en un individuo, sino en una deidad todopoderosa que todo lo ve y que controla el mundo". Según él, ese sistema sería "inmensamente estabilizador en las culturas y las sociedades humanas". Así pues, en su opinión, "un castigador sobrenatural puede ser parte de la solución".[42]

La existencia de policías deshonestos no quiere decir que no pueda existir un policía, un magistrado o un juez decente y justo. Sin embargo, los nuevos ateos presentan precisamente este tipo de argumento en contra de Dios. Imaginan que un Dios de justicia y juicio no puede ser al mismo tiempo un Dios de misericordia, amor y compasión. Lo que son incapaces de comprender es que un Dios que no juzgase la maldad cananea (o cualquier otra) no sería un Dios de misericordia, amor y compasión.

Lucrecio y los nuevos ateos se alegran de que no hay Dios, y que la muerte es el fin. Su alegría es prematura y notablemente superficial. Son incapaces de ver que, si no hay juicio final, no existe la *justicia*. Es un hecho trágico, aunque obvio, que la inmensa mayoría de las personas no consiguen que se les haga justicia en esta vida; y puesto que, en la opinión de los ateos, no hay vida después de la muerte, no puede haber evaluación final tras la muerte: por lo que a esos miles de millones nunca se les hará justicia.

Por esta razón se incluye una nota muy diferente en el libro de Salmos, donde el pensamiento sobre el juicio venidero es un motivo para cantar:

> Alégrense los cielos y regocíjese la tierra; ruja
> el mar y cuanto contiene; gócese el campo y
> todo lo que en él hay. Entonces todos los ár-

boles del bosque cantarán con gozo delante
del Señor, porque él viene; porque él viene a
juzgar la tierra; juzgará al mundo con justicia
y a los pueblos con su fidelidad.[43]

Los que sufrían no temían el juicio de Dios, sino que lo anhelaban. Lo anhelaban porque prometía la solución al antiguo problema de la justicia. El influyente intelectual marxista Max Horkheimer lo vio con claridad y así lo dijo. A diferencia de los nuevos ateos, temía que pudiese *no* haber un Dios, ya que en ese caso no habría justicia. La justicia y el juicio son inseparables.

Cuando mencioné esta cuestión a Dawkins en nuestro debate en Oxford, respondió que en esta vida era importante hacer campaña en favor de la justicia. Me mostré de acuerdo. Por supuesto que deberíamos defender la justicia en esta vida, y los cristianos así lo han hecho. Veamos, por ejemplo, la campaña para abolir la esclavitud, o la obra hercúlea de las misiones médicas cristianas. Sin embargo, proseguí diciendo que no era una cuestión de obtener justicia en esta vida o en la próxima. Aunque llegásemos a alcanzar el punto (y la historia tiende a indicar que los humanos nunca lo alcanzarán) en que se hiciese justicia sobre la tierra, esta no tendría valor para la inmensa mayoría que ya ha fallecido sin obtener justicia.

Sin embargo, las palabras de Dawkins suenan huecas a la luz de que en su publicación declara que *la justicia no existe*. ¿Qué propósito tendría defender la justicia, incluso en esta vida, si esta no existe? Aún así, en el mismo párrafo en el que Dawkins declara que en última instancia no hay bien ni mal (y por lo tanto tampoco moralidad), también nos informa de que en realidad la justicia no existe. Aquí tenemos la cita completa una vez más, con las palabras relevantes en cursiva:

> En un universo de fuerzas físicas ciegas y replicación genética, algunas personas van a resultar heridas y otras serán afortunadas y no encontraremos ninguna moraleja o razón en ello, *ni ninguna justicia*. El universo que observamos tiene exactamente las propiedades que podríamos esperar si en el fondo no hubiera ningún diseño, ningún propósito, ni bien ni mal. Solo indiferencia ciega y despiadada. El ADN no conoce ni se preocupa. El ADN solo es. Y bailamos al son de su música.[44]

¡Ni justicia, ni por tanto moralidad! Esto es lo más cerca que Dawkins llega al tipo de ateísmo "duro" que Friedrich Nietzsche habría aprobado. David Bentley Hart escribe (de Nietzsche):

> Su famosa fábula del loco que anuncia la muerte de Dios no es otra cosa que un himno de triunfalismo ateo. De hecho, el loco se desespera con los simples ateos —aquellos que simplemente no creen—, a quienes dirige su terrible proclamación. En el contentamiento moral de ellos, en su tranquilidad de conciencia, ve una tosquedad fundamental; no temen la muerte de Dios porque no comprenden que el acto de repudio heroico y demente de la humanidad ha borrado el horizonte, ha derribado los cielos,

dejándonos únicamente con los recursos inciertos de nuestra voluntad para combatir la infinitud de sinsentido en la que el universo amenaza en convertirse.

Como comprendía la naturaleza de lo que había acontecido cuando el cristianismo entró en la historia con el anuncio de la muerte de Dios en la cruz y la elevación de un campesino judío por encima de todos los dioses, Nietzsche entendió también que la defunción de la fe cristiana no permite volver a la ingenuidad pagana, y supo que esta monstruosa inversión de valores creó en nosotros una conciencia que el antiguo orden nunca habría incubado. También entendió que la muerte de Dios por encima de nosotros es la muerte del humano como tal dentro de nosotros. Si no somos, después de todo, otra cosa que los efectos fortuitos de causas físicas, entonces la voluntad no está atada a ninguna medida racional sino a sí misma, ¿y quién puede imaginar qué tipo de mundo surgirá de una visión de la realidad tan incierta y sin precedentes?

Para Nietzsche, por tanto, el futuro que tenemos por delante debe decidirse, y debe decidirse solo entre dos caminos posibles: un nihilismo final, que no aspira a nada más allá de los consuelos momentáneos del contentamiento material, o algún gran acto de voluntad creativa, inspirado por un mito nuevo y verdaderamente mundano lo suficientemente poderoso como para reemplazar el viejo y desacreditado mito de la revolución cristiana (para él, por supuesto, eso significaba el mito del superhombre).

Quizá sí; quizá no. Aunque en lo que Nietzsche tenía bastante razón era en reconocer que el ateísmo meramente formal aún no era lo mismo que la verdadera incredulidad. Escribe: "Una vez que Buda murió, las personas exhibieron su sombra durante siglos en una cueva, una inmensa y terrible sombra. Dios está muerto, pero tal como está constituida la raza humana, quizá durante milenios existirán cuevas en las que los hombres exhibirán su sombra. ¡Y nosotros, nosotros aún tenemos que superar a esa sombra!".[45]

Nietzsche y Dawkins tienen razón siempre que su ateísmo sea verdadero. Si no hay juicio después de la muerte, entonces es una cuestión de lógica elemental que la inmensa mayoría de las víctimas de la injusticia nunca recibirán su legítima compensación por el agravio sufrido. No solo eso: sus torturadores, los perpetradores de mal, saldrán en su mayoría impunes de sus crímenes. El terrorista que asesina a miles de personas, o el dictador que destruye a millones, tan solo tienen que ponerse una pistola en la cabeza si se sienten amenazados. Desde el punto de vista ateo, los terroristas suicidas del 11S nunca tendrán que comparecer ante la justicia.

No hay Dios, ni sombra de él; y por tanto no hay propósito, ni justicia, ni bien ni mal. Este es, pues, el mundo feliz hacia el que inexorablemente nos conduce el autobús de los nuevos ateos. Este es el precio que hay que pagar por respaldar su filosofía: admitir que el sentido profundo de la justicia incrustado en la psique humana es una ilusión absoluta.

Anteriormente en este capítulo dije que el problema del mal y el sufrimiento es el más complicado al que nos enfrentamos. La "solución" atea es negar la existencia de Dios. Pero ¿qué han solucionado exactamente tomando esa ruta? Se han librado sin duda del problema intelectual: para ellos, el mal simplemente es parte de cómo es el mundo. De hecho, lo que les resultaría muy difícil explicar es por qué existe el bien. ¿Por qué están protestando contra el mal, si realmente no creen que este existe?

No obstante, el ateísmo no se ha librado del sufrimiento y el mal. Siguen ahí. Y además, la "solución" del ateísmo al problema del mal ha hecho que desaparezca otra cosa: la esperanza. El ateísmo es una fe sin esperanza. Y por tanto, una fe inútil. De hecho, al eliminar la esperanza, podría decirse que el ateísmo ha incrementado el sufrimiento.

Hemos alcanzado una extraña coyuntura en nuestro argumento. El ateísmo imagina que se ha librado del problema del mal; pero como cristiano yo me enfrento al problema. Por otra parte, el ateísmo ha eliminado la esperanza; pero como cristiano yo tengo esperanza, incluso en medio del sufrimiento y el mal. No solo eso, sino que, según el cristianismo, los fanáticos criminales, los terroristas y demás no van a quedar siempre impunes por su maldad. La conciencia humana y el deseo de justicia no son un espejismo. El ateísmo que niega la justicia definitiva sí lo es.

Pero ¿cómo podemos saber que esto es cierto? ¿Cómo podemos saber que la muerte no es el final y que habrá un juicio definitivo en el que se hará perfecta justicia por toda la injusticia cometida desde el principio de la historia humana hasta su final? Lo podemos saber gracias a la resurrección corporal e histórica de Jesucristo.

La resurrección es un pilar fundamental del cristianismo. La primera crónica del crecimiento de la iglesia cristiana, los Hechos de los Apóstoles, recoge la famosa ocasión en que el apóstol cristiano Pablo se dirigió a los filósofos de Atenas en su escuela del Areópago, acerca de sus reflexiones no concluyentes sobre Dios. Entre sus oyentes se encontraban algunos filósofos epicúreos que, como hemos visto, fueron precursores de los nuevos ateos en que su creencia atomista materialista consideraba ridícula la idea de un juicio final. Pablo les dijo: Dios "ha establecido un día en el cual juzgará al mundo en justicia, por medio de un Hombre a quien ha designado, habiendo presentado pruebas a todos los hombres al resucitarle de entre los muertos".[46] El apóstol cristiano Pablo relacionó el juicio final con la resurrección de Jesús porque esta es la prueba absoluta de que él será el juez supremo.

Las risas resonaron en la sala, las de los epicúreos en particular. Pero no solo las de estos, porque, aunque la idea de la supervivencia del alma era una doctrina respetable para algunos de los platónicos que estaban presentes, ni uno solo de ellos creía que un cuerpo pudiese "resucitar" físicamente.[47] Pero entonces, como ahora, otros tenían interés en oír más; y la presentación de Pablo convenció a algunos hombres y mujeres, entre ellos a Dionisio, un miembro del Areópago, y a Dámaris.

No sorprende que los nuevos ateos consideren la resurrección tan ridícula como lo hicieron sus precursores epicúreos. En la culminación del debate del "espejismo de Dios" en Alabama, cuando mencioné la resurrección, Richard Dawkins respondió con asombro a lo que consideró una gran ingenuidad por mi parte: "Así que llegamos a la resurrección de Jesucristo. Es tan insignificante; tan trivial; tan local; tan terrenal; tan indigno del universo".

Esta respuesta me pareció un arrebato sorprendentemente ilógico por su clara ingenuidad. Si Dawkins simplemente hubiese afirmado su creencia de que Jesús no resucitó de los muertos, lo habría entendido. Sin embargo, decir que la resurrección es insignificante, trivial y terrenal es revelar una profunda incapacidad para comprender qué es la resurrección y qué implica. Insignificante, trivial y terrenal es justo lo que la resurrección no es, si en verdad ocurrió. El ateísmo, con su olvido de la muerte, es el que nos hace terrenales, insignificantes y triviales. Si Jesús resucitó de los muertos, este hecho demuestra que él no es terrenal sino Dios el Creador encarnado. En cuanto a "indigno del universo", la pregunta debería ser: ¿es el universo digno de él?

La hora de la verdad

Hemos llegado ahora a la hora de la verdad. Si la muerte acaba con todo, la cosmovisión bíblica es falsa; y, como no hay justicia definitiva para nadie, cualquier debate sobre la destrucción de los cananeos (o de cualquier otro pueblo, en este sentido) es insustancial. Sin embargo, si la muerte no es el final y va a haber un juicio justo definitivo, entonces todo cambia.

¿Resucitó entonces Jesús? Muchos dirán, y quizá sea esto lo que Dawkins tiene en mente, que no merece la pena tener en cuenta la resurrección ya que: a) los milagros son imposibles, como el filósofo ilustrado David Hume señaló hace mucho tiempo; y, b) no hay suficientes pruebas, como Bertrand Russell dijo una vez.

Estas cuestiones son tan importantes que dedicaremos los dos siguientes capítulos del libro a ellas. Sin embargo, antes de hacerlo, debemos considerar la respuesta cristiana al problema del mal moral a la luz de la muerte y la resurrección de Jesús.

La letanía del mal no mitigado en nuestro mundo parece no tener fin. Día tras día mueren miles de personas inocentes, entre ellas muchos bebés y niños. La objeción es que, si existe un Dios, él debe asumir la responsabilidad absoluta de esas muertes. La pregunta es: ¿cómo es posible creer en un Dios así?

Mi respuesta es: yo no podría, si pensase que la muerte es el final y que no habrá justicia definitiva. Sin embargo, creo que la muerte no es el final y que *Dios es un Dios de compensación*. La resurrección de Jesucristo demuestra que tiene que llevarse a cabo una evaluación final en la que Dios no solo será justo, sino que también será considerado justo. Asimismo, valida la afirmación bíblica de que existe un reino eterno en el que no hay dolor, ni muerte, ni hambre: un mundo lleno con el gozo de la presencia inmediata de Dios y de Cristo, su rey. Sí, estoy hablando del cielo, y no he olvidado que soy científico.

C. S. Lewis escribió una vez unas palabras que son tan apropiadas hoy como cuando las escribió:

> Un libro sobre el sufrimiento que no diga nada acerca del cielo está dejando fuera casi por completo una cara de la moneda. Las Escrituras y la tradición colocan habitualmente en la balanza los gozos del cielo frente al sufrimiento en la tierra, y toda solución al problema del dolor que no haga eso no puede denominarse cristiana. Hoy en día nos da mucha vergüenza mencionar el cielo. Nos asusta que se burlen de nuestros "castillos en el aire"... pero o hay castillo en el aire o no lo hay. Si no lo hay, entonces el cristianismo es falso, porque esta doctrina se entreteje en todo su tejido. Si lo hay, entonces esta verdad, como cualquier otra, debe enfrentarse...[48]

Y también debemos enfrentarnos a sus consecuencias. Pablo, el apóstol cristiano pionero escribió: "Pues considero que los sufrimientos de este tiempo presente no son dignos de ser comparados con la gloria que nos ha de ser revelada... Porque estoy convencido de que ni la muerte, ni la vida... ni lo alto ni lo profundo, ni ninguna otra cosa creada nos podrá separar del amor de Dios que es en Cristo Jesús Señor nuestro".[49] Estas no son las palabras de un filósofo teórico sino de un hombre que había visto y experimentado el lado duro de la vida, sufriendo injustamente azotes y encarcelamientos, privaciones y dificultades.

En ocasiones intento imaginar cómo es ese reino glorioso, y me surge la siguiente pregunta: si el velo que separa ahora el mundo visible del invisible se abriese por un momento y pudiésemos ver cómo ha tratado Dios, por ejemplo, a las miríadas de niños inocentes que han sufrido por culpa del horrendo mal perpetrado por gobernantes inmorales, señores de la guerra y capos de la droga, o que han sido víctimas inocentes de desastres naturales, ¿es posible que todas nuestras preocupaciones acerca de la gestión de Dios de esta situación desapareciesen instantáneamente?

Pero aún no podemos ver ese reino; y por tanto seguimos rodeados de muchas situaciones imperfectas, de muchos problemas de injusticia extrema. Por ello, surge otra pregunta: ¿existen razones suficientes para confiar en que Dios hará algo al final? ¿Y por qué ha tenido que pasar todo lo que ha pasado? ¿Un Dios todopoderoso no podría haber evitado todo este mal y todo este sufrimiento terrible creando seres humanos incapaces de hacer el mal?

Bueno, está claro que él podría haber creado *seres* así, pero no habrían sido seres *humanos*, ¿no? Permítanme explicarme. Una parte esencial y maravillosa del ser humano es que se nos ha dotado con la capacidad de amar. Amar implica decir "sí" en lugar de "no" a otra persona, y no tendría sentido si la capacidad de escoger entre dos alternativas no existiese. En otras palabras, la capacidad de amar está estrechamente relacionada con la posesión de lo que llamamos "libre albedrío". Somos conscientes, por supuesto, de que esa libertad no es ilimitada: no somos libres para hacer todas las cosas. Por ejemplo, ¡no soy libre para correr a cien kilómetros por hora! Sin embargo, para que un ser sea libre para decir sí, tiene que serlo para decir no; para ser libre para amar, tiene que ser libre para odiar; para ser libre para ser bueno, tiene que ser libre para ser malo.

Dios pudo haber eliminado el potencial para el odio y el mal de un golpe, creándonos como autómatas, simples máquinas que solo hacen lo que están programadas para hacer. Pero eso habría sido eliminar todo lo que valoramos como elementos constituyentes de nuestra humanidad. Inevitablemente, crear a seres con un poder real de elección era un riesgo. Nosotros los humanos deberíamos saberlo, ya que hacemos algo parecido cuando tenemos hijos. Sabemos que cada hijo que engendramos puede crecer y amarnos; también sabemos que puede acabar rechazándonos. ¿Por qué tener hijos entonces? Para la mayoría de nosotros, la esperanza y el deseo de tener el amor de nuestros hijos sobrepasa ampliamente el riesgo de que estos nos rechacen.

No desearíamos que nuestros hijos fuesen degradados a máquinas. Dios tampoco degradaría a los seres humanos. Merece la pena destacar de pasada que existe una fuerte corriente de pensamiento ateo que sí lo hace: degrada la libre voluntad humana tachándola de ilusión.

C. S. Lewis escribió: "Si Dios piensa que este estado de guerra del universo es un precio que merece la pena pagar por el libre albedrío —esto es, para hacer un mundo vivo en el que las criaturas pueden hacer el bien o el mal y donde puede ocurrir algo realmente importante, en lugar de un mundo de juguete que solo se mueve cuando él tira de la cuerda— entonces podemos considerar que merece la pena pagarlo".[50]

¿Por qué? ¿Qué razones hay para pensar que merece la pena pagar ese precio? ¿No es un precio demasiado elevado?

Yo creo que la respuesta está en otro sufrimiento, en un sufrimiento extremadamente costoso: la cruz de Cristo.

El significado de la cruz de Cristo

Permítanme intentar, antes de nada, explicar un aspecto de esta respuesta por medio de una experiencia que tuve hace algunos años cuando enseñaba en la Europa del Este durante la época de la Guerra Fría. Me uní a un grupo de personas que iba a visitar una gran sinagoga. Cuando entramos, entablé conversación con una mujer sudamericana que me dijo que estaba allí buscando descubrir algo sobre su identidad —quizá para averiguar algo sobre algunos de sus familiares fallecidos en el Holocausto. En la sinagoga había una exposición especial dedicada a las festividades que formaban parte del calendario de la nación de Israel: desde la Pascua a la fiesta de los tabernáculos. Un rabino estaba explicando estas festividades, que siguen celebrándose en la actualidad; y yo estaba esforzándome por traducirle a la mujer todo lo que él decía. Concentrado en esa tarea, no vi la réplica de una puerta que había en el centro de la exposición. Pero cuando el rabino llegó a ese punto de la visita, no solo vi la puerta sino también las horribles palabras sobre ella: *"Arbeit macht frei"* (El trabajo nos hace libres). Era una réplica de la puerta principal del campo de concentración nazi de Auschwitz, un lugar que he visitado en varias ocasiones. Detrás de ella, esto es, detrás de esta puerta de la sinagoga, había fotografías de los horrendos experimentos médicos que el infame doctor Josef Mengele llevó a cabo con niños en el campo de exterminio. En ese momento, la mujer entró repentinamente por la puerta y extendió sus brazos para tocar ambos lados de la misma. Dijo: "¿Y qué hace su religión con esto?"; antes había salido el tema de que yo creía en Dios.

Habló lo suficientemente alto como para que varios de los presentes se detuviesen y mirasen hacia nosotros. ¿Qué iba a decir yo? ¿Qué podía decir? Ella había perdido a sus padres y a muchos familiares en el Holocausto. Mis hijos eran pequeños por ese entonces y apenas podía soportar mirar las fotografías de Mengele, por el horror absoluto que me provocaba imaginarlos sufriendo semejante destino. No había nada en mi experiencia ni en la historia de mi familia que fuese remotamente análogo al horror que su familia había soportado.

Ella seguía en la puerta esperando una respuesta. Finalmente, esto es lo que le dije: "No insultaría la memoria de sus padres ofreciéndole una respuesta simplista. Además, tengo hijos pequeños y ni siquiera puedo soportar pensar cómo reaccionaría si algo les pasase, aunque fuese mucho menos de lo que hizo Mengele. No tengo respuestas fáciles; pero tengo lo que es, al menos para mí, una puerta hacia una respuesta".

"¿Cuál es?", dijo.

"Usted sabe que soy cristiano. Eso significa —y sé que ahora le costará estar de acuerdo conmigo— que creo que Yeshua[51] es el mesías. También creo que era Dios encarnado, que vino a nuestro mundo como salvador, que es lo que significa su nombre, 'Yeshua'. Ahora sé que esto es aun más difícil de aceptar. Sin embargo, solamente piense en esta pregunta: ¿si Yeshua era realmente Dios, como creo que era, qué estaba haciendo Dios en una cruz?".

"¿Podría ser que fue ahí donde Dios comenzó a ocuparse de nuestro dolor, demostrando que no permanecía distante de nuestro sufrimiento humano, sino que pasaba a formar parte de él? Para mí, este es el principio de la esperanza; y es una esperanza viva que el enemigo, la muerte, no puede destruir. La historia no acaba en la oscuridad de la cruz. Yeshua venció a la muerte. Resucitó de los muertos; y un día, como juez definitivo, juzgará todo con justicia, equidad y misericordia absolutas".

Se hizo un silencio estremecedor. Ella seguía de pie con los brazos extendidos formando una cruz inmóvil en la puerta. Después de un momento, con lágrimas en los ojos, discretamente pero de forma audible, dijo: "¿Por qué nunca nadie me había hablado de mi mesías?".

No existen respuestas simplistas a las difíciles preguntas que el sufrimiento humano nos plantea. La que el cristianismo ofrece no es una serie de proposiciones ni un análisis filosófico de las posibilidades. Es, en su lugar, una Persona que sufrió.

Sin embargo, no es simplemente una Persona que sufrió para mostrar solidaridad con nosotros por nuestro sufrimiento. Fue algo más profundo que eso. La afirmación única del cristianismo es que, en la cruz, Jesús sufrió algo mucho peor que la crucifixión: sufrió para expiar el pecado. Como dice el viejo himno: "Murió para que pudiésemos ser perdonados".

No obstante, para el nuevo ateísmo este concepto es repulsivo...

CAPÍTULO 6

¿ES LA EXPIACIÓN MORALMENTE REPULSIVA?

Le pondrás por nombre Jesús, porque él salvará a su pueblo de sus pecados.

Evangelio de Mateo

Porque ni aun el Hijo del Hombre vino para ser servido, sino para servir, y para dar su vida en rescate por muchos.

Evangelio de Marcos

Formúlese usted la pregunta: ¿qué moral subyace a lo siguiente? Me hablan de un sacrificio humano que tuvo lugar hace dos mil años, sin que fuera mi deseo y en unas circunstancias tan horrendas que, en caso de haber estado presente y haber podido ejercer alguna influencia, me habría sentido obligado a tratar de impedirlo. Como consecuencia de este crimen, mis múltiples pecados son perdonados y puedo esperar gozar de vida eterna.

Christopher Hitchens

Richard Dawkins reconoce correctamente que la expiación es la "doctrina central del cristianismo", pero la considera "cruel, sadomasoquista y repulsiva".[1] Lo triste acerca de esta reacción es que el ateísmo, por definición, no tiene absolutamente nada que ofrecer. Nos deja en un mundo quebrantado sin un atisbo de esperanza final. Sin embargo, a pesar de la falta de esperanza que caracteriza su posición, muchos ateos prominentes se contentan con caricaturizar de forma cruda, despectiva y pueril el mensaje que durante siglos ha traído esperanza, perdón, tranquilidad de espíritu y corazón, y fuerza para vivir a multitud de hombres y mujeres corrientes.

Estamos ante una postura decididamente mediocre por parte de aquellos que siguen diciéndonos estar interesados en el pensamiento racional y la evaluación de la evidencia. Descartar una idea por medio de la caricatura es una señal de superficialidad y pereza. Aun así, a veces las caricaturas pueden servir para identificar malinterpretaciones subyacentes.

Así pues, echemos un vistazo a algunas de las caricaturas para ver qué podemos aprender de ellas. Dawkins objeta en primer lugar que "el foco cristiano de centra de forma abrumadora sobre el pecado, pecado, pecado, pecado, pecado, pecado. Qué desagradable preocupacioncilla para dominar nuestra vida".[2] Pero el pecado, aunque puede ser sin duda desagradable, no es una preocupacioncilla: sino la gran preocupación que domina el mundo. Es la raíz de las tiranías, las guerras, el genocidio, los asesinatos, la explotación, las crisis económicas, la injusticia; de los conflictos internacionales, sociales y familiares; de la infelicidad incalculable debida a las mentiras, las estafas, la difamación, el acoso, el robo, la violencia doméstica, y toda forma de crimen, y etcétera, etcétera, etcétera, etcétera, etcétera. Lo que resulta abrumador (por emplear la palabra de Dawkins) es la horrenda capacidad destructora del pecado, que nos obliga diariamente a admitir el amargo hecho de que, como está escrito, "la paga del pecado es muerte".[3]

Los nuevos ateos tienen que enfrentarse al pecado tanto como cualquier otra persona. Toda filosofía que, como la suya, trivialice o ignore el pecado es pura fantasía. Y además, una fantasía peligrosa. Porque la historia está plagada de intentos desastrosos de establecer un paraíso terrenal sin reconocer el pecado humano, y esos intentos con frecuencia han incrementado enormemente la carga de la miseria y el sufrimiento humanos. Para el teólogo Nicholas Lash de Cambridge, la queja de Dawkins le hace sospechar que Dawkins no ha leído detenidamente a los padres de la iglesia primitiva. Lash escribe de forma irónica:

> ¡Qué lamentable por parte de los padres haberse preocupado por el daño causado por los seres humanos a sí mismos, a los demás, y al mundo del que forman parte, por medio del egoísmo, la violencia y la avaricia; por medio de la guerra, la esclavitud, el hambre! Lo que un ateo más sabio que Dawkins vería al menos un tapiz aterradoramente sombrío de la inhumanidad, los cristianos lo llaman "pecado", sabiendo que todas las ofensas contra la criatura son por desobedecer al Creador.[4]

La realidad es que el mensaje cristiano tiene algo único y profundo que decir acerca de la cuestión del pecado. Sospecho que la verdadera razón de la superficialidad de muchas reacciones ateas no es que no consideren el pecado como un problema. Es que no tienen la solución.

Es también que la propia palabra "pecado" hace que en su mente aparezcan espectros que amenazan su punto de vista naturalista: les hace pensar en Dios, en Cristo, en su muerte en la cruz, en su resurrección. Su instinto es correcto; porque el pecado, en primer lugar, tiene que ver con nuestra relación con Dios —con su interrupción y su reparación.

Es más, decir como Dawkins que el cristianismo se centra "se forma abrumadora" en el pecado es no entender la gravedad de la situación. La mayoría de nosotros, si tuviésemos cáncer, comprobaríamos que ese hecho pasaría a ser el centro de nuestra vida. Además, esperaríamos nuestros doctores se centraran de forma abrumadora en ese cáncer, con la esperanza de curarnos de la enfermedad y ver nuestra salud restaurada, para poder redirigir nuestras preocupaciones, sin duda "de forma abrumadora", a otro lugar.

El pecado es como un cáncer: se come la posibilidad de tener la paz, el gozo y la felicidad reales. La razón por la que el cristianismo tiene tanto que decir acerca del pecado no es a causa de una preocupación mórbida. Es porque el cristianismo nos ofrece tanto un diagnóstico realista del problema del pecado humano como una solución que trae con ella una vida nueva, satisfactoria y llena de sentido. El ateísmo no ofrece nada de eso.

El pecado original

En particular, Richard Dawkins discrepa de forma vehemente de la doctrina de la expiación:

Ahora, vayamos al sadomasoquismo. Dios se encarnó como hombre, Jesús, para que pudiera ser torturado y ejecutado como *expiación* por el pecado heredado de Adán. A partir de que san Pablo expusiera su repulsiva doctrina, Jesús ha sido adorado como el *redentor* de todos nuestros pecados. No solo del pecado pasado de Adán: también de los pecados *futuros*, ¡tanto si las personas futuras deciden cometerlos como si no!... He descrito la expiación, la doctrina central del cristianismo, como cruel, sadomasoquista y repulsiva. También podríamos desestimarla por ser una locura, aunque es su omnipresente familiaridad la que ha rebajado nuestra objetividad. Si Dios quería perdonar nuestros pecados, por qué no perdonarlos simplemente, sin tener que ser torturado y ejecutado en pago... Los éticos progresistas de hoy día encuentran difícil defender cualquier tipo de teoría retributiva del castigo, no digamos ya la teoría del chivo expiatorio —ejecutar a un inocente para pagar por los pecados del culpable—. En cualquier caso (uno no puede dejar de preguntarse), ¿a quién trataba Dios de impresionar? Presumiblemente a sí mismo —juez y jurado, así como víctima de la ejecución—. Para coronarlo todo, en primer lugar, Adán, el supuesto perpetrador del pecado original, nunca existió: un hecho embarazoso —excusablemente desconocido para san Pablo, pero tal vez conocido para un Dios omnisciente (y para Jesús, si uno cree que es

Dios)— que fundamentalmente socava la premisa de toda esta teoría tortuosamente desagradable. Oh, pero, por supuesto, la historia de Adán y Eva siempre ha sido *simbólica*, ¿no? ¿*Simbólica*? Así que, para impresionarse a sí mismo, ¿hizo Jesús que lo torturaran y ejecutaran, como castigo en cabeza ajena, por un pecado *simbólico* cometido por un individuo *inexistente*? Como ya he dicho, una locura, así como salvajemente desagradable.[5]

Vemos un sentimiento similar en la siguiente declaración que aparece el final de un ensayo navideño sobre la traducción King James de la Biblia: "Celebremos el 400 aniversario de esta asombrosa pieza de la literatura inglesa. Con todas sus imperfecciones, porque no he mencionado... la obscenidad paulina de que todo bebé nace en pecado y solo se salva por medio del chivo expiatorio divino que sufre en la cruz porque el Creador del universo no pudo pensar una forma mejor de perdonarlos a todos".[6]

Aunque me entristece tanta tergiversación, no me sorprende. Porque ha sido así desde el principio. El mensaje del Cristo crucificado, como Pablo señaló en los primeros días del cristianismo, era y sigue siendo "piedra de tropiezo para los judíos y necedad para los gentiles".[7] Con sus burlas, los nuevos ateos demuestran involuntariamente que esas palabras son ciertas; una observación que no me alegra en absoluto.

Dawkins cubre un amplio abanico de temas en la cita anterior: la expiación, las teorías del castigo, el perdón y el origen histórico del pecado; y los trataremos todos a su debido tiempo. Lo lógico es empezar con la cuestión del pecado. Los nuevos ateos no comprenden el mensaje cristiano de la cruz y la salvación porque no entienden la gravedad del pecado humano. Se burlan del primero porque han trivializado el segundo. Sin embargo, cuando dejamos de restar importancia al pecado, descubrimos que nos infecta a todos. El pecado es universal.

La existencia de una profunda imperfección en la naturaleza humana está reconocida desde tiempos inmemoriales. Al famoso doctor Johnson una vez su biógrafo James Boswell le preguntó qué pensaba él del pecado original. Johnson contestó: "Con respecto al pecado original, la consulta no es necesaria, porque sea cual sea la causa de la corrupción humana los hombres son evidente y declaradamente tan corruptos que todas las leyes del cielo y la tierra son insuficientes para frenar sus crímenes".[8]

En una obra maestra de la expresión concisa, G. K. Chesterton dio en el clavo cuando, en respuesta a la pregunta de cuál era el problema del mundo planteada por el *London Times*, escribió la siguiente carta, que luego se haría famosa:

> Estimado señor,
> Soy yo.
> Sinceramente,
>
> G. K. Chesterton

En el ámbito médico, antes de poder curar una enfermedad es necesario reconocerla y entenderla. Los diagnósticos superficiales conducen a soluciones superficiales. Los síntomas deben distinguirse de la causa. Un dolor de cabeza es un síntoma. Su causa puede ser cualquier cosa, desde la fiebre hasta un tumor cerebral. Únicamente cuando comprendemos la gravedad de los tumores cerebrales podemos empezar a entender por qué es necesaria una compleja operación que puede ocasionar mucha incomodidad. No tiene ningún sentido tratar un tumor cerebral con una aspirina.

De forma parecida, si queremos entender la solución ofrecida por el cristianismo para el problema del pecado humano, debemos comprender la naturaleza radical del diagnóstico bíblico del pecado: que la raza humana está "caída", manchada por el mal. Ahora bien, no debemos entender que esta cruda afirmación significa que todos los humanos son tan malos como podrían serlo. Ni mucho menos. Porque, a pesar de estar viciados por el mal, los seres humanos conservamos muchos de los nobles rasgos que Dios puso en nosotros cuando llevó a cabo su creación original y perfecta. Este hecho se hace evidente en la observación de Cristo cuando dice: "Pues si vosotros siendo malos, sabéis dar buenas dádivas a vuestros hijos, ¿cuánto más vuestro Padre celestial dará el Espíritu Santo a los que se lo pidan?".[9]

Es un hecho evidente que los hombres y las mujeres de todas las creencias o sin ellas saben cómo dar buenos regalos a sus hijos; cómo tener instintos paternales de amor y frecuentemente cómo cuidar de los demás aunque no pertenezcan a su familia. De hecho, una parte importante de la cosmovisión bíblica es desarrollar compasión, promover y respaldar los esfuerzos de los científicos, médicos, cirujanos, psiquiatras, enfermeras, educadores, economistas, políticos y otros para aliviar las enfermedades y sufrimientos que afligen a la humanidad.

Sin embargo, el diagnóstico bíblico es que la raza humana está corrompida por el mal, una opinión que nos sorprenderá a la luz de la experiencia que todos compartimos. El apóstol Pablo apunta a la fuente de ese mal en la siguiente declaración: "El pecado entró en el mundo por un hombre, y la muerte por el pecado, así también la muerte se extendió a todos los hombres, porque[10] todos pecaron".[11] Dice, en primer lugar, que todos hemos heredado una naturaleza caída, pecadora y mortal. En segundo lugar, todos hemos pecado de forma individual. El pecado es universal. Nótese que Pablo dice que "el pecado" entró en el mundo y no "los pecados", porque no está pensando en pecados concretos, sino en el pecado como principio. Es una actitud que consiste en un egoísmo profundamente arraigado, por el que la criatura humana antepone su propia voluntad a la del Creador.

No sorprende que los nuevos ateos se burlen de ideas como la del "pecado original", despreciando el relato de Génesis como un mito etiológico simbólico primitivo. Sin embargo, cabe señalar de pasada que la mayoría de los científicos afirman que el *Homo sapiens* surgió de un ancestro común (aunque tuvieron que ser dos, ¿no?). Tampoco nadie parece discutir que todos los descendientes de esos dos han heredado sus genes, y por tanto su naturaleza. Por tanto, sería bastante insensato rechazar totalmente el relato bíblico: después de todo, ninguna otra explicación de la naturaleza humana parece lo suficientemente realista para encajar con lo que realmente experimentamos. Por ejemplo, la idea de que el Zeitgeist moral está mejorando,[12] de que los seres humanos están evolucionando gradualmente hacia el estado en que su naturaleza intelectual gobierne a la animal, no parece muy convincente a la luz de la monstruosa maldad del siglo que acabamos de dejar atrás. Es interesante que, en una conversación mantenida conmigo y con Larry Taunton, director de la fundación que organizaba mis debates, Christopher Hitchens admitió con franqueza, a diferencia de otros nuevos ateos, que el hombre es incuestionablemente malo. Seamos por tanto pacientes y veamos lo que la Biblia tiene que decir.

La historia del huerto del Edén es una de las más famosas de toda la literatura. También es una de las más profundas. Relata cómo el Creador puso a los primeros humanos en un huerto paradisiaco lleno de promesas y cosas interesantes. Eran libres de disfrutarlo y explorarlo junto a sus alrededores para contentamiento de su corazón. Sin embargo, Dios les prohibió comer un fruto: el del "árbol del conocimiento del bien y del mal". Aun así, lejos de disminuir el estatus de la humanidad, esa prohibición era fundamental para establecer la dignidad única de los humanos como seres morales. La historia bíblica define aquí los ingredientes irreductibles que constituyen a los humanos como seres morales y les permiten funcionar como tales. Para que la moralidad sea real, los humanos deben tener cierto grado de libertad, como vimos en el capítulo anterior. Por tanto, eran libres de comer de todo lo que había en el huerto. Pero también debe haber una elección moral real entre lo correcto y lo incorrecto. Debe haber por lo tanto un límite moral. Así pues, una de las frutas estaba prohibida. Dios les dijo que el día que la comiesen, ciertamente morirían.

A continuación, esta antigua historia relata cómo el enemigo-serpiente tergiversa las palabras de Dios sugiriendo que Dios se está burlando de los seres humanos: primero los pone en un entorno magnífico con hermosos árboles y sus deliciosos frutos, y acto seguido les prohíbe comer de una de las frutas. El enemigo también insinuó que Dios deseaba limitar la libertad humana no permitiendo a los humanos ser como Dios.[13] El engaño funcionó.

El pecado "original" que infectó a la raza humana desde su principio fue una rebelión del espíritu humano contra el Dios que lo creó; una rebelión que cambió la actitud de la criatura hacia su Creador, hacia los demás humanos y la creación que la rodea; una rebelión que nos ha dado a los nuevos ateos. Tan pronto como los primeros humanos comieron la fruta prohibida experimentaron vergüenza, desasosiego y, sobre todo, separación de Dios. La muerte de su relación con él vendría seguida, inevitablemente, aunque no de forma inmediata, de la muerte física. El hombre y la mujer que habían disfrutado el gozo y la amistad de Dios sentían ahora que él había pasado a ser su enemigo, y huyeron para esconderse de él.[14]

Los humanos hemos estado huyendo desde entonces. La sospecha de que Dios, si es que existe, es intrínsecamente hostil a nosotros se ha instalado en el corazón humano. Él nos prohíbe que disfrutemos de los placeres naturales y nos reprime psicológicamente. Nos impide desarrollar todo nuestro potencial humano. Hitchens, junto a otros muchos, se ha tragado esta madre de todas las mentiras.

Impregna su pensamiento. Como vimos anteriormente, Hitchens imagina que Dios es un tirano y un acosador, y se queja: "Es inútil objetar que Adán parece haber sido creado con una insatisfacción y curiosidad insaciables y que después se le prohíbe saciarlas...".[15]

Esta actitud es tan irracional como falsa. Después de todo, ¿tiene realmente sentido pensar que nuestro Creador, que nos ha equipado entre otras cosas con la capacidad de amar a otros, está contra nosotros? Incluso un vistazo superficial al texto de Génesis muestra que la queja de Hitchens se levanta sobre una grave distorsión. Dios sí creó a Adán para ser curioso, pero no para estar insatisfecho. No se impidió a los primeros humanos satisfacer su curiosidad. Todo lo contrario: tenían todo un mundo de posibilidades a sus pies. Dios los animó a participar de la fascinante tarea de poner nombre a las cosas —en su caso, a los animales—, una labor que es la propia esencia de la ciencia. Dios quería que explorasen su universo y descubriesen los tesoros de su sabiduría.

En cuanto a la "prohibición", recordemos que Dios solo prohibió una cosa (en contra de la impresión que Hitchens da); y prohibió ese fruto en particular no para limitar a la humanidad sino para que esta pudiese desarrollar una relación de confianza con el Creador. Podían elegir confiar en él y creer su palabra o agarrarse a lo que imaginaban que tendrían si se independizaban de él.

El diagnóstico bíblico es que hemos heredado una naturaleza pecadora, y después hemos continuado pecando por cuenta propia. Nos vemos influidos y presionados desde todos los ángulos por la filosofía predominante de un mundo caído. Como el Nuevo Testamento lo expresa: "Todos pecaron, y no alcanzan la gloria de Dios".[16] Sin embargo, a muchas personas esto les parece tremendamente injusto. Dicen: "No pedimos nacer de una raza defectuosa. ¿Por qué estar condenados como resultado de lo que otra persona hizo originalmente?". En la misma epístola, un poco más adelante, Pablo da la respuesta a esta razonable objeción: "Porque así como por la desobediencia de un hombre los muchos fueron constituidos pecadores, así también por la desobediencia de uno los muchos serán constituidos justos".[17]

Como no fuimos personalmente responsables de la entrada del pecado en el mundo, no estamos en posición de rectificar la situación. Esa es la razón por la que la salvación ofrecida para el pecado humano en el Nuevo Testamento tiene sentido, porque (solo ella) es proporcional a la escala del problema. Si hemos sido hechos pecadores por lo que otra persona hizo, el rescate y la redención se nos ofrecen gratuitamente en los mismos términos: por medio de lo que otra Persona ha hecho, *y no por lo que nosotros mismos podemos hacer.*

Al parecer, muchas personas encuentran este principio inmensamente importante de sufrimiento vicario difícil de comprender y, como consecuencia, abunda la malinterpretación. Una razón de esa malinterpretación es otra repercusión de estar separados de Dios: la idea extendida de que la religión puede utilizarse para merecer la aceptación de Dios, acumulando buenas obras. Como si la religión, o cualquier otra actividad de parte de una criatura, sirviera para merecer la aceptación del Creador, cuando la realidad es que cualquier cosa buena que tenemos o podemos hacer procede en última instancia de él. En consecuencia, muchas personas piensan que "salvación", si acaso significa algo, es simplemente una especie de código moral que tenemos que guardar para obtener la aceptación de Dios, como "amar al prójimo como a uno mismo".

El mensaje cristiano es justo lo contrario de esta opinión popular. En el cristianismo, "salvación" significa exactamente eso: una acción de Dios para rescatar a aquellos que no podían ayudarse a sí mismos. En el centro de ella encontramos la magnífica doctrina de la gracia de Dios. Esta dice que, si quieren, todos pueden ser "justificados [esto es, reconciliados con Dios] gratuitamente por su gracia por medio de la redención que es en Cristo Jesús... concluimos que el hombre es justificado por la fe aparte de las obras de la ley... mas al que no trabaja, pero cree en aquel que justifica al impío, su fe se le cuenta por justicia".[18]

En particular, la aceptación de Dios no depende de la obtención de un estándar de perfección que es humanamente imposible de conseguir.[19] Como el Nuevo Testamento dice en repetidas ocasiones, Dios da la salvación por su gracia como un regalo: "Es don de Dios; no por obras, para que nadie se gloríe".[20] Sin embargo, como todos los regalos, hay que aceptarlo. No es algo automático;[21] implica arrepentimiento y poner nuestra confianza en Dios como un acto deliberado de nuestra voluntad. La lógica de este hecho es importante: como la rebelión original implicó falta de confianza y deseo de independizarse de Dios, la inversión de la situación implica inevitablemente arrepentirse[22] de esa actitud, confiar en Dios y aprender a depender de él. El camino de regreso comienza, por tanto, reconociendo la gravedad de nuestra situación, arrepintiéndonos y aceptando de Cristo el regalo de la salvación que no podríamos obtener por nosotros mismos.

Resumiendo: del mismo modo que en el principio el pecado infectó a la raza humana por la desobediencia a Dios de su padre fundador, nosotros podemos, de forma individual, ser perdonados, reconciliarnos con Dios y ser aceptados por él. Eso no puede hacerse por medio de nuestros esfuerzos por obedecer —que incluso en el mejor de los casos son imperfectos e inadecuados—, sino por la obediencia de otro, esto es, de Cristo. Dicho de otra forma: del mismo modo que recibimos de Adán una naturaleza caída y pecadora, podemos recibir de Dios, a través del arrepentimiento y la confianza en Cristo, su vida eterna y no caída y, con ella, todo el potencial para vivir en armonía con él y para él.

¿Es inmoral la expiación sustitutoria?

Los nuevos ateos se oponen totalmente a lo que ellos llaman la teoría del chivo expiatorio: "ejecutar a un inocente para pagar por los pecados del culpable".[23] De hecho, Richard Dawkins piensa que la doctrina de la expiación es una "locura total". Es interesante ver la razón que da: "Si Dios quería perdonar nuestros pecados, por qué no perdonarlos simplemente, sin tener que ser torturado y ejecutado en pago".[24] ¿Por qué no, entonces?

Porque este universo es moral, y ocuparse del pecado es un problema moral nada trivial. Una contemplación momentánea del triste paisaje moral que es la historia humana debería convencernos de este hecho. La reacción superficial de Dawkins procede de una incapacidad de comprender lo que implica el perdón. Intentemos reflexionar sobre ello. La palabra más utilizada en el Nuevo Testamento para "perdón" es la griega *aphesis*, que significa "liberar" o "dejar ir". En estos términos, Dawkins está preguntando: "¿Por qué no puede Dios dejarlo pasar?". La respuesta tiene que ver con la culpa humana.

La experiencia humana revela que la culpa nos encadena al pasado. Supongamos que aparco mi coche ilegalmente. Se me considera culpable de infringir las leyes de tráfico y recibo un castigo en forma de multa. La ley exige que yo sea penalizado. Debo pagar la multa; y la ley insistirá en que lo haga. No puedo olvidarme sin más. Sin duda, los tribunales no "lo dejarán pasar". Más importante aún, los tribunales no "dejarán pasar" los crímenes graves. Si no hubiese castigo por esos crímenes, el mundo caería en la anarquía cuando se difundiese el mensaje de que *el crimen no importa*.[25] Robert McAfee Brown dice: "Uno no puede permitir, como un axioma humano, una posición como la del filósofo Heinrich Heine: 'Dios perdonará; está aquí para eso'".[26]

Existe otra razón por la que Dios no puede simplemente "dejarlo pasar". Piense en una mujer cuya felicidad acaba de arruinarse al descubrir la infidelidad de su esposo. Está profundamente dolida; su mundo, destrozado. El perdón en esta situación implicará dos procesos distintos. En primer lugar, que la mujer sea capaz *interiormente* de "dejarlo pasar", para hacerse el menor daño posible. Hacer progresos en este sentido puede ser muy difícil y precisar de mucho tiempo y el buen consejo de los amigos. Pero después está el tema del marido y el perdón *externo* activo por parte de la mujer. Supongamos que ella llega al punto en que está dispuesta a perdonarlo. ¿Qué ocurre entonces? El verdadero perdón pone una condición: el arrepentimiento del esposo. Si ella se limita a "dejarlo pasar" equivale a decir "no importa", lo que podría interpretarse como una condonación del pecado. La incapacidad de separar estos dos aspectos del perdón a menudo ha provocado una gran cantidad de dolor innecesario, cuando amigos bien intencionados han instado a la víctima de la ofensa a "perdonar, porque es tu obligación", aunque no haya muestras de arrepentimiento por parte del perpetrador.

En este punto encontramos una objeción común: "¿Pero no oró Jesús por el perdón de los soldados que lo crucificaron?". Sí que lo hizo. Sin embargo, deberíamos recordar en base a qué dijo esas palabras: "Padre, perdónalos, *porque no saben lo que hacen* [cursivas añadidas]".[27] El Profesor David Gooding, experto en griego, explica:

> Esta oración, pronunciada en un momento de terrible dolor en favor de aquellos que le que estaban causando aquel dolor, ha conmovido con razón a millones de corazones y ha ayudado a muchos sufridores a no caer en la represalia ciega, sino a buscar el bien incluso de sus enemigos... No obstante, no empañamos la gloria de la oración de Cristo si señalamos

que la elevó en favor de unos soldados que realmente no sabían lo que estaban haciendo. El sentimiento falso no debe llevarnos a abrir su oración más allá de lo que fue su intención. Pedir el perdón para un hombre que sabe bastante bien lo que está haciendo y no tiene intención de parar o arrepentirse sería inmoral: equivaldría a condonar su pecado, por no decir convertirnos en su cómplice. Claramente, Cristo no hizo eso.[28]

El pecado importa. Si mi pecado no importa, entonces yo tampoco importo. Si tu hijo muere asesinado y la ley no se molesta en arrestar, juzgar y sentenciar al perpetrador, la ley está diciendo, en efecto, que tu hijo no importa. Los tribunales no pueden "dejarlo pasar". Esa actitud daría lugar al fin de toda moralidad y toda esperanza de justicia. Conduciría inevitablemente a la anarquía. Por lo tanto, si el sistema legal adoptase el punto de vista que según Dawkins Dios debería adoptar, sería una ofensa a nuestra conciencia moral. Pero Dios nunca aceptará que nuestras mentiras, codicia, robos, adulterio, violencia, asesinato, etcétera no importan. Él se toma en serio nuestro pecado, no porque nos odia sino porque nos ama. Su universo es un universo moral; y como su gobernante moral supremo, él, un Dios santo y perfecto, debe lidiar justamente con el pecado humano. Es el pecado el que destruye la vida y la felicidad. Es el pecado el que trajo la muerte al mundo. Cuanto más conscientes seamos de la santidad de Dios y de nuestras carencias, debilidades, fracasos, transgresiones y pecaminosidad, más podremos entender el abismo que nos separa de Dios, así como la conexión existente entre el pecado y la muerte.

En el fondo sabemos que esto tiene sentido: encaja con nuestro concepto de la justicia y la equidad. Sin embargo, crea un problema obvio para cada uno de nosotros. Si Dios me juzgase de forma justa, ¿dónde estaría yo? No puedo deshacerme de la culpa que me encadena a mi pasado. Para ser justo y para que yo conserve mi trascendencia como ser moral, Dios no puede dejarla pasar. Hay un coste, un castigo que pagar, y yo no puedo hacerlo. Las buenas nuevas cristianas dicen que *Dios, en Cristo, ha pagado el castigo en la cruz.* Como consecuencia, Dios puede perdonar justamente y aceptar a todos los que se arrepienten y confían en Cristo para la salvación.

Hitchens, aunque parecía tener una perspectiva mejor sobre el asunto que Dawkins, seguía sin verlo claro. Escribió:

> Yo pago tus deudas, amor mío, si tú has sido imprudente; y si yo fuera un héroe como Sidney Carton en *Historia de dos ciudades* podría incluso cumplir tu condena u ocupar tu lugar en el patíbulo. Ningún hombre tiene un amor tan grande. *Pero no puedo absolverte de tus responsabilidades. Sería inmoral por mi parte ofrecerlo e inmoral por tu parte aceptarlo* [cursivas añadidas]. Y si se nos hace esa misma oferta desde otra época y otro mundo, a través de intermediarios y acompañada de incentivos, pierde toda su grandeza y se degrada en fantasías ilusorias o, peor aún, en una combinación de chantaje y soborno.[29]

Como deja claro después, lo último que Hitchens menciona es una referencia a la comercialización reprensible de la religión que se ha desarrollado de la falsa idea (y sirve para propagarla) de que podemos obtener la aceptación de Dios por méritos, ceremonias, o contribuciones económicas de diversos tipos. Es importante destacar que, mucho antes de Christopher Hitchens, el propio Cristo protestó con fuerza ante esa explotación, que provocó que mucha gente se quedara con una imagen equivocada de Dios.[30] Porque esa explotación, se llame como se llame, no es cristianismo verdadero. El verdadero cristianismo no conoce intermediarios que se autoengrandecen ni incentivos del tipo que Hitchens menciona: no hay chantaje ni soborno. Lo que el cristianismo nos enseña es: "Porque hay un solo Dios, y también un solo mediador entre Dios y los hombres, Cristo Jesús hombre, quien se dio a sí mismo en rescate por todos".[31]

¿Qué significa esto? Podemos empezar con lo que Hitchens parecía aceptar, aunque lo expresa con cierto tono burlón. Si una persona tiene dificultades económicas todos entendemos lo que significa que otro venga y pague su deuda; de hecho, ¡muchos de nosotros hemos sido alguna vez ese otro! Todos sabemos cómo el pecado (por ejemplo, robar, codiciar, etc.) puede hacer que contraigamos ese tipo de deuda. También entendemos el pago de un castigo, una multa o un rescate para liberar a un secuestrado. Ese tipo de deuda comprende un pago a alguien. Existen otros tipos de "pago", por supuesto, que no implican deuda. Podríamos decir que Sidney Carton pagó el precio (final) para tomar el lugar de Darnay en *Historia de dos ciudades*.[32] Ese precio fue muy real, pero no había nadie para recibir ese pago. Hitchens (como el resto de nosotros) puede entender y respetar un noble sacrificio de este tipo. El principio vicario —que uno toma el lugar de otro— es algo con lo que todos estamos familiarizados de alguna manera.

Hitchens llega a su callejón sin salida moral: "No puedo absolverte de tus responsabilidades. Sería inmoral por mi parte ofrecerlo e inmoral por tu parte aceptarlo". Tiene claro que un ser humano no puede absolver los pecados de otro ser humano. Hitchens no fue el primero que planteó esta cuestión. Los expertos religiosos de la época se la presentaron al propio Jesús. Los escribas se asombraron y enojaron cuando Jesús dijo a un hombre paralítico: "Tus pecados te son perdonados".[33]

Tiene sentido. Si yo te he ofendido o dañado gravemente, cuando me lleves a juicio, ¿qué pensarías si el juez me dijese: "Te perdono"? Tendrías todo el derecho a protestar: "Espere un minuto, esto es absurdo. Aunque usted sea el juez, no puede perdonar a este hombre. Es a mí a quien ha perjudicado, no a usted. Perdonar es una prerrogativa mía, solo mía".

Uno de los libros más famosos que se ocupan de este asunto en profundidad es *El girasol*, de Simón Wiesenthal.[34] Cuenta la conmovedora historia de cómo Wiesenthal, mientras era prisionero en un campo de concentración en Ucrania, fue llevado por un camillero del hospital a una habitación en la que se estaba muriendo un joven soldado nazi. El soldado, a quien Wiesenthal desconocía, le contó que había participado en una horrible atrocidad de las SS en la ciudad de Dnepropetrovsk: había hecho estallar una casa llena de familias judías y había disparado a los que trataron de salvarse en vano. El nazi suplicó a Wiesenthal, como representante judío, que lo perdonase.

Wiesenthal escuchó y se fue sin decir una palabra. Cuando contó el incidente a algunos amigos del campo, uno de ellos, Josek, se quedó para hablarle en privado. "Sabes", comenzó, "cuando estabas contándonos tu encuentro con el hombre de las SS, temí en un primer momento que lo hubieses perdonado. No habrías tenido el derecho de hacerlo en nombre de personas que no te había autorizado a hacerlo. Lo que te hayan hecho a ti puedes perdonarlo y olvidarlo si quieres. Es tu problema. Pero habría sido un terrible pecado cargar tu conciencia con los sufrimientos de otras personas... No estás en posición de perdonar lo que él les ha hecho a otras personas".

Wiesenthal, que pasó mucho tiempo dudando de si lo que había hecho era correcto o no, acaba su libro diciendo: "El quid de la cuestión es, por supuesto, el tema del perdón. Olvidar es algo de lo que el tiempo ya se ocupa, pero el perdón es un acto de voluntad, y solo el sufridor está cualificado para tomar la decisión".

Al igual que Hitchens y los antiguos escribas que cuestionaron el derecho de Jesús a perdonar los pecados del paralítico, Wiesenthal supone de manera natural una situación en la que los participantes, llamémosles X, Y y Z, son meros humanos; en cuyo caso queda claro que X no podría perdonar los pecados que Y hubiera cometido contra Z.

Lo que marca la diferencia en el caso de Jesús es que *él no era un ser humano más*. Él podía cargar con los pecados de los demás, como un verdadero mediador, porque era al mismo tiempo Dios y hombre. Era humano, pero no solo era humano: no era otro que Dios encarnado. Y el pecado se comete en última instancia contra Dios. Ahora bien, los nuevos ateos se atragantan con esto y lo rechazan totalmente. Sin embargo, deberían darse cuenta de que su rechazo de la encarnación es la causa por la que no le ven ningún sentido en la cruz. La cruz y la encarnación son inseparables.

Al principio de la historia de la encarnación un ángel dijo a José, el esposo de María, madre de Jesús: "No temas recibir a María tu mujer, porque el niño que se ha engendrado en ella es del Espíritu Santo. Y dará a luz un hijo, y le pondrás por nombre Jesús, porque él salvará a su pueblo de sus pecados".[35] Desde el principio, por tanto, el propio nombre de Jesús dio testimonio de que él debía ser el que cargase con los pecados. El profeta Juan el Bautista anunció a la nación la llegada de Jesús con las siguientes palabras: "¡He aquí el Cordero de Dios que quita el pecado del mundo!".[36]

Durante siglos, a la nación de Israel se le ha enseñado la gravedad del pecado matando a un cordero como expiación. Este procedimiento les mostraba de forma gráfica lo que la experiencia subraya constantemente: que el pecado esclaviza, que en última instancia es un asesino y que, por tanto, es necesario expiarlo. La muerte de los animales nunca solucionó el problema, por supuesto, como la propia Biblia reconoce.[37] El profeta Juan anunció que Jesús era la realidad que los corderos del sacrificio anunciaban: Jesús era el verdadero Cordero que podía expiar el pecado. La imagen era inequívoca. Jesús moriría un día por el pecado de su pueblo.

Jesús confirmó este hecho diciendo de sí mismo: "Porque ni aun el Hijo del Hombre vino para ser servido, sino para servir, y para dar su vida en rescate por muchos".[38] En la última cena en Jerusalén, cuando instituyó la ceremonia con la que sus primeros discípulos y todos los creyentes posteriores debían recordarlo, escogió el pan y el vino como símbolos elocuentes de su muerte: "Esto es mi cuerpo que por vosotros es dado; haced esto en memoria de mí... Esta copa es el nuevo pacto en mi sangre, que es derramada por vosotros".[39]

Por cierto, esto refuta completamente la idea extendida, pero errónea, de que fue Pablo quien "echó a perder el cristianismo" introduciendo la idea judía del sufrimiento vicario que no era para nada la intención de Cristo. Porque la celebración de la Santa Cena no fue diseñada por Pablo, sino por el propio Cristo, como recordatorio inequívoco de por qué murió: su cuerpo dado y su sangre derramada por nuestros pecados. Pablo entendió su significado exactamente de la misma forma que los escritores de los Evangelios. En lo que la mayoría de los expertos aceptan como una de las declaraciones más antiguas e importantes del mensaje cristiano, Pablo escribió: "Porque yo os entregué en primer lugar lo mismo que recibí: que Cristo murió por nuestros pecados, conforme a las Escrituras; que fue sepultado y que resucitó al tercer día, conforme a las Escrituras".[40] La muerte de Cristo por el pecado no fue una innovación de Pablo, o de los escritores de los Evangelios. El Antiguo Testamento ya la había predicho, por ejemplo con las famosas palabras del profeta Isaías cuando habló del mesías y siervo que sufriría: "Mas él fue herido por nuestras transgresiones, molido por nuestras iniquidades. El castigo, por nuestra paz, cayó sobre él, y por sus heridas hemos sido sanados".[41]

Según el Nuevo Testamento, pues, hizo falta nada menos que la encarnación y la muerte del Hijo de Dios en la cruz para que Dios pudiese reconciliar al hombre consigo mismo. El mensaje es este:

> Dios estaba en Cristo reconciliando al mundo consigo mismo, no tomando en cuenta a los hombres sus transgresiones, y nos ha encomendado a nosotros la palabra de la reconciliación. Por tanto, somos embajadores de Cristo, como si Dios rogara por medio de nosotros; en nombre de Cristo os rogamos: ¡Reconciliaos con Dios! Al que no conoció pecado, le hizo pecado por nosotros, para que fuéramos hechos justicia de Dios en él.[42]

¿Alguien lo comprende totalmente? No; y no debería sorprendernos. Si el más inteligente de los científicos no comprende del todo cosas como la energía, la luz y la gravedad, ¿cómo podemos esperar entender este acontecimiento, el más profundo en la historia del universo, la crucifixión de Dios encarnado? Inevitablemente, la cruz es en parte un misterio. Sin embargo, la rica terminología bíblica —rescate, justificación, reconciliación, etcétera—[43], nos da suficiente información para comprender la idoneidad de la salvación que Jesús vino a traer. Es muy profunda, pero también lo es el problema que vino a solucionar. También es única. Cristo no compite con ninguna otra religión, filosofía, o forma de vida aquí; por la simple razón de que nadie más ha hecho nunca lo que él ha hecho, ni puede ofrecer ni ofrece lo que él ofrece: perdón y paz con Dios, que no dependen de nuestros méritos sino de nuestra confianza en la gracia y el regalo de Dios.

Las burlas de los nuevos ateos contemporáneos no minimizarán lo que Cristo hizo en la cruz al igual que las burlas de los que participaron en su juicio y crucifixión hace veinte siglos tampoco lo hicieron. Esas burlas no son nada nuevo. El historiador Lucas dice: "Entonces Herodes, con sus soldados, después de tratarle con desprecio y burlarse de él... y aun los gobernantes se mofaban de él, diciendo: 'A otros salvó; que se salve a sí mismo si este es el Cristo de Dios, su Escogido'. Los soldados también se burlaban de él, acercándose y ofreciéndole vinagre, y diciendo: 'Si tú eres el Rey de los judíos, sálvate a ti mismo'".[44]

Incluso uno de los dos ladrones[45] crucificados con Jesús "le lanzaba insultos, diciendo: '¿No eres tú el Cristo? ¡Sálvate a ti mismo y a nosotros!'". Pero salvarse a sí mismo es precisamente lo que Jesús no podía hacer, si era el salvador que declaró ser. C. S. Lewis escribe: "'A otros salvó, a sí mismo no puede salvarse' es una *definición* del Reino. Toda salvación, en todo lugar y en todas las épocas, en las cosas grandes o en las pequeñas, es vicaria".[46]

El otro ladrón no se sumó al escarnio que estaba teniendo lugar a su alrededor. Había estado pensando, en la medida en que un hombre en semejante agonía podía pensar. Sentía que lo que estaba ocurriendo era una parodia de la justicia. Le afectó tanto que, superando su dolor, reprendió al criminal de la otra cruz por sus burlas, diciéndole: "¿Ni siquiera temes tú a Dios a pesar de que estás bajo la misma condena? Y nosotros a la verdad, justamente, porque recibimos lo que merecemos por nuestros hechos; pero este nada malo ha hecho".[47] El Profesor David Gooding, experto en griego, analiza el relato y explica cómo ofrece una profunda perspectiva sobre la naturaleza del perdón:

> El primer malhechor estaba sufriendo las consecuencias de sus fechorías en forma de castigo temporal infligido por el gobierno. A pesar de todo su dolor no parecía haber en él temor de Dios, ninguna confesión de culpa ante Dios, ninguna expresión de arrepentimiento, ni siquiera una petición de perdón divino. Estaba dispuesto a creer que Jesús era el Mesías si este hacía un milagro y lo liberaba del castigo temporal que era la consecuencia de sus crímenes. Cuando vio que Jesús no tenía intención de hacerlo, lo maldijo a él y a su religión por ser un fraude. Pero salvar a las personas simplemente de las consecuencias temporales de sus pecados, sin llevarlas antes al arrepentimiento y la reconciliación con Dios, no sería una salvación real. Animaría a la gente a repetir sus pecados bajo la impresión de que un hada ma-

drina podría eliminar y eliminaría cualquier consecuencia terrible o incómoda. No se podría construir un paraíso sobre una actitud hacia el pecado tan irresponsable.

Con el segundo malhechor fue diferente. Reflexionar sobre el hecho de que Cristo era inocente y aun así estaba sufriendo junto a los culpables convenció a su conciencia de que en el mundo venidero tiene que haber un juicio en el que se compensan las injusticias de este mundo. Eso despertó en su corazón un sano temor de Dios, lo que le llevó al arrepentimiento y a un reconocimiento sincero de su pecado. Admitió que el castigo temporal infligido por el estado era merecido y no pidió milagro alguno que lo librase de las consecuencias de sus pecados (véase 23:40-41). Una vez más, la reflexión sobre el hecho de que Cristo estaba sufriendo aun siendo inocente lo llevó a creer que era realmente el Mesías, el Rey; y que si era el Mesías y existía un Dios que se preocupaba de la justicia, entonces todo lo que había oído acerca de la justicia debía de ser cierto: el Mesías resucitaría de los muertos y "vendría en su reino".

Quizá oyó la oración de Cristo a su Padre pidiendo el perdón de los soldados que lo crucificaron; quizá fue un instinto nacido del Espíritu Santo; pero fuese lo que fuese, en su corazón surgió la fe que lo hizo consciente de que aunque no había forma de librarse de las consecuencias temporales de sus crímenes, podía evitar la ira de Dios y el castigo eterno por el pecado. Con ello también tuvo lugar un profundo cambio en su corazón. Ya no quería ser un rebelde; solo quería que se le permitiese ser súbdito del Rey en su reino eterno, si el Rey quería. "Jesús", dijo, "acuérdate de mí cuando vengas en tu reino" (23:42).

La respuesta del Rey no solo le concedió el perdón inmediato sino que también demostró al malhechor moribundo, y a todos los que se arrepienten y creen, lo que el perdón implica: una aceptación inmediata y total por parte de Dios; la seguridad de que, tras la muerte, el Rey lo recibiría directamente en su presencia; estaría "con Cristo" sin intervalo ninguno; la admisión al paraíso, donde no habrá más dolor, llanto, pecado o maldición (22:43). Cristo le dijo: "Hoy estarás conmigo en el paraíso". Un rebelde se había convertido: ¿no es esta la verdadera obra de un rey?[48]

CAPÍTULO 7

¿SON LOS MILAGROS PURA FANTASÍA?[1]

Un milagro es una violación de las leyes de la naturaleza; y como una experiencia firme e inalterable ha establecido estas leyes, la prueba contra un milagro, desde la propia naturaleza del hecho, es tan completa como cualquier otro argumento de la experiencia que se pueda imaginar.

David Hume

Generaciones de discípulos de Hume erróneamente han... ofrecido análisis de la causalidad y de la ley natural que han sido demasiado débiles porque no tenían ninguna base para aceptar ni la existencia de leyes de causa y efecto ni la existencia de leyes naturales... El escepticismo de Hume sobre la causa y el efecto y su agnosticismo sobre el mundo externo se desmoronan irremediablemente en el momento en el que sale de su estudio.

Anthony Flew

La reacción vehemente de los nuevos ateos contra los milagros surge de su convencimiento de que los milagros "violan los principios de la ciencia".[2] En su debate con Jay Richards en Stanford, Christopher Hitchens preguntó a Richards si creía que Jesús resucitó. Cuando Richards respondió afirmativamente, Hitchens le preguntó si creía que Jesucristo nació de una virgen. Richards dijo de nuevo que sí. "Ya está todo dicho", replicó Hitchens. "Este hombre es honesto, y ha dejado muy claro que la ciencia no tiene nada que ver con su visión del mundo".[3] A eso yo respondería que Hitchens acababa de dejar claro que entender lo que la ciencia puede o no hacer no es uno de sus fuertes.

Se puede decir lo mismo de Richard Dawkins. Mi debate con él en Oxford giró en torno a la pregunta: "¿Ha enterrado la ciencia a Dios?". El debate se celebró en el Museo de Historia Natural de Oxford, un lugar famoso por un debate que tuvo lugar en 1860 entre Thomas Henry Huxley y el obispo Samuel Wilberforce sobre *El origen de las especies* de Darwin. Para conmemorar ese debate, en 2010 se colocó *El pedestal de Darwin* en la entrada principal del museo. De camino al debate, al pasar por esa entrada de repente recordé que la historia del edificio tenía que ver con el cristianismo; pero con la presión del momento, no lograba recordarla con exactitud. En el debate se lo mencioné de forma tentativa a Dawkins; él dijo que no había relación alguna. Pero se equivocaba. De hecho, el edificio fue un proyecto de Sir Henry Acland, profesor *regius* de Medicina en la universidad, cuyo objetivo fue unificar todos los aspectos de la ciencia alrededor de una zona central de exhibición. En una ponencia suya en 1858 explicó que la razón de la construcción del edificio fue dar a las personas la oportunidad de aprender del mundo natural, y obtener el "conocimiento del gran diseño material del que el Obrero-Maestro supremo nos ha hecho parte constituyente".

No solo eso, ¡sino que un considerable porcentaje del dinero para el presupuesto de la construcción del museo provino de los beneficios que Oxford University Press ingresó por su exitosa impresión de Biblias!

Cuando más tarde pensé en esto, me di cuenta de la maravillosa ironía. (Ojalá me hubiese acordado durante el debate, pero la brillantez muchas veces aparece a toro pasado). Dawkins debía presentar la postura de que la ciencia ha enterrado a Dios en un edificio construido específicamente para poner de manifiesto que la ciencia mostraba la gloria de Dios; ¡y en su primera intervención me describió como un matemático de Oxford que creía en milagros! Yo pensaba que eso podía tomarse como una prueba de que la ciencia *no* ha enterrado a Dios.

Dawkins se estaba burlando de mí por creer lo que él considera ridículo, pero sus burlas son huecas. La burla no es un argumento. Es una actitud, y no hace honor a la persona que la emplea en este contexto. Si existe un Dios que creó el universo, entonces no tiene por qué ser difícil creer que él puede hacer cosas especiales. Por supuesto, si lo ha hecho o no en una ocasión específica es una cuestión diferente. Francis Collins, que sí cree en los milagros de Jesús, comenta sabiamente:

> Es fundamental aplicar un escepticismo saludable cuando se interpretan acontecimientos potencialmente milagrosos, no sea que pongamos en cuestión la integridad o la racionalidad de la perspectiva religiosa. Lo único que eliminará la posibilidad de los milagros con más rapidez que un materialismo entregado

es otorgar un estatus milagroso a acontecimientos cotidianos que tienen claramente una
explicación natural.[4]

Por esta razón me centraré en los milagros recopilados
en el Nuevo Testamento.

Debemos hacer una importante distinción entre milagros
y acontecimientos sobrenaturales. Los milagros (esto es,
los genuinos) son todos acontecimientos sobrenaturales,
pero no todos los sucesos sobrenaturales son milagros
en un sentido estricto. Por ejemplo, el origen del universo y sus leyes, aunque son un suceso sobrenatural,
probablemente no deberían clasificarse bajo la rúbrica
de milagro. Estrictamente hablando, los milagros son
acontecimientos que son excepciones a las leyes conocidas. Como tales, *presuponen* claramente la existencia
del curso normal de las cosas. Se deduce, por tanto,
que realmente no tiene sentido pensar en la creación del
curso normal de las cosas como un milagro.

Nótese que Richard Dawkins confiesa que no sabe qué
causó el origen del universo, pero cree (sí, aquí tenemos
su fe una vez más) que un día se llegará a una explicación
naturalista. Como dijo en nuestro debate de Oxford, no
necesita recurrir a la magia para explicar el universo.
Sin embargo, en la rueda de prensa posterior al debate
respondió a una pregunta de Melanie Phillips, periodista
y escritora, diciendo que creía que el universo bien podía
haber aparecido simplemente de la nada. "Magia", dijo
ella. Más adelante, ella refirió que Dawkins le dijo después que una explicación del universo como la de los
PHV (pequeños hombrecillos verdes) tenía más sentido

que postular un Creador. Cualquier cosa excepto Dios, parece ser.

El evangelio cristiano se basa directamente en un milagro. Fue el milagro de la resurrección de Cristo el que lo puso en marcha, y ese mismo milagro es su mensaje central. De hecho, la cualificación básica de un apóstol cristiano era haber sido testigo de la resurrección.[5] C. S. Lewis expresa la situación de forma precisa: "El primer hecho en la historia de la cristiandad es un gran número de personas que dicen haber visto la resurrección. Si hubiesen muerto sin hacer que otras personas creyesen este 'evangelio', nunca se habrían escrito los Evangelios".[6] Según los primeros cristianos, pues, sin la resurrección no hay mensaje cristiano. Pablo escribe: "Y si Cristo no ha resucitado, vana es entonces nuestra predicación, y vana también vuestra fe".[7]

David Hume y los milagros

Aquí es donde el evangelio cristiano entra en conflicto con la idea generalizada de que la ciencia ha probado que los milagros no son posibles. Christopher Hitchens me lo recordó en nuestro debate en Alabama, citando al filósofo ilustrado escocés David Hume, como si fuera el que tiene la última palabra sobre este tema.

Por supuesto, Hitchens se estaba refiriendo a un famoso ensayo escrito por Hume, en el que dijo:

> Un milagro es una violación de las leyes de la naturaleza; y como una experiencia firme e inalterable ha establecido estas leyes, la prueba

contra un milagro, desde la propia naturaleza del hecho, es tan completa como cualquier argumento de la experiencia que se pueda imaginar... No es un milagro que un hombre, aparentemente con buena salud, muera de repente; porque ese tipo de muerte, aunque menos habitual que otras, vemos que se producido con frecuencia. Pero es un milagro que un hombre muerto vuelva a la vida, porque nunca se ha visto, en ninguna época o país. Así pues, debe haber una experiencia uniforme contra todo acontecimiento milagroso; de lo contrario el suceso no merecería ese calificativo.[8]

En realidad, aquí Hume está exponiendo dos argumentos, aunque se solapan.

1. El argumento de la uniformidad de la naturaleza:

   a. Los milagros son violaciones de las leyes de la naturaleza.

   b. Estas leyes se han establecido por experiencias "firmes e inalterables".

   c. Por lo tanto, el argumento contra los milagros es tan válido como cualquiera de los argumentos que proceden de la experiencia.

2. El argumento de la uniformidad de la experiencia:

   a. Los acontecimientos poco habituales, pero que suceden con frecuencia, no son milagros; como por ejemplo una persona sana que muere de forma repentina.

b. Una resurrección sería un milagro porque nunca se ha visto en ningún lugar ni época.

c. Existe una experiencia uniforme contra cada acontecimiento milagroso; de lo contrario no se definiría como milagroso.

Resulta interesante que Hume seleccione aquí la resurrección como un ejemplo de milagro. El hecho es que los ateos reconocen de forma universal que para que un cuerpo "se levante"[9] de nuevo, sería necesaria una acción sobrenatural.

El argumento de la uniformidad de la naturaleza: la posición contradictoria de Hume

Hume niega los milagros, porque este iría contra las leyes uniformes de la naturaleza. Sin embargo, ¡en otros lugares niega la uniformidad de la naturaleza! Es conocido por sostener que solo porque se haya observado durante miles de años que el sol sale por la mañana no quiere decir que podamos estar seguros de que lo hará mañana.[10] Este es un ejemplo del *Problema de la inducción*: Hume dice que no se puede predecir el futuro sobre la base de la experiencia pasada. Pero si eso fuese cierto, veamos qué implica. Supongamos que Hume tiene razón y ningún hombre muerto ha resucitado nunca de la tumba en toda la historia de la tierra hasta este momento; según su propio argumento, no puede estar seguro de que un hombre no resucitará mañana. Y por tanto, no puede descartar los milagros. ¿Qué ha sido ahora de la insistencia de Hume en las leyes de la naturaleza y su uniformidad? Ha destruido la base sobre la que trata de negar la posibilidad de los milagros.

El mismo argumento funcionaría igual para el tiempo pasado. Por ejemplo, el hecho de que no se haya observado que nadie haya resucitado de los muertos en los pasados milenios no garantiza que no hubiese resurrección antes de eso. Para ilustrar esta idea, podríamos decir que la experiencia uniforme a lo largo de los pasados trescientos años muestra que los reyes de Inglaterra no son decapitados. Si conocieses este dato y te encontrases con la afirmación de que al rey Carlos I lo decapitaron, podrías negarte a creerlo, porque va en contra de la experiencia uniforme. ¡Te estarías equivocando! *Sí* que le cortaron la cabeza. La uniformidad es una cosa; la uniformidad absoluta, otra.

En cualquier caso, si según Hume no podemos deducir regularidades, sería imposible hablar de las leyes de la naturaleza, y más imposible aún hablar de la uniformidad de la naturaleza con respecto a esas leyes. Y si naturaleza no es uniforme, entonces usar la uniformidad de la naturaleza como argumento contra los milagros es simplemente un absurdo.

A la luz de esta incoherencia fundamental, encuentro asombroso que el argumento de Hume haya sido responsable en gran parte de la visión contemporánea generalizada (al menos en el mundo occidental) de que estamos ante una elección entre dos alternativas mutuamente excluyentes: o creemos en los milagros, o creemos en el entendimiento científico de las leyes de la naturaleza; pero no podemos creer ambas cosas. Por ejemplo, Richard Dawkins declara: "El siglo XIX fue la última época en la que era posible que una persona culta admitiera creer sin embargo en milagros como el nacimiento virginal sin avergonzarse. Cuando se les presiona, muchos cristianos cultos son demasiado leales como para negar el nacimiento virginal y la resurrección. Pero se sienten violentos porque su mente racional sabe que es absurdo, por lo que prefieren que nadie les pregunte".[11]

Sin embargo, yo no puedo ser tan simple como Dawkins piensa; porque hay científicos tan inteligentes y eminentes como el profesor Phillips (ganador del premio Nobel de Física en 1998), el profesor John Polkinghorne FRS (Físico cuántico, Cambridge) y el actual director del Instituto Nacional de la Salud y anteriormente director del Proyecto del Genoma Humano, Francis Collins (por nombrar únicamente a tres) que, aunque muy conscientes del argumento de Hume, afirman —públicamente y sin vergüenza o sensación de caer en lo irracional o el absurdo— su creencia en lo sobrenatural, y en particular en la resurrección de Cristo, que consideran la evidencia suprema de la verdad de la cosmovisión cristiana.

Esto muestra claramente que para ser científico no es necesario rechazar la posibilidad (o la realidad) de los milagros. Para ver por qué esos científicos no se sienten amenazados por Hume, ahora nos detendremos con más detalle en su idea de que los milagros constituyen "violaciones de las leyes de la naturaleza".

Los milagros y las leyes de la naturaleza

Uno de los impresionantes logros de la ciencia no solo ha sido describir lo que acontece en el universo, sino también descubrir las leyes que gobiernan su funcionamiento. Puesto que Hume define los milagros como violaciones de esas leyes, es importante que comprendamos qué son esas leyes según los científicos. Las leyes científicas no son simples descripciones de lo que sucede, aunque por lo menos tienen que ser eso. Surgen de nuestra percepción de los procesos fundamentales que forman parte de cualquier fenómeno dado. Es decir, las leyes nos dan una perspectiva de la lógica interna de un sistema, en términos de las relaciones de causa y efecto de las partes que lo forman.

Es aquí donde nos encontramos con un sorprendente elemento contradictorio en la posición de Hume, ¡porque él niega las leyes de causa y efecto que utilizamos en la formulación de aquellas leyes! Dice: "Todos los sucesos parecen totalmente sueltos e independientes. Uno sigue a otro; pero nunca hemos podido ver un vínculo entre ellos. Parecen unidos, pero nunca conectados".[12] Hume da entonces el ejemplo de alguien que mira una bola de billar en movimiento y la ve chocar con otra que está parada, y ve cómo la segunda comienza a desplazarse. Sin embargo, según Hume, la primera vez que vio algo así:

> No pudo afirmar que un suceso estuviese conectado con el otro, sino solamente unido. Después de observar varios ejemplos de esta naturaleza, entonces ya pudo afirmar que estaban conectados. ¿Qué alteración ha tenido

lugar para que surja esta nueva idea de "co-nexión"? Ninguna, solo que ahora siente que estos sucesos están conectados en su imagina-ción, y puede pronosticar la existencia de uno a partir de la aparición del otro. *Por tanto, cuando decimos que un objeto está conectado con otro solo queremos decir que están co-nectados en nuestro pensamiento...*

He escrito la última frase en cursiva para subrayar que Hume niega explícitamente la idea de la conexión nece-saria. De esta forma, desautorizaría a una gran parte de la ciencia moderna, ya que las leyes científicas implican precisamente lo que Hume niega: las descripciones cau-sa-efecto de los mecanismos de un sistema. Por ejemplo, Hume admitiría que existen muchos casos de cáncer de pulmón relacionados con el tabaco, pero negaría cual-quier relación causal. De ser cierto, este hecho desauto-rizaría la relación establecida de forma científica entre fumar y el cáncer de pulmón. ¡Pensemos solamente en lo que quedaría de la física atómica si no se nos permitiese deducir la existencia de partículas elementales a partir de las huellas observadas en una cámara de burbujas!

En un famoso ataque contra la teoría de la causalidad de Hume, el eminente matemático y filósofo Sir Alfred North Whitehead señaló que todos tenemos muchas ex-periencias cotidianas en las que somos claramente cons-cientes de las conexiones causa-efecto: por ejemplo, el acto reflejo por el que una persona parpadea en una habitación a oscuras cuando se enciende la luz. Obvia-mente, la persona es consciente de que el destello de luz provoca el parpadeo. La investigación muestra que la corriente de fotones de la bombilla afecta al ojo, estimula la actividad en el nervio óptico y ciertas partes del cerebro. Este hecho demuestra científicamente que existe una compleja cadena causal.[13]

Llegamos a la conclusión de que existen dos razones principales por las que la opinión de Hume sobre los milagros es profundamente errónea:

1. Porque al negar que la uniformidad de la naturaleza pueda establecerse no puede utilizarla para negar la existencia de los milagros;

2. Porque al negar la causación necesaria no puede considerar que la naturaleza venga definida por leyes que contienen las relaciones necesarias que descartarían los milagros.

El filósofo Anthony Flew, una autoridad mundial sobre Hume y un célebre ateo en su día, cambió radicalmente su valoración de Hume, diciendo que debía escribir de nuevo su famoso libro (el de Flew):

> ... ahora que soy consciente de que Hume estaba totalmente equivocado al mantener que no tenemos experiencia, y por tanto tampoco ideas genuinas, de hacer que las cosas ocurran o evitar que lo hagan, de necesidad física e imposibilidad física. Generaciones de discípulos de Hume erróneamente han... ofrecido análisis de la causalidad y de la ley natural que han sido demasiado débiles porque no tenían ninguna base para aceptar ni la existencia de

leyes de causa y efecto ni de leyes naturales... El escepticismo de Hume sobre la causa y el efecto y su agnosticismo sobre el mundo externo se desmoronan irremediablemente en el momento en el que sale de su estudio.[14]

El distinguido filósofo de la ciencia John Earman escribe:

No es simplemente que el ensayo de Hume no logre sus objetivos, sino también que estos son ambiguos y confusos. La mayor parte de las consideraciones de Hume no son originales, sino versiones recalentadas de argumentos encontrados en los escritos de predecesores y contemporáneos. Y las partes de "De los milagros" que distinguen a Hume no se sostienen ante el escrutinio. Peor aún, el ensayo revela la debilidad y la pobreza del concepto de inducción y razonamiento probabilístico de Hume. Y por último, el ensayo representa el tipo de exceso que le da mala fama a la filosofía.[15]

A la luz de todo esto, resulta extraño que autores como Christopher Hitchens pensasen que Hume tiene "la última palabra sobre el tema".[16] No tuvo problema en señalármelo en nuestro debate sobre su libro en Birmingham, Alabama. Hitchens no era científico, pero Dawkins y otros no tienen la misma excusa.

Sin embargo, para ser justos, no todos los que ven los milagros como violaciones de las leyes de la naturaleza siguen a Hume; y por tanto debemos considerar este asunto desde la perspectiva de la ciencia contemporánea y su pensamiento sobre las leyes de la naturaleza. Precisamente porque las leyes científicas contienen relaciones de causa y efecto, los científicos actuales no las consideran capaces solamente de describir lo que ha ocurrido en el pasado. Dado que no estamos trabajando a un nivel cuántico, tales leyes pueden predecir con éxito lo que ocurrirá en el futuro con tanta precisión que, por ejemplo, podemos calcular con exactitud las órbitas de los satélites de comunicación, y es posible aterrizar en la Luna y en Marte.

Así pues, es comprensible que a muchos científicos les moleste la idea de que algún dios pueda intervenir arbitrariamente, y alterar, suspender, revertir o "violar" estas leyes de la naturaleza. Porque para ellos eso parecería contradecir la inmutabilidad de esas leyes, y por tanto desbarataría la base del entendimiento científico del universo. Como consecuencia, muchos de esos científicos expondrían dos argumentos:

Argumento 1. La creencia en los milagros en general, y los del Nuevo Testamento en particular, surgió en una cultura primitiva y precientífica en la que las personas no conocían las leyes de la naturaleza y aceptaban fácilmente las historias de milagros.

Hume respalda este punto de vista cuando dice que los relatos de milagros "se observan principalmente entre naciones bárbaras e ignorantes".[17] Sin embargo, por muy plausible que pueda parecer esta explicación a primera vista, realmente no tiene sentido cuando se aplica a los milagros del Nuevo Testamento. Un momento de reflexión nos mostrará que para reconocer un acontecimiento como un milagro debe haber una regularidad reconocida. No podemos describir algo como anormal si no sabemos lo que es normal.

Este hecho se admitió hace mucho tiempo. Resulta interesante que el historiador Lucas, un doctor conocedor de la ciencia médica de su tiempo, comience su biografía de Cristo planteando este mismo asunto.[18] Cuenta la historia de un hombre, Zacarías, y de su esposa, Elisabet, que durante muchos años habían orado pidiendo un hijo porque ella era estéril. Cuando, siendo ya anciano, un ángel se le apareció y le dijo que sus oraciones estaban a punto de ser contestadas y que su esposa concebiría y daría a luz un hijo, educadamente pero con firmeza se negó a creerlo. La razón que dio fue que él era ya viejo y el cuerpo de su mujer decrépito. Para ambos, tener un hijo en ese momento iba en contra de todo lo que conocía acerca de las leyes de la naturaleza. Lo interesante sobre ese hombre es que no era ateo; era un sacerdote que creía en Dios, en la existencia de los ángeles y en el valor de la oración. Pero si la respuesta a esa oración iba a implicar una inversión de las leyes de la naturaleza, no estaba dispuesto a creerlo.

Lucas deja claro aquí que los primeros cristianos no eran un montón de crédulos, desconocedores de las leyes de la naturaleza, y por tanto dispuestos a creer cualquier historia milagrosa, por muy absurda que fuese. Les fue difícil creer la historia de semejante milagro, como lo sería para cualquiera de nosotros hoy. Si al final creyeron no fue por su desconocimiento de las leyes naturales, sino porque, ante el peso de la evidencia, no tuvieron más remedio.

De forma parecida, en su relato sobre la expansión del cristianismo, Lucas nos cuenta que la primera oposición al mensaje cristiano de la resurrección de Jesucristo no provino de los ateos, sino de los sumos sacerdotes saduceos del judaísmo.[19] Eran hombres muy religiosos. Creían en Dios. Oraban religiosamente y dirigían las ceremonias del templo. Pero eso no significa que la primera vez que escucharon que Jesús había resucitado lo creyeran. No lo creyeron, ya que habían adoptado una visión del mundo que negaba la posibilidad de la resurrección corporal de cualquiera, cuanto más la de Jesucristo.[20]

En realidad, creían una idea que estaba muy extendida. El historiador Tom Wright dice:

> El paganismo antiguo contiene todo tipo de teorías, pero siempre que se menciona la resurrección, la respuesta es una firme negativa: sabemos que eso no ocurre (merece la pena acentuarlo en el contexto actual. Uno oye en ocasiones que se dice o se da a entender que antes del auge de la ciencia moderna las personas creían en todo tipo de cosas extrañas como la resurrección, pero que ahora, con doscientos años de investigación a nuestro favor, sabemos que las personas muertas no pueden volver a la vida. Esto es ridículo. En el mundo antiguo las evidencias eran suficientes y, la conclusión, tan clara como a día de hoy).[21]

Por tanto, suponer que el cristianismo nació en un mundo precientífico, crédulo e ignorante es simplemente falsear los hechos. El mundo antiguo conocía las leyes de la naturaleza tan bien como nosotros; sabían perfectamente que los cuerpos muertos no salen de las tumbas. El cristianismo se abrió camino gracias a las numerosas evidencias de que un hombre realmente había resucitado de los muertos.

Argumento 2. Ahora que conocemos las leyes de la naturaleza, creer en los milagros es imposible.

La idea de que los milagros son "violaciones" de las leyes de la naturaleza implica otra falacia, que C. S. Lewis ilustró con la siguiente analogía:

> Si esta semana pongo mil libras en el cajón de mi escritorio, y añado dos mil la semana que viene y otras mil más la siguiente semana, las leyes de la aritmética me permiten predecir que la próxima vez que abra el cajón encontraré cuatro mil libras. Pero imagínate que cuando abro el cajón encuentro solamente mil libras. ¿Qué conclusión puedo sacar? ¿Que las leyes de la aritmética han sido violadas? ¡Por supuesto que no! Puede que sea más razonable pensar que algún ladrón ha violado las leyes del Estado y ha robado tres mil libras del cajón. Sería totalmente absurdo afirmar que las leyes de la aritmética no nos permiten creer en la existencia de tal ladrón o en la posibilidad de su intervención. Al contrario, es el funcionamiento normal de tales leyes el que ha expuesto la existencia y la actividad del ladrón.[22]

La analogía también ayuda a señalar que el uso científico de la palabra "ley" no es el mismo que el uso legal, que suele hacer referencia a una ley que limita las acciones de alguien.[23] ¡Las leyes de la aritmética en ningún sentido limitan o presionan al ladrón de nuestra historia! La ley de la gravedad de Newton me dice que si tiro una manzana, esta caerá hacia el centro de la tierra. Sin embargo, esa ley no evita que alguien intervenga y detenga la caída de la manzana. En otras palabras, la ley predice lo que acontecerá si no se producen cambios en las condiciones bajo las cuales se lleva a cabo el experimento.

Así pues, desde la perspectiva teísta, las leyes de la naturaleza predicen lo que va a ocurrir si Dios no interviene; aunque, por supuesto, no se trata de un robo si el Creador interviene en su propia creación. Es claramente engañoso argumentar que las leyes de la naturaleza hacen imposible que creamos en la existencia de Dios y la posibilidad de su intervención en el universo. Sería como pretender que el conocimiento de las leyes del motor de combustión interna nos impiden creer que el diseñador de un vehículo a motor, o uno de sus mecánicos, puede o podría intervenir y quitar el cabezal del cilindro. Por supuesto que puede hacerlo. Además, esta intervención no destruiría esas leyes. Las mismas leyes que explicaron por qué funciona el motor con el cabezal del cilindro explicarían ahora por qué no funciona si lo quitamos.

Por tanto, es impreciso y engañoso decir como Hume que los milagros "violan" las leyes de la naturaleza. Una vez más, las palabras de C. S. Lewis son muy útiles:

> Si Dios aniquila, crea o modifica una unidad de materia, ha creado una nueva situación. Inmediatamente, toda la naturaleza se ajusta a esa nueva situación, la hace encajar en su entorno, adapta todos los demás sucesos a ella. Acaba conformándose a todas las leyes. Si Dios crea un espermatozoide milagroso en el cuerpo de una virgen, no quebranta ninguna ley. De inmediato, las leyes toman el mando. La naturaleza está lista. Ella se queda embarazada de acuerdo a las leyes normales, y nueve meses después nace un bebé.[24]

En esta línea podríamos decir que el que los seres humanos no se levanten de los muertos *por medio de un mecanismo natural* es una ley de la naturaleza. Pero los cristianos no dice que Cristo resucitase de esa forma, sino que resucitó de los muertos gracias a un poder sobrenatural. Por sí mismas, las leyes de la naturaleza no pueden descartar esa posibilidad. Cuando un milagro tiene lugar, las leyes de la naturaleza son las que nos alertan de que estamos ante un milagro. Es importante comprender que los cristianos no rechazan las leyes de la naturaleza, como Hume da a entender. Una parte esencial de la posición cristiana es creer en ellas como descripciones de aquellas regularidades y relaciones causa-efecto puestas en el universo por su Creador y por las cuales normalmente opera. Si no las conociéramos, nunca podríamos reconocer un milagro si viésemos uno.

El argumento de la uniformidad de la experiencia

En cualquier libro, los milagros, por definición, son excepciones de lo que ocurre normalmente. Si los milagros fuesen normales, ¡no se les llamaría milagros! ¿Qué quiere decir entonces Hume por "experiencia uniforme"? Una cosa es decir "La experiencia muestra que esto y aquello es lo que ocurre normalmente, pero puede haber excepciones, aunque no se ha observado ninguna, es decir, la experiencia que *hemos tenido* ha sido uniforme". Pero es muy diferente decir: "Esto es lo que experimentamos normalmente, y es lo que siempre debemos experimentar porque no puede haber ni hay excepciones".

Hume parece estar a favor de la segunda definición. Para él, un milagro es algo que nunca se ha experimentado antes; porque de haberlo experimentado antes, ya no se puede hablar de milagro. Sin embargo, esta afirmación es muy arbitraria. ¿Por qué no ha podido haber una sucesión de milagros en el pasado, así como el milagro del que podríamos estar hablando en este momento? Lo que Hume hace es dar por sentado lo que quiere demostrar, concretamente que nunca ha habido milagros en el pasado, y que por tanto existe una experiencia uniforme que niega que este ejemplo presente sea un milagro. No obstante, su argumento se enfrenta a varios problemas. ¿Cómo lo sabe? Para saber si la experiencia en contra los milagros es absolutamente uniforme necesitaría tener acceso total a todos los acontecimientos del universo de todas las épocas y todos los lugares, lo que evidentemente es imposible. Parece que Hume ha olvidado que los humanos solo han podido ver una pequeñísima fracción de la suma total de sucesos que han tenido lugar en el universo; y en cualquier caso, de todas las observaciones humanas, muy pocas se han puesto por escrito. Por tanto, Hume no puede saber que nunca ha habido milagros. Simplemente está suponiendo lo que quiere demostrar: que la naturaleza es uniforme, ¡y que nunca se han producido milagros!

La única alternativa real al argumento circular de Hume es, por supuesto, estar abierto a la posibilidad de que haya habido milagros. Se trata de una cuestión histórica, no de una cuestión filosófica, y depende del testimonio y las evidencias. Pero Hume no parece estar dispuesto a considerar si existen o no evidencias históricas válidas de que hayan ocurrido milagros. Simplemente lo rechaza, afirmando que la experiencia contra los milagros es "firme e inalterable". Sin embargo, repetimos, su afirmación no tiene fundamento a menos que demuestre que todas los relatos de milagros son falsos. Pero ni siquiera lo intentó, por lo que no tuvo forma de conocer la respuesta. Los nuevos ateos lo siguen como ovejas. Sin embargo, en este tema es un guía ciego.

Los criterios de Hume para la evidencia y la credibilidad de los testigos

Hume piensa, justificadamente, que "un hombre sabio adecúa su creencia a la evidencia".[25] Significa que cuando la persona sabia se enfrenta, por ejemplo, al relato de un milagro, sopesará todas las evidencias a favor del milagro por un lado, y todas las evidencias en contra por otro, y seguidamente tomará una decisión. Hume añade un criterio más para ayudar en este proceso:

> Ningún testimonio es suficiente para establecer un milagro, a no ser que sea de tal clase que su falsedad sea más milagrosa que el hecho que trata de establecer... Cuando alguien me dice que ha visto a un hombre muerto que ha vuelto a la vida, considero inmediatamente si es más probable que esta persona me esté engañando o haya sido engañada, o que el hecho que relata haya ocurrido realmente. Sopeso un milagro frente al otro; y tomo una decisión en función de la superioridad que descubro, rechazando siempre el milagro mayor. Si la falsedad de su testimonio fuese más milagrosa que el acontecimiento que relata, entonces, y solo entonces, puede aspirar a controlar mi creencia u opinión.[26]

Examinemos lo que Hume está diciendo aquí. Supongamos que alguien te dice que ha ocurrido un milagro. Tú tienes que decidir si es verdadero o falso. Si el carácter del testigo es dudoso, lo más probable es que rechaces su historia de inmediato. Sin embargo, si esa persona es conocida por su integridad moral, el siguiente paso es analizar aquello que ha contado. La opinión de Hume es que debes considerarla falsa, a no ser que creer en su falsedad te lleve a una situación imposible, y tenga consecuencias totalmente inexplicables en la historia, que necesites un milagro aún mayor para explicarlas.

Los criterios de Hume aplicados a la idea de que los discípulos eran unos estafadores

¡Este criterio de Hume es precisamente el que los cristianos emplearán! El profesor Sir Norman Anderson, antiguo director del Instituto de Estudios Jurídicos Avanzados de la Universidad de Londres, escribe en las primeras palabras de su libro *The Evidence for the Resurrection* [Evidencias de la resurrección]:

> La resurrección no es principalmente un consuelo, sino un desafío. Su mensaje, o es el hecho más importante de la historia o un fraude gigantesco... Si es verdad, entonces es el hecho más importante de la historia; y no ajustar nuestra vida a sus implicaciones significa una pérdida irreparable. Pero si no es verdad, si Cristo no ha resucitado, entonces todo el cristianismo es un fraude, impuesto al mundo por un grupo de mentirosos consumados o, en el mejor de los casos, unos pobres engañados. El propio Pablo era consciente de ello cuando escribió: *Si Cristo no ha resucitado, vana es entonces nuestra predicación, y vana también nuestra fe. Aun más, somos hallados testigos falsos de Dios.*[27]

Siglos antes de Hume, el apóstol cristiano Pablo lo tenía claro: o Cristo ha resucitado, o él y los demás apóstoles son culpables de cometer fraude de forma deliberada.[28] Pero entonces surge la siguiente pregunta: ¿es posible creer que los apóstoles de Cristo eran el tipo de hombres que urdirían una mentira, la impondrían a sus seguidores, y no solo los verían morir por ella sino que ellos mismos pagarían por su mentira con la cárcel, persecución y sufrimiento constante, y finalmente con su vida?

Debemos recordar que, al principio del cristianismo, los apóstoles Pedro y Juan fueron encarcelados dos veces por las autoridades por predicar la resurrección.[29] No mucho después, Herodes asesinó a Jacobo, el hermano de Juan. ¿Podemos imaginar a Juan guardando silencio mientras su hermano sufría de aquella manera, si sabía que la resurrección era una mentira? Cuando Juan murió ya anciano, exiliado en la isla de Patmos por su fe, muchas personas habían entregado su vida en el nombre del Cristo resucitado. Juan nos cuenta explícitamente que no podría aprobar una mentira ni siquiera por una buena causa. Su razón: *ninguna mentira procede de la verdad*.[30] Entonces ¿era Juan el tipo de hombre que aguantaría ver a su hermano y a otros morir por una mentira que él mismo había urdido? Difícilmente. ¿Y qué decir de Pedro? La tradición histórica nos dice que finalmente fue martirizado, tal como Jesús le había indicado.[31] ¿Es posible que hubiese permitido que lo martirizasen por lo que sabía que era una mentira?

En cualquier caso, ¿es razonable suponer que ninguno de los discípulos que cometieron ese fraude se vino abajo en medio de la tortura y confesó que todo era una mentira? No, francamente, es imposible creer que mentían deliberadamente. Así pues, según el criterio de Hume, si creer que los discípulos eran unos mentirosos lleva a una contradicción histórica y moral inexplicable, entonces debemos aceptar su testimonio, como millones de personas han hecho a lo largo de los últimos veinte siglos.

Los criterios de Hume aplicados a la causa del crecimiento del cristianismo

La existencia de la iglesia cristiana por todo el mundo es un hecho indiscutible. En el espíritu del criterio de Hume preguntamos: ¿qué explicación es adecuada para explicar la transformación de los primeros discípulos? A partir de un grupo de hombres y mujeres —totalmente deprimidos y desilusionados por la calamidad que cayó sobre su movimiento cuando su líder fue crucificado—, de repente estalló un poderoso movimiento internacional que se estableció rápidamente por todo el Imperio Romano, y finalmente por todo el mundo. Y lo sorprendente es que los primeros discípulos eran todos judíos, una religión que no destacaba por su entusiasmo a la hora de incluir a personas de otras naciones. ¿Qué fue lo que de forma tan poderosa puso todo eso en marcha?

Si preguntásemos a los miembros de la iglesia primitiva responderían al unísono que fue la resurrección de Jesús. Ciertamente, mantenían que la razón y el propósito de su existencia era ser testigos de la resurrección de Cristo. Es decir, no nacieron para promulgar un programa político o una campaña para la renovación moral, sino para dar testimonio de que Dios había intervenido en la historia, había resucitado a Cristo de los muertos, y que el perdón de los pecados podía recibirse en su nombre. Este mensaje tendría en última instancia importantes implicaciones morales para la sociedad, pero el mensaje central era la resurrección en sí misma.

Si rechazamos la explicación que los mismos cristianos dieron de su existencia porque requiere un milagro demasiado grande, ¿qué vamos a poner en su lugar que no suponga un reto aún mayor para nuestra capacidad para creer? Negar la resurrección simplemente deja a la iglesia sin una razón de ser, lo que es histórica y psicológicamente absurdo.

El profesor C. F. D. Moule de Cambridge escribió:

> Si el nacimiento de los nazarenos, un fenómeno atestiguado por el Nuevo Testamento de forma innegable, abre un gran agujero en la historia, un agujero del tamaño y la forma de la resurrección, ¿qué propone el historiador secular para llenar ese agujero?... el nacimiento y rápido ascenso de la Iglesia cristiana... sigue siendo un enigma sin resolver para cualquier historiador que se niegue a tomarse en serio la única explicación ofrecida por la propia Iglesia.[32]

Más objeciones de Hume a los milagros

Hasta ahora, el criterio de Hume tiene sentido. Pero luego muestra que no está dispuesto a proceder con una valoración imparcial de las evidencias para determinar si un milagro ha ocurrido o no. El veredicto contra los milagros lo ha decidido de antemano, ¡antes de que se celebre ningún juicio! En el siguiente párrafo dice haber sido demasiado generoso al imaginar que el "testimonio sobre el que se fundamenta un milagro puede ser equivalente a una prueba", ya que "ningún acontecimiento milagroso ha contado con evidencias suficientes". Pero esto es precisamente lo que los cristianos discuten. Afirman, por ejemplo, que sí existen evidencias históricas sólidas de la resurrección de Cristo, evidencias que Hume no parece haber considerado.

Podríamos resumir el razonamiento de Hume de la siguiente forma:

1. Las leyes de la naturaleza describen regularidades.

2. Los milagros son singularidades, excepciones al curso regular de la naturaleza, y extremadamente raros.

3. Las evidencias de lo que es regular y repetible siempre tienen que ser mayores que las evidencias de lo que es singular e irrepetible.

4. El hombre sabio basa su creencia en el peso de la evidencia.

5. Por tanto, un hombre sabio nunca podrá creer en los milagros.

En otras palabras, aunque al principio Hume parece abierto a la posibilidad teórica de que se haya producido un milagro si la evidencia es lo suficientemente sólida, finalmente revela estar totalmente convencido desde el principio de que nunca puede haber pruebas suficientes para persuadir de ello a una persona racional, ¡porque las personas racionales saben que los milagros no pueden ocurrir! Está claro que podemos acusar a Hume de incurrir en una petición de principio.

La idea del punto tres, que la evidencia de lo que es regular y repetible siempre tiene que ser mayor que la evidencia de lo singular e irrepetible, la enfatiza fuertemente Anthony Flew en su defensa original del argumento de Hume.[33] Flew argumenta que "la proposición que informa del (supuesto) suceso del milagro será singular, particular y en tiempo pasado", y deduce que, como las proposiciones de este tipo no pueden probarse directamente, la evidencia siempre será inconmensurablemente más débil, por lógica, que la evidencia de las proposiciones generales y repetibles.[34]

Sin embargo, además de la cuestión del milagro, este argumento es contraproducente para la ciencia, siendo el origen del universo el ejemplo clásico. El así llamado "Big Bang" es una singularidad en el pasado, un acontecimiento irrepetible. Por tanto, si el argumento de Flew es válido, ¡ningún científico debería creer en el Big Bang! De hecho, cuando los científicos comenzaron a hablar de que el universo comenzó con una singularidad, encontraron fuertes objeciones por parte de algunos de sus colegas que sostenían puntos de vista uniformistas, como los de Flew. Sin embargo, estudiar los datos disponibles —no argumentos teóricos sobre lo que era o no posible en base a una supuesta uniformidad— les convenció de que el Big Bang era una explicación plausible. Así pues, es muy importante ser consciente de que, aunque los científicos hablen de la uniformidad de la naturaleza, no se están refiriendo a una uniformidad absoluta, especialmente si creen en singularidades como el Big Bang. Flew abandonó sus opiniones anteriores y pasó a ser deísta, ante la evidencia de que el origen de la vida no puede encajarse en una explicación naturalista de la uniformidad de la naturaleza.

Volviendo a la cuestión de la resurrección de Cristo, Hume y Flew han pasado por alto que es simplemente inadecuado juzgar la posibilidad de que la resurrección ocurriese en base a la observación y la elevada probabilidad de que los muertos permanecen en ese estado. Lo que tendrían que haber hecho (pero no hicieron) era sopesar la probabilidad de la resurrección de Jesús frente a la probabilidad de que su tumba quedase vacía *por cualquier otra hipótesis* que no fuera la resurrección.[35] Lo haremos en breve.

Hume sí es consciente de que existen situaciones en que las personas tienen dificultades entendibles para aceptar algo por ser ajeno a su experiencia, pero que sin embargo es cierto. Relata la historia de un príncipe indio que se negó a creer lo que le decían acerca de los efectos de las heladas.[36] La idea de Hume es que, aunque lo que le dijeron no era contrario a su experiencia, no era conforme a ella.

Sin embargo, ni siquiera aquí está Hume sobre terreno seguro. En la ciencia moderna, especialmente en las teorías de la relatividad y la mecánica cuántica, existen ideas clave que parecen contrarias a nuestra experiencia. Una aplicación estricta de los principios de Hume bien podría haber rechazado tales ideas, ¡e impedido por tanto el progreso de la ciencia! Frecuentemente, la anomalía incomprensible, el hecho contrario, la excepción a las observaciones y a las experiencias pasadas, es lo que acaba siendo la clave del descubrimiento de un nuevo paradigma científico. Sin embargo, lo crucial es que la excepción sea un *hecho*, por muy improbable que pueda ser en base a la experiencia pasada repetida. A las personas sabias, sobre todo si son científicos, lo que les importa son los hechos, no solo las probabilidades, aunque esos hechos no parezcan encajar en sus esquemas uniformistas.

Estoy de acuerdo en que los milagros son inherentemente improbables. Siempre deberíamos exigir evidencias sólidas (ver el punto 5 de Hume). Pero ese no es el problema de los milagros que encontramos en el Nuevo Testamento. El verdadero problema es que amenazan los fundamentos del naturalismo, que es sin duda la cosmovisión de Hume en este punto. Es decir, Hume considera axiomático que la naturaleza es todo lo que hay, y que no hay nada ni nadie fuera de ella que pueda intervenir de cuando en cuando. Eso es lo que quiere decir cuando afirma que la naturaleza es uniforme. Su axioma, por supuesto, es simplemente una creencia que surge de su cosmovisión. No es una consecuencia de la investigación científica.

Irónicamente, los cristianos argumentarán que *solo la creencia en un Creador nos da una base satisfactoria para creer en la uniformidad de la naturaleza*. Al negar la existencia de un Creador, ¡los ateos están desechando la base de su propio argumento! C. S. Lewis lo expresa de la siguiente manera:

> Si todo lo que existe en la naturaleza, el gran suceso mecánico interconectado, si nuestras convicciones más profundas son simplemente

el subproducto de un proceso irracional, entonces claramente no existe el más mínimo indicio para suponer que nuestro sentido de adecuación y nuestra consiguiente fe en la uniformidad nos dicen algo acerca de una realidad externa a nosotros. Nuestras convicciones son simplemente un hecho que nos caracteriza: igual que el color de nuestro cabello. Si el naturalismo es verdadero, no tenemos razones para confiar en nuestra convicción de que la naturaleza es uniforme. Solo se podría confiar en ella si existiese una metafísica diferente. Si el aspecto más profundo de la realidad, el Hecho, que es la fuente de todo lo factual, es en cierto grado como nosotros —si es un Espíritu Racional y nuestra espiritualidad racional proviene de él—, entonces podemos confiar en nuestra convicción. Nuestra repugnancia hacia el desorden deriva del Creador de la naturaleza, que es también nuestro Creador.[37]

En primer lugar pues, excluir la posibilidad del milagro, y hacer de la naturaleza y sus procesos un absoluto en nombre de la ciencia, elimina toda base para confiar en la racionalidad de la ciencia. Por otro lado, considerar la naturaleza solo como parte de una realidad mayor, que incluye al inteligente Dios Creador de la naturaleza, provee una justificación racional de la creencia en el orden de la naturaleza, convicción que condujo al crecimiento de la ciencia moderna.

En segundo lugar, sin embargo, si uno admite la existencia de un Creador para explicar la uniformidad de la naturaleza, inevitablemente se abre la puerta a que ese mismo Creador intervenga en el curso de la naturaleza. No existe tal cosa como un Creador domesticado que no pueda, no deba o no se atreva a involucrarse activamente en el universo que ha creado. Por tanto, los milagros pueden producirse.

Repito una vez más que uno puede estar de acuerdo con Hume en que "la experiencia uniforme" muestra que la resurrección *por medio de un mecanismo natural* es extremadamente improbable, y tal vez deba descartarse. Pero los cristianos no dicen que Jesús resucitase de esa forma. Afirman algo totalmente diferente: que Dios lo levantó de los muertos. Y si existe un Dios, ¿por qué iba a ser imposible?

Todo esto prepara el camino para considerar la resurrección desde la perspectiva de la historia, como Wolfhart Pannenberg deja claro: "Dado que la historiografía no comienza con un concepto restringido de la realidad según el cual 'los hombres muertos no resucitan', no queda claro por qué la historiografía no podría hablar en principio sobre la resurrección de Jesús como la explicación mejor establecida para sucesos como las experiencias de los discípulos de las apariciones y el descubrimiento de la tumba vacía".[38]

En este capítulo hemos estado considerando fundamentalmente razones *a priori*[39] por las cuales Hume y otros han rechazado los milagros. Sin embargo, hemos visto que no es la ciencia la que descarta los milagros. Por tanto, no hay duda de que la actitud abierta que la razón nos demanda consiste en pasar a investigar las evidencias, establecer los hechos y estar dispuestos a llegar adonde ese proceso nos conduzca; incluso si ello implica alterar nuestras ideas preconcebidas. Procedamos pues, y animemos a los nuevos ateos a dejar atrás a Hume y seguirnos. ¡Nunca sabremos si hay un ratón en el desván a no ser que subamos y miremos!

¿RESUCITÓ JESÚS DE LOS MUERTOS?[1]

Así que llegamos a la resurrección de Jesucristo. Es tan insignificante; tan trivial; tan local; tan terrenal; tan indigno del universo.

Los relatos de la resurrección y la ascensión de Jesús están tan bien documentados como el cuento de Juan y las habichuelas mágicas.

Richard Dawkins

La resurrección de Jesús sí ofrece una explicación suficiente de la tumba vacía y los encuentros con Jesús. Después de examinar todas las hipótesis posibles que encontramos en la literatura, creo que también es una explicación necesaria.

Tom Wright

Los nuevos ateos no se cansan de citar la respuesta de Bertrand Russell cuando le preguntaron qué diría si Dios le preguntase tras su muerte por qué no había creído: "Muy poca evidencia, Dios; muy poca evidencia". Pero entonces ocurre algo curioso. Cuando les ofreces evidencias, se niegan a examinarlas. Ya he mencionado el rechazo despectivo de la resurrección por parte de Richard Dawkins en nuestro debate *El espejismo de Dios*, por lo que su actitud es clara. Además, no conozco ningún intento serio de ninguno de los nuevos ateos de enfrentarse a las evidencias de la resurrección de Jesucristo. De hecho, es peor aún. Su actitud hacia la historia en general se caracteriza por prejuicios de una mente totalmente cerrada: a años luz de la actitud científica abierta que, en teoría, tienen en alta estima.

Por ejemplo, es probable que sea muy difícil conseguir que consideren seriamente las evidencias históricas de la resurrección de Jesús si cuestionan la existencia del mismo. Christopher Hitchens habló de "la muy cuestionable existencia de Jesús".[2] Richard Dawkins concede la probable existencia de Jesús, aunque dice: "Incluso es posible montar un caso histórico serio, aunque no ampliamente apoyado, en el que Jesús nunca hubiera existido en absoluto, tal como han hecho, entre otros, el profesor G. A. Wells de la Universidad de Londres".[3] Un poco después en el mismo libro, Dawkins dice: "En efecto, Jesús, si es que existió (o quien redactara su Escritura si no fue así)...". Lo interesante aquí es que ni Hitchens ni Dawkins parecen haberse molestado en consultar algún reputado historiador de la Antigüedad (Wells es profesor emérito de alemán). Si el caso de Wells no está "ampliamente apoyado", ¿por qué Dawkins, en honor al rigor, no nos dice por qué? Como a mí me interesa la exactitud, y al igual que Dawkins no soy historiador, he consultado a los expertos. Aquí tenemos algunos ejemplos de lo que he encontrado. Por cierto, algunos de ellos se los mencionó en mi presencia un historiador de la Antigüedad al físico ateo Victor Stenger; el historiador se opuso a la insistencia de Stenger de que no había evidencias históricas de la existencia de Jesús.[4]

En primer lugar, una voz desde los Estados Unidos. Ed Sanders, de la Universidad Duke, una de las principales figuras del estudio histórico de Jesús durante las tres últimas décadas, y agnóstico confeso, escribe:

> No existen dudas sustanciales acerca del curso general de la vida de Jesús: cuándo y dónde vivió, aproximadamente cuándo y dónde murió, y la clase de cosas que hizo durante su actividad pública... Primero ofreceré una lista de declaraciones acerca de Jesús que cumplen dos requisitos: prácticamente están fuera de toda duda; y pertenecen al marco de su vida, y especialmente de su carrera pública: Jesús nació aproximadamente en el año 4 a.C., cerca de la muerte de Herodes el Grande; pasó su niñez y primeros años adultos en Nazaret, una aldea galilea; fue bautizado por Juan el Bautista; llamó a discípulos; enseñó en pueblos los, las aldeas y en la campiña de Galilea (aparentemente no en las ciudades); predicó "el reino de Dios"; cuando tenía aproximadamente treinta años fue a Jerusalén para la Pascua; provocó un alboroto en el área del templo; celebró una última cena con los discípulos; las autoridades judías lo arrestaron e interrogaron, específicamente el Sumo Sacerdote; fue ejecutado por orden del prefecto romano, Poncio Pilato. Podemos añadir aquí una corta lista de hechos igualmente seguros sobre las repercusiones

de la vida de Jesús: sus discípulos huyeron; lo vieron (lo que no es seguro es en qué sentido) después de su muerte; como consecuencia, creyeron que volvería para fundar el reino; formaron una comunidad para esperar su regreso y buscaron animar a otros a creer en él como Mesías de Dios.[5]

Seguidamente, una voz desde Inglaterra. Christopher Tuckett, Universidad de Oxford, autor del libro de texto de la Universidad de Cambridge sobre el Jesús histórico:

Todo esto hace al menos muy inverosímil cualquier teoría rebuscada de que incluso la propia existencia de Jesús fue una invención cristiana. El hecho de que Jesús existió, de que fue crucificado bajo el mandato de Poncio Pilato (por la razón que fuese) y de que tuvo un grupo de seguidores que continuaron apoyando su causa parece formar parte del fundamento de la tradición histórica. La evidencia no cristiana nos proporciona seguridad como mínimo en ese ámbito.[6]

Finalmente, una voz desde Alemania. Gerd Thiessen, uno de los principales historiadores alemanes del Nuevo Testamento del extremo liberal/escéptico del espectro teológico, dice:

Las menciones a Jesús en los historiadores antiguos disipan dudas acerca de su historicidad. Las noticias acerca de Jesús en los escritores judíos y paganos... especialmente en Josefo, la carta de Sarapión y Tácito, indican que la historicidad de Jesús se daba por hecho en la antigüedad, y con razón, como muestran dos observaciones de las fuentes mencionadas arriba:

Las noticias sobre Jesús son independientes las unas de las otras. Tres autores de diferentes entornos utilizan información sobre Jesús de forma independiente: un aristócrata e historiador judío, un filósofo sirio y un estadista e historiador romano.

Los tres conocen la ejecución de Jesús, pero de diferentes formas: Tácito hace responsable de la misma a Poncio Pilato, Mara bar Sarapión al pueblo judío, y el Testimonium Flavianum (probablemente) a una cooperación entre la aristocracia judía y el gobernador romano. La ejecución era ofensiva para cualquier seguidor de Jesús. Nadie habría inventado un "escándalo" así.[7]

Todo esto muestra que Bertrand Russell ignoraba por completo los hechos cuando escribió lo siguiente en su libro *Por qué no soy cristiano*: "Históricamente hablando es bastante dudoso que Cristo existiera, y si existió, no sabemos nada sobre él".[8] Recuerdo bien la primera vez que leí el libro de Russell como estudiante en Cambridge. Me lo habían recomendado como una de las refutaciones intelectuales más rotundas e importantes del cristianismo jamás escritas. Y empecé a leerlo preguntándome qué efecto tendría en mi pensamiento. No estaba preparado para lo que encontré. Yo esperaba un examen cuidadoso e incisivo de las evidencias disponibles, muchas de las cuales yo ya conocía. Pero acabé el libro con la impresión de que Russell simplemente no había profundizado nada en las numerosas evidencias que sustentan el cristianismo. El efecto que ese libro tuvo sobre mí fue una enorme decepción con Russell (después de todo, era matemático), y reafirmar mi fe cristiana en lugar de debilitarla. Recientemente he tenido muchas experiencias parecidas leyendo a los nuevos ateos.

Es muy difícil saber cómo proceder con personas que, por un lado, insisten en que examinemos las evidencias que según ellos sostienen sus puntos de vista y que después, por otro, exigen a gritos que ofrezcamos nuestras evidencias, y rechazan terminantemente lo que les ofrecemos. Soy consciente de que no puedo esperar persuadir a la minoría que ya ha decidido su respuesta sin mirar las evidencias; por tanto, debo escribir ahora para aquellos que, con el espíritu de Sócrates, no se conforman con permanecer en la niebla intelectual generada por el nuevo ateísmo, sino que están genuinamente interesados en seguir las evidencias históricas allá donde nos lleven.

Le recuerdo al lector que empleo el término "evidencia", y no "demostración", ya que, como apuntamos en el capítulo 2, la demostración en el sentido matemático riguroso no está disponible en ninguna otra disciplina o área de la experiencia, ni siquiera en las llamadas ciencias "duras". En todas las demás disciplinas hablamos de evidencia; y cada persona debe decidir si la evidencia le convence o no. Este es el enfoque que adoptaré aquí. Presentaré la evidencia tal como la entiendo, y dejaré que mis lectores decidan si tengo razón en mi argumentación.

La resurrección de Jesucristo se encuentra está en el centro del cristianismo. De hecho, debemos destacar que, independientemente de lo que puedan tener en común a nivel de la enseñanza ética (y es considerable), la muerte y la resurrección de Jesús son asuntos cruciales que separan a las tres religiones monoteístas: judaísmo, islamismo y cristianismo. El judaísmo sostiene que Jesús murió, pero no resucitó; el islam dice que Jesús nunca murió; y el cristianismo afirma que murió y resucitó. Queda claro que estas tres formas de entender la historia son mutuamente excluyentes, y que solo una de ellas puede ser cierta.

Durante siglos, los cristianos se han saludado en Semana Santa con las palabras confiadas y triunfantes: "¡Cristo ha resucitado! ¡En verdad ha resucitado!". Así pues, es tiempo de examinar la base de esa confianza.

Las fuentes de la evidencia

Todo esto nos deja ante otra dificultad. La mayor parte de nuestras evidencias proceden del Nuevo Testamento, y existe una idea generalizada de que el Nuevo Testamento no es históricamente fiable. Los nuevos ateos han hecho su parte transmitiendo esa idea sumamente errónea al público general. Por ejemplo, Richard Dawkins escribe: "Aunque es probable que Jesús existiera, reputados eruditos bíblicos no confían en general en el Nuevo Testamento (y, obviamente, tampoco en el Antiguo Testamento) como registro fiable de lo que realmente aconteció en la Historia, por lo que en adelante no consideraré a la Biblia como evidencia... La única diferencia entre *El código Da Vinci* y los Evangelios es que estos son ficciones antiguas, mientras que *El código Da Vinci* es una ficción moderna".[9] Hitchens pensaba que el Nuevo Testamento es "una obra de carpintería tosca, ensamblada de manera forzada mucho después de acaecidos los pretendidos acontecimientos y llena de vacilaciones e improvisaciones para presentar los hechos de la forma adecuada".[10]

Una vez más, esta desestimación arrogante de los Evangelios como ficción antigua nos dice más sobre la actitud de Dawkins y Hitchens hacia la historia que sobre la autenticidad de los Evangelios. Como muchos otros, parecen no ser conscientes de la evidencia de la autenticidad y fiabilidad del texto del Nuevo Testamento. No parecen haber consultado la bibliografía pertinente. De hecho, Hitchens cita como autoridad a H. L. Mencken, un periodista estadounidense que aparentemente ni siquiera fue a la universidad. Aquí tenemos solo un poco de lo que podrían haberse encontrado de haber realizado una investigación un poco seria.

El número de manuscritos

En la actualidad no tenemos ningún manuscrito original del Nuevo Testamento. Por tanto, si lo que poseemos es el resultado de un proceso de copiado a lo largo de los siglos, muchas personas se preguntan si lo que tenemos se parece en algo al texto original.

Esta dificultad generalmente la mencionan personas que no son conscientes de lo abrumadoramente sólida que es la evidencia del texto original del Nuevo Testamento.

En primer lugar está la enorme cantidad de manuscritos que tenemos ahora. Se han catalogado 5664 manuscritos parciales o completos del Nuevo Testamento en el griego original; y más de 9000 manuscritos que son traducciones tempranas al latín, siríaco, copto, árabe, y otras lenguas. Además, en los padres de la iglesia primitiva, que escribieron entre los siglos II y IV d. C., hay 38289 citas del Nuevo Testamento. Por tanto, si perdiésemos todos los manuscritos del Nuevo Testamento podríamos reconstruirlo en su totalidad a partir de esas citas (a excepción de 11 versículos).

Para tener una idea de la importancia de estos números, resulta útil compararlo con la evidencia documental disponible de otras obras literarias antiguas. Por ejemplo, el historiador romano Tácito escribió *Los anales de la Roma imperial* alrededor del año 116 d. C. De los primeros seis libros de esta obra solo tenemos un manuscrito, que se copió alrededor del año 850 d. C. De los libros 11 al 16 tenemos también un único manuscrito, datado en el siglo XI. La evidencia documental es por tanto muy escasa, y el lapso de tiempo entre la compilación original y los manuscritos más antiguos que conservamos es de más de 700 años.

La evidencia documental de *La guerra de los judíos*, escrita en griego por el historiador del primer siglo Josefo, consta de nueve manuscritos copiados entre los siglos X y XII d. C.; de una traducción al latín del siglo IV; y de algunas versiones rusas de los siglos XI y XII. La obra secular antigua con más soporte documental es *La Ilíada* de Homero (h. 800 a. C.), de la que se conservan 643 copias manuscritas del siglo II d. C. y posteriores.

En este caso, el lapso de tiempo transcurrido entre los manuscritos originales y los más antiguos que conservamos es de mil años.

La idea principal que queremos resaltar es que los expertos tratan esos documentos como representaciones auténticas de los originales, a pesar de la escasez de manuscritos y de las fechas tardías. En comparación con ellos, el Nuevo Testamento es, de lejos, el documento mejor certificado del mundo antiguo.

La edad de los manuscritos

El tiempo transcurrido entre la fecha de ciertos manuscritos antiguos y los originales es considerable. ¿Qué ocurre en el caso del Nuevo Testamento? Una vez más, la evidencia de la autenticidad del texto es extremadamente impresionante si la comparamos con otras obras antiguas.

Algunos de los manuscritos del Nuevo Testamento son muy antiguos. Los Papiros Bodmer (de la colección Bodmer, Cologny, Suiza) contienen unos dos tercios del Evangelio de Juan en un papiro de alrededor del año 200 d. C. Otro papiro del siglo III tiene partes de Lucas y Juan. Los manuscritos más importantes son quizá los Papiros Chester Beatty, descubiertos en 1930 y conservados ahora en el Museo Chester Beatty de Dublín, Irlanda. El papiro 1 procede del siglo III y contiene partes de los cuatro Evangelios y Hechos. El papiro 2, de alrededor de 200 d. C., contiene porciones importantes de ocho epístolas de Pablo, además de partes de la carta a los Hebreos. El papiro 3 contiene una gran parte del libro de Apocalipsis, y está datado en el siglo III.

Algunos fragmentos son incluso anteriores. El famoso Papiro Rylands (en la Biblioteca John Rylands, Manchester, Inglaterra), que contiene cinco versículos del Evangelio de Juan, está datado según algunos en la época del emperador Adriano, 117-138 d. C.; y, según otros, incluso en el reinado de Trajano, 98-117 d. C. Esto refuta el influyente punto de vista de los eruditos alemanes escépticos del siglo XIX de que el Evangelio de Juan no pudo haberse escrito antes de 160 d. C.

Los manuscritos más antiguos que se conservan y que contienen todos los libros del Nuevo Testamento se escribieron alrededor de 325-350 d. C. (Por cierto, fue en 325 d. C. cuando el Concilio de Nicea decretó que la Biblia podía copiarse libremente). Los más importantes son el *Codex Vaticanus* y el *Codex Sinaiticus*, que se llaman manuscritos unciales porque están escritos en letras mayúsculas griegas. El *Codex Vaticanus* fue catalogado por la Biblioteca Vaticana (de ahí su nombre) en 1475; pero durante los cuatrocientos años siguientes estaba prohibido que los eruditos lo estudiaran, ¡algo bastante extraño a la luz de la decisión original del Concilio de Nicea!

El *Codex Sinaiticus* lo descubrió Tischendorf (1815-74) en el monasterio de Santa Catalina, en el monte Sinaí en Arabia, y ahora se encuentra en el Museo Británico de Londres y se considera uno de los testimonios más importantes del texto del Nuevo Testamento por su antigüedad, exactitud y falta de omisiones.

Errores en el proceso de copiado

Ahora podemos ver claramente que la objeción de que el Nuevo Testamento no es fiable por haber sido copiado tantas veces es totalmente infundada. Tomemos, por ejemplo, un manuscrito escrito alrededor del año 200 d. C. y que tiene por tanto unos 1800 años de antigüedad. ¿De qué fecha sería el manuscrito del que se copió? No lo sabemos, por supuesto; pero podría tener fácilmente 140 años de antigüedad. De ser así, ese manuscrito se habría escrito cuando muchos de los autores del Nuevo Testamento aún estaban vivos. Es decir, ¡pasamos de la época del Nuevo Testamento a la nuestra en tan solo *dos* pasos!

Además, aunque existen errores de copiado en la mayoría de los manuscritos (es prácticamente imposible copiar un documento largo a mano sin cometer algún error), no hay dos manuscritos que contengan exactamente los mismos errores. Por tanto, comparando todos estos manuscritos es posible reconstruir el texto original y, según los expertos, menos del dos por ciento del texto sería dudoso, y una gran parte de ese dos por ciento tendría que ver con rasgos lingüísticos que no afectan el sentido general. Además, como ninguna doctrina del Nuevo Testamento depende únicamente de un versículo o un pasaje, ninguna de ellas se pone en duda a causa de esas diferencias insignificantes.

Resumiendo la situación, Sir Frederic Kenyon, antiguo director del Museo Británico y una de las principales autoridades en lo referente a manuscritos antiguos, escribió: "El número de manuscritos del Nuevo Testamento, de traducciones tempranas, y de citas en los primeros textos cristianos es tan grande que es prácticamente seguro que la versión original de cada pasaje dudoso se conserve en alguna de esas autoridades antiguas. No puede decirse lo mismo de ningún otro libro antiguo del mundo".[11]

Bruce Metzger, profesor emérito de Nuevo Testamento en el Seminario Teológico de Princeton, uno de los expertos mundiales más eminentes en el Nuevo Testamento y autor de *The Text of the New Testament, Its Transmission, Corruption and Restoration* [El texto del Nuevo Testamento: su transmisión, corrupción y restauración][12] aprueba este veredicto. Dice así: "Podemos tener una gran confianza en la fidelidad con la que nos ha llegado este material, especialmente cuando lo comparamos con cualquier otra obra literaria antigua".[13]

Así pues, podemos confiar plenamente en que cuando leemos el Nuevo Testamento en la actualidad tenemos a todos los efectos prácticos lo que sus autores originales querían que tuviésemos. Eso nos conduce en seguida a una importante pregunta final: ¿los Evangelios son históricamente fiables?

¿Son los evangelios ficción antigua?

Como mencionábamos anteriormente en este capítulo, Dawkins se burla diciendo que la única diferencia entre los Evangelios y *El código Da Vinci* es que los primeros son ficción antigua. De forma parecida, Hitchens dice que los cristianos se equivocan al "suponer que los cuatro evangelios eran de algún modo un registro histórico de acontecimientos".[14] Sin embargo, los que están equivocados son ellos.

Tomemos como ejemplo el importante caso de los escritos de Lucas, cuya contribución al Nuevo Testamento consiste en su Evangelio y su historia de los comienzos del cristianismo, el libro de Hechos. La primera pregunta en esta caso (así como con cualquier documento) es: ¿cómo espera ser entendido el autor? Quien lee el Nuevo Testamento inmediatamente se dará cuenta de su fuerte tono histórico. Por ejemplo, en su introducción al tercer Evangelio, Lucas dice:

> Por cuanto muchos han tratado de compilar una historia de las cosas que entre nosotros son muy ciertas, tal como nos la han transmitido los que desde el principio fueron testigos oculares y ministros de la palabra, también a mí me ha parecido conveniente, después de haberlo investigado todo con diligencia desde el principio, escribírtelas ordenadamente, excelentísimo Teófilo, para que sepas la verdad precisa acerca de las cosas que te han sido enseñadas.[15]

Así pues, Lucas afirma escribir sobre acontecimientos que ocurrieron en un período de tiempo, y se remonta a los testigos oculares de los mismos. También afirma haber llevado a cabo su propia investigación, a fin de preparar un relato ordenado para un ciudadano romano de una posición elevada llamado Teófilo y mostrarle así la certeza de esos sucesos.

Uno de sus objetivos es anclar su relato de la vida de Cristo en el marco histórico del momento, por lo que comienza su narración propiamente dicha con la afirmación: "Hubo en los días de Herodes, rey de Judea". Después data los acontecimientos que rodearon el nacimiento de Cristo con más detalle: "Aconteció en aquellos días que salió un edicto de César Augusto, para que se hiciera un censo de todo el mundo habitado. Este fue el primer censo que se levantó cuando Cirenio era gobernador de Siria".[16] Cuando llega al comienzo de la vida pública de Cristo, da incluso más información sobre la fecha: "En el año decimoquinto del imperio de Tiberio César, siendo Poncio Pilato gobernador de Judea, y Herodes tetrarca de Galilea, y su hermano Felipe tetrarca de la región de Iturea y Traconite, y Lisanias tetrarca de Abilinia, durante el sumo sacerdocio de Anás y Caifás...".[17]

Este tipo de detalles y método de datación es característico de los historiadores antiguos serios cuando deseaban señalar acontecimientos importantes. Lucas no se conforma con el "érase una vez, en algún lugar" de la mitología o la ficción histórica. Ubica los hechos con exactitud en su contexto histórico con información comprobable. Esto muestra a sus lectores que espera que vean lo que escribe como históricamente fiable. La pregunta entonces es: ¿cuál es la evidencia de que Lucas es creíble?

La investigación histórica y arqueológica ha confirmado en repetidas ocasiones que Lucas es un historiador riguroso. Por ejemplo, vimos anteriormente que data el comienzo de la vida pública de Cristo en una época en la que *Lisanias era tetrarca de Abilinia*. Durante mucho tiempo se utilizó esta frase como prueba de que no podíamos tomar en serio a Lucas como historiador, ya que se decía que todo el mundo sabía que Lisanias no fue tetrarca, sino gobernador de Calcidia medio siglo antes. Las críticas se acallaron cuando se encontró una inscripción de la época de Tiberio (14-37 d. C.) que nombraba a un cierto Lisanias como tetrarca en Abila, cerca de Damasco; ¡justo lo que Lucas había dicho!

De forma similar, los críticos creyeron que Lucas estaba equivocado cuando en su historia de la iglesia cristiana primitiva, el libro de Hechos, usa la palabra "politarcas" para referirse a los oficiales municipales de Tesalónica,[18] ya que no había evidencias del uso de ese término en otros documentos romanos coetáneos. Sin embargo, posteriormente, los arqueólogos han encontrado más de treinta y cinco inscripciones que mencionan a los politarcas, algunos de ellos en Tesalónica, justo en el mismo período al que Lucas se estaba refiriendo.

Una generación anterior de eruditos creía que la mención de los no judíos "temerosos de Dios" en el libro de Hechos[19] mostraba que Lucas no era un historiador serio, ya que la existencia de esa categoría de gentiles era dudosa. Sin embargo, la experta en historia antigua Irina Levinskaya, de la Academia rusa de las Ciencias y de la Universidad de San Petersburgo, demuestra de forma impresionante que la investigación arqueológica respalda el relato de Lucas.[20] Se han encontrado inscripciones que revelan precisamente la existencia de esa clase de gentiles. De hecho, aparecen en una inscripción griega de Afrodisias bajo un encabezamiento aparte de los miembros de la comunidad judía. Levinskaya escribe: "Esta inscripción es muy importante para la controversia histórica sobre los gentiles simpatizantes del judaísmo porque, de una vez por todas, ha inclinado la balanza y ahora la carga de la prueba ya no se exige a los que creen en la existencia de los temerosos de Dios del texto de Lucas, sino a los que la han negado o han dudado de ella".[21]

El eminente historiador Sir William Ramsey, que pasó más de veinte años realizando investigaciones arqueológicas en las zonas sobre las que Lucas escribió, mostró que el evangelista no cometió ningún error en sus referencias a treinta y dos países, cincuenta y cuatro ciudades y nueve islas.[22]

En su obra definitiva, Colin Hemer detalla muchas áreas en las que Lucas exhibe un conocimiento muy preciso.[23] Citamos algunos de los muchos ejemplos de Hemer, a fin de dar una idea de lo que se ha descubierto:

1. Hechos 13:7 dice correctamente que Chipre era una provincia proconsular (senatorial) en la época, con Pafos como residencia del procónsul;

2. 14:11 muestra correctamente que, de forma insólita, el idioma de Licaonia se hablaba en Listra en la época;

3. 14:12 refleja el interés local por los dioses Zeus y Hermes, así como el concepto que tenían de ellos;

4. 16:12 identifica correctamente Filipos como una colonia romana, y nombra correctamente su puerto de mar Neápolis;

5. 16:14 identifica Tiatira como un centro de tintura, algo que confirman al menos siete inscripciones en la ciudad;

6. 17:1 menciona correctamente que Anfípolis y Apolonia eran estaciones de la Vía Egnatia entre Filipos y Tesalónica;

7. 17:16-18 muestra un buen conocimiento de Atenas: la abundancia de ídolos, el interés por el debate filosófico y los filósofos estoicos y epicúreos, así como sus enseñanzas;

8. Los capítulos 27 y 28 muestran un conocimiento preciso y detallado de la geografía y de los detalles de navegación del viaje a Roma.

Todos estos detalles exactos, y muchos más, respaldan el veredicto del historiador Sherwin-White: "La confirmación de la historicidad de Hechos es abrumadora... cualquier intento de rechazar su historicidad básica incluso en cuanto a los detalles debe verse como un absurdo".[24]

Así pues, Lucas ha demostrado ser un historiador de primera, y no existen razones para dudar de su crónica. Podríamos decir mucho más, pero ahora, con algo más de confianza en la fiabilidad histórica de nuestras fuentes, ya podemos pasar a examinar lo que el Nuevo Testamento nos ofrece como evidencia de la resurrección de Jesús.

La evidencia de la resurrección

Los expertos no solo han realizado una intensa investigación histórica sobre la evidencia documental del texto del Nuevo Testamento; también han invertido esfuerzos en estudiar la cuestión de la resurrección de Jesús. El filósofo Gary Habermas, que ha escrito de forma prolífica sobre este tema, ha recopilado una amplia bibliografía de más de 3000 artículos y libros académicos escritos (en inglés, francés y alemán) tan solo en los últimos treinta y cinco años.[25] En un libro breve como este tan solo podremos condensar las líneas principales del argumento.

No espero que el lector comparta mis convicciones acerca de la inspiración de los documentos bíblicos; pero sí espero que considere el argumento a la luz de la evidencia que podemos acumular a partir de diversas fuentes, como lo haríamos sin duda con cualquier otro texto de la historia antigua. De hecho, algunas de las evidencias proceden de fuentes ajenas al Nuevo Testamento.

Menciono este hecho de forma explícita, ya que muchos escépticos parecen descartar el Nuevo Testamento basándose en su suposición *a priori* de que este no es inspirado: una actitud que no adoptarían con ningún otro texto de la antigüedad.

La evidencia de la resurrección de Jesús es acumulativa, y supone la consideración de cuatro asuntos diferentes:

I. La muerte de Jesús

II. La sepultura de Jesús

III. La tumba vacía

IV. Los testigos oculares

I. La muerte de Jesús

Es evidente que no pudo haber resurrección si realmente Jesús no murió en la cruz. Por tanto, es importante ante todo establecer que realmente murió. Destacamos en primer lugar que su muerte quedó registrada en varias fuentes antiguas no cristianas. Josefo (37-100 d. C.), historiador romano judío del primer siglo, escribió: "Cuando Pilato, después de oír cómo le acusaban hombres de la más elevada posición entre nosotros, lo condenó a ser crucificado...".[26]

A principios del siglo II, Tácito (56-117 d. C.), un senador e historiador del Imperio Romano, escribió: "Nerón culpó [del incendio de Roma] y torturó a una clase odiada por sus abominaciones, a la que el populacho llamaba cristianos. Cristo, de quien toman el nombre, sufrió el castigo extremo [esto es, la crucifixión] durante el reinado de Tiberio a manos de uno de nuestros procuradores, Poncio Pilato".[27]

Sin embargo, algunos apuntan a la ocasión en la que Josefo recoge un ejemplo en el que alguien sobrevivió a la crucifixión, y a la luz de ello sugieren que Jesús no murió realmente en la cruz, sino que simplemente se desmayó; y después, cuando lo bajaron de la cruz, revivió con el aire fresco del sepulcro. Afirman que, aunque muy débil, Jesús se las arregló para salir de la tumba y que algunos de sus discípulos lo vieron, pálido como un fantasma (lo que no sería nada sorprendente). Estos imaginaron que se había producido una resurrección y difundieron la historia; pero en realidad, lo más probable es que Jesús simplemente vagase moribundo hasta morir por causa de las heridas en algún lugar sombrío y desconocido.

Pero esta teoría no se sostiene. En primer lugar, Josefo menciona que fueron crucificados tres hombres, todos amigos suyos; y cuando vio su dolor apeló a su amigo Tito, el comandante romano, que ordenó que los bajasen. Solo uno de ellos sobrevivió, a pesar de que recibieron la mejor atención médica de la época. En el caso de Jesús, la evidencia apunta claramente a que estaba muerto antes de que lo bajasen de la cruz. E incluso si hubiese estado vivo, sus posibilidades de sobrevivir habrían sido nulas considerando que no solo certificaron su muerte, sino que lo envolvieron con vendas que servían de vestidura mortuoria y cubrieron su cuerpo con una gran cantidad de especias, lo cual habría extinguido cualquier vestigio de vida.

En cualquier caso, la cantidad de lesiones de Jesús garantizaba su muerte. Antes de ser crucificado, lo azotaron y le pusieron una corona de espinos encajada sobre la cabeza.[28] Para los azotes, los romanos usaban un instrumento brutal llamado *flagrum*, un látigo con trozos de metal o huesos en los extremos, que desgarraba la carne humana de tal forma que en ocasiones la víctima moría durante los azotes. En el caso de Jesús, estaba tan débil como consecuencia de los azotes que no fue capaz de cargar con la cruz hasta el lugar de su ejecución.[29]

A continuación, Jesús fue crucificado. Eso significaba que lo clavaron a una estructura de madera en forma de cruz, con un madero vertical y otro cruzado: con un gran clavo le atravesaron ambos pies para fijarlos al vertical, y con otros dos fijaron las muñecas al horizontal. Esa disposición era tremendamente cruel, porque el clavo que atravesaba los pies permitía que las piernas sirviesen como apoyo cuando la víctima luchaba por levantar su cuerpo a fin de respirar un poco mejor. Eso prolongaba la agonía de la muerte, en ocasiones durante varios días.

Sin embargo, el día de reposo judío se acercaba y, según el relato de Juan, que fue testigo ocular,[30] las autoridades judías no querían que los cadáveres, que consideraban inmundos, permaneciesen en las cruces durante el Sabbat. Por tanto, pidieron permiso a Pilato para que acelerase la muerte de los tres hombres crucificados administrándoles el *crucifragium*; es decir, rompiéndoles las piernas.[31] Con ello, la parte superior del cuerpo perdía su punto de apoyo y caía como un peso muerto, haciendo que la respiración de la caja torácica se volviera muy difícil y acelerando por tanto la muerte si esta no se había producido aún. Obtuvieron dicho permiso. Sin embargo, cuando los soldados se acercaron a Jesús vieron que ya había fallecido, por lo que no le rompieron las piernas. Eso significa que estaban absolutamente seguros de que ya estaba muerto. Los soldados romanos sabían cuándo un cuerpo estaba sin vida. No obstante, presumiblemente para asegurarse doblemente de que Jesús estaba muerto, uno de los soldados le atravesó el costado con una lanza.

Juan nos cuenta que la lanza hizo que del cuerpo de Jesús brotara sangre y agua.[32] Aquí tenemos la evidencia médica de su muerte. Esto indica que en las principales arterias la sangre se había coagulado, poniendo de manifiesto que Jesús había fallecido incluso antes de que le clavaran la lanzada. Como Juan no podía conocer el significado patológico de este hecho, este detalle circunstancial es una pieza clave que prueba la creencia cristiana de que Jesús realmente murió.[33]

Cuando José de Arimatea, miembro del Sanedrín, fue después a Pilato a pedirle el cuerpo para sepultarlo, Pilato no estaba dispuesto a asumir ningún riesgo, ni siquiera por una persona tan prominente. En el Evangelio más temprano, Marcos recoge que Pilato se sorprendió de que Jesús ya hubiese muerto (recordemos que los crucificados frecuentemente agonizaban durante algunos días); por tanto, tuvo la precaución de comprobarlo con el centurión al cargo. Hasta que no recibió la confirmación de la muerte no dejó que descendieran el cuerpo de Jesús para su sepultura.[34]

La evidencia de la muerte de Jesús es tan rotunda que John Dominic Crossan, el escéptico cofundador del Seminario de Jesús, admitió: "Que [Jesús] fue crucificado es tan seguro como cualquier suceso histórico puede serlo".[35] Y el académico ateo Gerd Lüdemann escribió: "La muerte de Jesús como consecuencia de la crucifixión es indiscutible".[36]

II. La sepultura de Jesús

1. ¿Quién enterró a Jesús?

Los cuatro Evangelios nos dicen que José de Arimatea, un hombre rico, fue a Pilato y pidió el cuerpo de Jesús con el fin de enterrarlo en un sepulcro de su propiedad.[37] Presumiblemente, José tenía acceso a Pilato debido a su posición como miembro del consejo del Sanedrín judío.

Su motivación estaba clara: era seguidor de Jesús y quería asegurarse de que este tuviera una sepultura decente. Pero seguramente tenía otra motivación. Con este gesto quería, a modo de protesta, demostrar que no tuvo parte en la decisión del Sanedrín de ejecutar a Jesús. No se había unido al Sanedrín en su condena a Jesús.[38] De hecho, es muy posible que sepultar el cuerpo de Jesús significó presentar su dimisión del sanedrín. Teniendo en cuenta lo que hizo, es muy improbable que el consejo tolerara su membresía por más tiempo.

Partiendo del relato de Juan del juicio de Jesús, ya hemos deducido que Pilato despreciaba al Sanedrín. Había visto que su acusación contra Jesús era patéticamente insostenible, y había aceptado su petición de crucificar a Jesús solamente porque le chantajearon. Quizá se alegró de ver en José a un miembro del Sanedrín que no estuvo de acuerdo con el veredicto general; y es posible que al entregarle el cuerpo su conciencia sintiese algo de alivio.

Este relato en el que Pilato acepta conceder a José su petición de recoger el cuerpo de Jesús tiene todas las características de una historia auténtica. Teniendo en cuenta la oposición del Sanedrín contra Cristo y sus seguidores, es altamente improbable que esos mismos seguidores se inventasen la historia de un miembro del Sanedrín dispuesto a ponerse del lado de Jesús garantizando que tuviese una sepultura honorable, ¡siendo que muchos de los discípulos habían huido aterrorizados! Además, si la historia fuese falsa, nombrar a alguien con un perfil público como el de José habría sido contraproducente para la versión cristiana de los acontecimientos. A sus enemigos les habría sido muy fácil comprobar los detalles más adelante y demostrar que la historia no era cierta.

2. El lugar de la sepultura

Según el relato, José, junto a otro miembro del Sanedrín, Nicodemo,[39] sepultó a Jesús en una tumba de su propiedad.[40] Además, otros testigos vieron dónde estaba: las mujeres galileas lo vieron,[41] así como las dos Marías.[42]

El hecho de que sepultaran a Jesús en una tumba tiene un papel importante en la evidencia de la resurrección. Si hubiesen dejado el cadáver en una fosa común —como ocurría frecuentemente con los criminales—, determinar qué cuerpo no estaba allí habría sido muy difícil, si no imposible. Jesús no solo fue sepultado en una tumba, sino que era una tumba nueva en la que nadie había yacido antes, por lo que no había forma de confundir accidentalmente su cuerpo con el de otra persona.[43] Además, si como hemos destacado, algunas de las mujeres creyentes siguieron a José y vieron el sepulcro en el que pusieron el cuerpo de Cristo,[44] es extremadamente improbable que, como algunos expertos han sugerido, se equivocasen de tumba cuando fueron temprano por la mañana el primer día de la semana mientras aún estaba oscuro.

Lo que sí es probable es que una de esas mujeres fuese Juana, la esposa de Chuza, mayordomo de la casa de Herodes. Lucas nos dice que ella era seguidora de Jesús desde Galilea,[45] y que esas mujeres de Galilea no solo presenciaron la crucifixión, sino también la sepultura.[46] Como miembro de la clase alta de la sociedad, y como seguidora de Jesús, José de Arimatea y Nicodemo debían de conocerla bien. Siendo que se trataba de personas prominentes, es inconcebible que se equivocaran en cuanto a la ubicación de la tumba, sobre todo a la luz de la información adicional que Juan nos da: que la tumba se encontraba en el huerto privado de José, cerca del lugar donde Jesús fue crucificado.[47]

3. La forma de sepultura

Junto a Nicodemo, José envolvió el cuerpo con telas de lino entremezcladas con especias.[48] Lo hicieron siguiendo la tradición de sepultura de alguien importante; debieron de emplear una mezcla de mirra y aloes, unos veinticinco kilogramos en total. Al ser ricos, es muy probable que tuviesen en casa. Es posible que las mujeres más acomodadas de Galilea les ayudasen en esta tarea.[49] En cualquier caso, entre todos tenían suficientes especias para el embalsamamiento preliminar. El resto podía esperar hasta que pasase el día de reposo.

Las otras mujeres, que no eran tan prósperas, no almacenaban ese tipo de especias; para poder comprarlas, tendrían que haber esperado a que las tiendas abriesen después del día de reposo.[50]

Implicaciones

Todo esto deja una cosa muy clara: no esperaban la resurrección. ¡Si esperas que un cuerpo se levante de los muertos no lo embalsamas de esa forma! De hecho, cuando las mujeres llegaron la mañana siguiente (domingo), únicamente les preocupaba cómo acceder al sepulcro para continuar con el embalsamamiento:[51]

otra prueba clara de que no estaban esperando una resurrección.

También hay que destacar que el peso de las especias y la forma en que envolvieron el cuerpo hacen imposible la teoría mencionada anteriormente: que Cristo se desmayó en la cruz, revivió en la tumba y se las arregló después para escapar.

Seguridad en el sepulcro

El cuerpo fue colocado en un sepulcro excavado en la roca, no en una tumba cavada en la tierra. Debía de tener un tamaño considerable, ya que Pedro y Juan llegaron a entrar dentro.[52] En esas tumbas el cuerpo se colocaba habitualmente en un hueco sobre un saliente rocoso, con una parte elevada en un extremo sobre la que recostaban la cabeza para que estuviese ligeramente más alta que el cuerpo. José aseguró el sepulcro con una gran piedra en forma de disco que encajaba en el agujero de entrada a la tumba: aunque fue fácil rodarla para colocarla, hacían falta varios hombres para retirarla.[53] Además, con la autorización de Pilato, al día siguiente los líderes judíos sellaron oficialmente la piedra, de forma que nadie pudiese romper ese sello sin dar lugar a la ira de las autoridades.[54]

Además, a petición de los fariseos y con el permiso de Pilato, apostaron guardias alrededor del sepulcro. Mateo nos dice que lo hicieron para evitar que los discípulos entrasen, se llevasen el cuerpo de Jesús y anunciasen una "resurrección" fraudulenta. Aquí tenemos los detalles de ese relato:

> Al día siguiente, que es el día después de la preparación, se reunieron ante Pilato los principales sacerdotes y los fariseos, y le dijeron: Señor, nos acordamos de que cuando aquel engañador aún vivía, dijo: "Después de tres días resucitaré". Por eso, ordena que el sepulcro quede asegurado hasta el tercer día, no sea que vengan sus discípulos, se lo roben, y digan al pueblo: "Ha resucitado de entre los muertos"; y el último engaño será peor que el primero. Pilato les dijo: Una guardia tenéis; id, aseguradla como vosotros sabéis. Y fueron y aseguraron el sepulcro; y además de poner la guardia, sellaron la piedra.[55]

Aunque algunos han cuestionado la autenticidad de la historia de los guardias, existen evidencias sólidas de su veracidad. En primer lugar, no resulta difícil imaginar la inquietud y el nerviosismo de los sacerdotes al recordar la predicción que Jesús hizo de su resurrección. No podían permitirse correr el riesgo de que hubiera un engaño; por eso les interesaba custodiar la tumba. Además de esto, la historia queda confirmada por su secuela, como veremos en un momento. Aquí, sin embargo, debemos destacar que los sacerdotes no apostaron a los guardias hasta el día siguiente a la sepultura. Las mujeres, que se habían ido a casa justo después del entierro, no sabrían nada de la guardia. Este hecho explica la pregunta que se hacían mientras se dirigían al sepulcro la mañana siguiente (domingo): "¿Quién nos removerá la piedra de la entrada del sepulcro?". Según Marcos, el sepulcro ya estaba abierto porque unos ángeles habían corrido la piedra.[56]

III. La tumba vacía

Los Evangelios ofrecen un testimonio constante e invariable de que la tumba estaba vacía cuando las mujeres llegaron allí temprano por la mañana del primer día de la semana para completar la tarea de revestir el cuerpo de Jesús con especias. Y cuando los apóstoles fueron a investigar la información dada por las mujeres, también la encontraron vacía.

Es imposible exagerar la importancia de este hecho, porque nos muestra lo que los primeros cristianos quieren decir cuando testifican de la resurrección de Jesús. Quieren decir que el cuerpo muerto de Jesús al que habían dado sepultura, que ese mismo cuerpo había resucitado y había dejado la tumba vacía. Por mucho que hubiese cambiado (y las descripciones que tenemos de ese cuerpo cuando por fin lo vieron y lo tocaron nos hablan de algunos de esos cambios), insisten en que era el mismo cuerpo que habían colocado en la tumba. No era otro cuerpo, diferente y desconectado del cuerpo original de Jesús. Era una resurrección del cuerpo original, no una sustitución por un cuerpo nuevo.

Este hecho es muy importante porque en el último siglo y medio algunos teólogos han argumentado que el testimonio de los primeros cristianos no fue más que una forma mítica de expresar su fe en que el espíritu de Cristo había sobrevivido a la muerte; y, por tanto, su declaración de que Cristo se había levantado de los muertos no habría cambiado en nada si alguien les hubiese demostrado que su cuerpo estaba aún en la tumba.

Pero esta es una teoría comparativamente moderna, y de hecho modernista, basada en la suposición *a priori* del naturalismo. No puede encajar el insistente énfasis de los primeros testigos en que la tumba estaba vacía. Cuando explican ese hecho diciendo que Cristo había resucitado de los muertos, están hablando de la resurrección literal de su cuerpo.

1. Las autoridades judías: los primeros testigos de la tumba vacía

Según el Evangelio de Mateo, las primeras personas en decir al mundo que la tumba de Jesús estaba vacía fueron las autoridades judías, ¡y no los cristianos! Comenzaron a hacer circular por Jerusalén la historia de que los discípulos habían robado el cuerpo mientras los guardias dormían:

> Y mientras ellas iban, he aquí, algunos de la guardia fueron a la ciudad e informaron a los principales sacerdotes de todo lo que había sucedido. Y después de reunirse con los ancianos y deliberar con ellos, dieron una gran cantidad de dinero a los soldados, diciendo: Decid esto: "Sus discípulos vinieron de noche y robaron el cuerpo mientras nosotros dormíamos". Y si esto llega a oídos del gobernador, nosotros lo convenceremos y os evitaremos dificultades. Ellos tomaron el dinero e hicieron como se les había instruido. Y este dicho se divulgó extensamente entre los judíos hasta hoy.[57]

Surge la siguiente pregunta: ¿es auténtica la historia de Mateo? Algunos han sugerido que es un mito tardío, inventado mucho después del acontecimiento. Pero esta explicación es improbable. El Evangelio de Mateo, en el que se relata esta historia, es de común acuerdo el Evangelio más judío del Nuevo Testamento. Tiene todo el aspecto de haber sido escrito para circular entre los judíos. Se publicó probablemente a finales de la década de los sesenta del primer siglo de nuestra era. En esa época los hechos acerca de la crucifixión y sepultura de Cristo ya habrían circulado ampliamente por las sinagogas judías de esa parte de Oriente Medio. Si la historia hubiese sido una invención posterior urdida por Mateo, inmediatamente la habrían considerado una ficción reciente. No hay duda de que Mateo no se habría arriesgado contando semejante relato a las comunidades judías.

Así pues, no existen razones para suponer que su historia no sea cierta. Ahora bien, se plantea otra pregunta: ¿por qué las autoridades judías pagarían para que una historia así se difundiese? La única razón pudo ser adoptar medidas preventivas. Sabían por los guardas que la tumba estaba vacía. Vieron venir que los cristianos darían publicidad a los hechos, y que como explicación dirían que Jesús había resucitado de los muertos. Por tanto, las autoridades decidieron mover ficha primero, contar que la tumba estaba vacía, y seguidamente dar su versión de lo ocurrido para contrarrestar la fuerza de la inevitable explicación cristiana. Sin embargo, el hecho de que hiciesen circular esa historia es una prueba de que la tumba estaba vacía.

Así pues, los líderes judíos debieron sentir rabia cuando (al contrario de lo que esperaban) los cristianos no dijeron nada públicamente durante siete semanas.[58] Sin embargo, durante esas siete semanas de silencio cristiano, el rumor de la tumba vacía se extendería por Jerusalén.

No resulta difícil imaginar que muchos en la ciudad se darían cuenta de que la historia de los guardias tenía muy poca credibilidad. Era inconcebible que las autoridades judías hubiesen confiado una misión tan importante a la clase de hombres que se quedarían dormidos. En cualquier caso, si se durmieron, ¿cómo sabían lo que había acontecido? ¿Cómo pudieron identificar a los discípulos? La historia era evidentemente un producto del desconcierto y la desesperación. Como propaganda procedente de los enemigos de Cristo, la circulación de este relato es una evidencia histórica de la mayor calidad de que *la tumba vacía de Jesús era un hecho*.

Además, si la tumba no hubiese estado vacía, las autoridades no habrían tenido dificultades para exhibir el cuerpo de Jesús, demostrando concluyentemente que la resurrección no había tenido lugar. Cuando los apóstoles proclamaron posteriormente que Jesús había resucitado, lo único que se habrían encontrado habría sido las burlas de todo el mundo, y el cristianismo nunca habría comenzado.

Por otra parte, si hubiesen tenido la menor prueba de que la tumba estaba vacía porque los discípulos se habían llevado el cuerpo, tenían la autoridad y la fuerza necesarias para dar caza a los discípulos, arrestarlos y acusarlos de profanar una tumba, algo que en esa época se consideraba una ofensa muy grave.

Una inscripción que data de 30-40 d. C., hallada en el siglo XIX, arroja aún más luz sobre estos hechos. Contiene el llamado Edicto de Nazaret, y advierte que las profanaciones y los robos de tumbas constituían una ofensa castigada con la pena capital. Los historiadores creen que debió de ocurrir algo muy poco usual en esa época para que se emitiese un edicto tan duro. Lo más probable es que se escribiese a causa de las circunstancias entorno al sepulcro vacío de José.[59]

2. Los discípulos cristianos: su explicación de la tumba vacía

Llegados a este punto de nuestra investigación, el siguiente paso es explicar esa tumba vacía. Los discípulos afirmaban que Jesús había resucitado, pero ¿podían estar engañados? ¿Y si alguien había robado el cuerpo sin que los discípulos lo supiesen y los había engañado para que pensasen que se había producido una resurrección? Pero ¿qué interés tendría alguien en hacer algo así? Más arriba, en nuestra exposición del carácter moral de los discípulos, vimos por qué no pudo haber sido ninguno de los amigos de Cristo; y lo último que los enemigos de Cristo querrían era que ocurriese algo que llevase al pueblo a creer en la resurrección. Después de todo, por esa misma razón se aseguraron de que la tumba fuese custodiada. Por tanto, la idea de que los discípulos fueron engañados no tiene poder explicativo alguno, sobre todo cuando vemos las evidencias que presentaban en favor de la resurrección de Jesús; y eso es lo que vamos a considerar ahora.

3. Las personas implicadas

Los Evangelios dejan claro que en los acontecimientos entorno a la cruz y la tumba de Jesús participaron varios grupos de mujeres.

Mateo dice: "Y muchas mujeres que habían seguido a Jesús desde Galilea para servirle, estaban allí, mirando de lejos; entre las cuales estaban María Magdalena, María la madre de Jacobo y de José, y la madre de los hijos de Zebedeo".[60]

Marcos dice: "Había también unas mujeres mirando de lejos, entre las que estaban María Magdalena, María, la madre de Jacobo el menor y de José, y Salomé, las cuales cuando Jesús estaba en Galilea, le seguían y le servían; y había muchas otras que habían subido con él a Jerusalén".[61]

Juan menciona específicamente que la madre de Jesús y otras tres mujeres estuvieron al pie de la cruz: la hermana de la madre de Jesús, María la esposa de Cleofas y María Magdalena.[62]

Es natural suponer que las tres mujeres mencionadas en las descripciones eran las mismas, que habían acudido a apoyar a María la madre de Jesús en esos momentos de angustia extrema. John Wenham, en su detallado estudio de los acontecimientos relacionados con la resurrección,[63] señala que eso significaría que la hermana de la madre de Jesús se llamaba Salomé, y que era la esposa de Zebedeo y la madre de Jacobo y Juan (el autor del cuarto Evangelio). María la esposa de Cleofas era la madre de Jacobo el menor y de José.[64]

Todo ello nos indica que existen lazos familiares entre estas mujeres, un dato importante para nuestro estudio, si recordamos que era tiempo de Pascua en Jerusalén. La ciudad estaría llena de peregrinos, que lógicamente se alojarían en casa de parientes cuando fuera posible. Un detalle muy importante es que, desde la cruz, Jesús ordenó a Juan que cuidase de su madre, María; y leemos que este la llevó inmediatamente a su propia casa.[65] Es muy probable que fuese en Jerusalén, posiblemente no lejos de la casa del sumo sacerdote Caifás. Supuestamente la madre de Juan, Salomé, y su esposo Zebedeo también se alojarían allí, junto con Pedro que, como Juan menciona, lo acompañó al sepulcro la mañana de la Pascua.[66]

Pero también hubo otras mujeres; y es muy probable que una de ellas fuese Juana,[67] la esposa de Chuza, mayordomo de Herodes.[68] Era una mujer rica que, como esposa de un funcionario público veterano de la corte de Herodes, viviría en el palacio asmoneo de Jerusalén, donde Herodes y su séquito se instalaban cuando visitaban la ciudad. El nombre de Juana va asociado al de Susana,[69] y es posible que también fuese una de las mujeres anónimas de la narración de la crucifixión.

¿Qué hay de los demás apóstoles? ¿Dónde estaban? Justo antes de la fiesta de la Pascua habían estado alojados en Betania,[70] una aldea justo encima del monte de los Olivos, a unos tres kilómetros de Jerusalén y, por lo tanto, a la que se podía llegar caminando. El arresto de

Cristo tuvo lugar en un huerto al pie del monte de los Olivos, un huerto que bien pudo haber pertenecido a la familia de Juan Marcos, el autor del segundo Evangelio. Leemos que, tras el arresto de Jesús, todos los discípulos lo abandonaron y huyeron.[71] Lo más probable es que huyesen más allá del monte de los Olivos, a la seguridad de Betania. Hasta donde sabemos, Juan y Pedro fueron los dos únicos que permanecieron en la ciudad.

Por tanto, vemos que hay diferentes grupos de personas alojados en diversos lugares: algunos en Jerusalén, y otros fuera de la ciudad. Estos hechos adquieren una importancia especial cuando estudiamos los acontecimientos de la mañana de Pascua, recogidos en los Evangelios. Los relatos a menudo están muy condensados; y uno podría pensar que contienen elementos contradictorios, si no es consciente de las complejidades de la situación y del hecho de que hubo diferentes grupos de personas que fueron y vinieron de la tumba de Cristo, no solo desde diferentes direcciones y por rutas distintas, sino también en momentos diferentes. El breve relato de Mateo ha condensado estas características, como veremos más adelante.

4. La evidencia física en la tumba: las vestiduras mortuorias de Cristo

Los relatos de los Evangelios nos dicen que varias mujeres discípulas de Cristo fueron temprano a la tumba para embalsamar su cuerpo más concienzudamente que José y Nicodemo.[72] Por cierto, su intención muestra de nuevo que la resurrección era lo último que esperaban.[73]

Según Marcos, María Magdalena, la madre de Jacobo el menor y José (la "otra María", véase Mateo 27:61; 28:1) y Salomé habían comprado especias el día anterior al atardecer (*pasado el día de reposo*).[74] Wenham hace una sugerencia muy plausible:[75] que el relato de Marcos está contado desde la perspectiva de estas tres mujeres; mientras que el de Lucas, que explica que algunas mujeres volvieron del entierro, prepararon especias y ungüentos y cumplieron con el día de reposo, probablemente está escrito desde la perspectiva de Juana, la esposa del mayordomo de Herodes. Como era una mujer pudiente, tendría especias y ungüentos en casa y no se habría visto obligada a esperar, como los otros grupos de mujeres, a que terminase el día de reposo y las tiendas abriesen.

Como dice Wenham, es probable que estos dos grupos de mujeres llegasen a la tumba por separado. El primer grupo —María Magdalena, la "otra María" y Salomé— llegaron en primer lugar. Para su asombro, ¡encontraron la piedra corrida y el sepulcro vacío! Una de ellas, María (quizá sin entrar en la tumba), corrió a avisar a los apóstoles Pedro y Juan. María no habló de una resurrección, sino simplemente supuso que alguien se había llevado el cuerpo de Jesús.[76] Los arqueólogos señalan que robar tumbas era una actividad muy común en el mundo antiguo (en el antiguo Egipto, por ejemplo). Los ladrones mostraban un interés particular por las tumbas de los ricos, ya que las telas con las que se envolvía el cadáver y las especias empleadas para embalsamar eran artículos valiosos que se podían revender; por no decir nada de las joyas y otras posesiones que podían acompañar al cadáver. Aunque Jesús no era rico, José sí lo era: así que

María pudo haber pensado que aquello era obra de unos ladrones de tumbas.

Pedro y Juan corrieron a la tumba. Juan llegó primero, se agachó y miró dentro. Inmediatamente notó algo extraño: las vestiduras mortuorias de lino con las que habían envuelto el cuerpo de Jesús seguían allí. Más extraño aún, estaban colocadas como si el cuerpo aún estuviera en su lugar, pero este había desaparecido. Pedro alcanzó a Juan, que debía correr más rápido (uno de esos pequeños detalles que le dan a la narración ese toque de algo narrado por un testigo ocular). Ambos entraron en el sepulcro y vieron lo que fue posiblemente la imagen más extraña de todas: las telas que envolvían la cabeza de Jesús se encontraban en la parte ligeramente elevada del saliente interior del sepulcro; y aunque la cabeza ya no estaba, las telas seguían enrolladas del mismo modo, solo que habrían quedado planas sobre la roca. El efecto en Juan fue poderoso: *vio y creyó*.[77] Eso no significa simplemente que ahora creía lo que María había dicho: desde su primera ojeada a la tumba era obvio que el cuerpo ya no estaba. Ahora creía que estaban ante algo realmente misterioso. Parecía como si de alguna manera el cuerpo de Jesús hubiese atravesado las vestiduras mortuorias, dejándolas exactamente donde se encontraban cuando estaba envuelto en ellas. ¡Juan no tenía duda alguna de que estaba viendo la evidencia de un milagro!

¿Qué fue lo que les confirió a aquellas vestiduras mortuorias tal poder de convicción? La pregunta más obvia que él, o cualquier otra persona, se haría es: ¿cómo habían logrado quedarse así? Los ladrones de tumbas no se habrían llevado el cuerpo dejando el valioso lino y las especias. Y si, por alguna razón incomprensible, hubiesen querido solo el cuerpo, no habrían tenido ninguna razón para enrollar todas las telas de nuevo como si aún envolviesen al cadáver, a menos que quisieran dar la impresión de que la tumba no había sido profanada. Pero si hubiesen querido dar esa impresión no hay duda de que habrían colocado la piedra de nuevo en su lugar. No obstante, aquí nos encontramos con otra cuestión: ¿cómo podrían haber movido la piedra los ladrones si la guardia estaba vigilando? Habrían hecho un ruido considerable. La piedra corrida era una prueba irrefutable de que la tumba había sido profanada. Era una clara invitación a acercarse y mirar adentro.

Si no fueron ladrones de tumbas, entonces, ¿quién pudo ser? ¿Quizá seguidores de Jesús que intentaron llevarse el cuerpo a un lugar más seguro, lejos de las autoridades? De ser así, no habrían ocultado el secreto a los otros apóstoles. Lo habrían enterrado de nuevo de forma reverente (como María pensaba hacer),[78] y al final todos los cristianos habrían acabado sabiendo dónde estaba su tumba. En cualquier caso, aún nos quedaría por resolver el tema del ruido que habrían hecho al correr la piedra, ruido que habría alertado a la guardia.

La forma en que quedaron las vestiduras mortuorias convenció a Juan de que allí había ocurrido algo sobrenatural. Podemos imaginárnoslo haciéndose mil preguntar. ¿Pudo alguien llevarse el cuerpo y enrollar de nuevo las telas deliberadamente para dar la impresión de que había ocurrido un milagro? ¿Pero quién habría sido? Moralmente hablando, no podían haber sido los seguidores de Cristo. Psicológicamente hablando, otro tanto de lo mismo, pues no estaban esperando una resurrección. Y era prácticamente imposible, debido a la presencia de los guardias.

Finalmente, sería absurdo pensar que las autoridades hicieron algo que sugiriese la posibilidad de una resurrección. Después de todo, ¡colocaron a la guardia precisamente para evitar algo así!

Para Juan y Pedro fue un descubrimiento electrizante. Habían descartado las explicaciones imposibles, por lo que solo les quedaba una alternativa: el cuerpo había salido de las vestiduras mortuorias. Pero ¿qué significaba eso? ¿Y dónde estaba Jesús ahora?

El conocido historiador Michael Grant de la Universidad de Edimburgo escribe: "Cierto, cada Evangelio describe el descubrimiento del sepulcro vacío de forma diferente, pero si aplicamos el mismo tipo de criterios que aplicaríamos a cualquier otra fuente literaria antigua, entonces la evidencia es lo suficientemente firme y plausible como para concluir que la tumba realmente estaba vacía".[79]

Pedro y Juan se marcharon de la tumba vacía. Pensaron que ya no había nada que hacer allí. Sin embargo, como demostraron los acontecimientos, se equivocaron.

IV. Los testigos oculares

La tumba vacía es importante: si no hubiese estado vacía, no podríamos hablar de resurrección. Pero debemos dejar claro que los primeros cristianos no declararon simplemente que la tumba estaba vacía. Para ellos fue mucho más importante encontrarse posteriormente con el Cristo resucitado de forma intermitente durante un período de cuarenta días que culminó con su ascensión.[80] Lo vieron, hablaron con él, lo tocaron e incluso comieron con él. Fue eso lo que los impulsó a entrar en acción, lo que les dio la valentía para confrontar al mundo con el mensaje del evangelio cristiano. Y lo que es más, cuando los apóstoles comenzaron a predicar el evangelio públicamente, el que hubiesen presenciado personalmente esas apariciones del Cristo resucitado pasó a formar parte integral de ese evangelio. La evidencia de esto es tan sólida que incluso el académico ateo Gerd Lüdemann escribe: "Debe aceptarse como históricamente cierto que Pedro y los discípulos tuvieron experiencias tras la muerte de Jesús en las que este se les apareció como el Cristo resucitado".[81] Como era de esperar, el ateísmo de Lüdemann no le permite aceptar la resurrección como la causa. Sostiene que las apariciones fueron visiones, una opinión altamente improbable como veremos ahora.

Primero, veamos el registro documental:

Pedro en Jerusalén (1). El día de Pentecostés, en el primer anuncio público de la resurrección de Jesús en Jerusalén, Pedro dice: "A este Jesús resucitó Dios, de lo cual todos nosotros somos testigos".[82]

Pedro en Jerusalén (2). Poco después de Pentecostés, en el segundo gran discurso que Lucas recoge, Pedro dice: "Y disteis muerte al Autor de la vida, al que Dios resucitó de entre los muertos, de lo cual nosotros somos testigos".[83]

Pedro en Cesarea. En la primera clara proclamación del mensaje cristiano a los no judíos, Pedro le dice a Cornelio, el centurión romano, que él y otros comieron y bebieron "con él después que resucitó de los muertos".[84]

Pablo en Antioquía de Pisidia. En un importante discurso en una sinagoga, Pablo dice de Cristo: "Le bajaron de la cruz y le pusieron en un sepulcro. Pero Dios le levantó de entre los muertos; y por muchos días se apareció a los que habían subido con él de Galilea a Jerusalén, los cuales ahora son sus testigos ante el pueblo".[85]

Cuando después de un tiempo Pablo escribió un breve pero contundente resumen del evangelio, incluyó una selección de apariciones de Cristo a diversos testigos como parte fundamental de dicho resumen:

> Ahora os hago saber, hermanos, el evangelio... que Cristo murió por nuestros pecados, conforme a las Escrituras; que fue sepultado y que resucitó al tercer día, conforme a las Escrituras; que se apareció a Cefas y después a los doce; luego... a más de quinientos hermanos a la vez, la mayoría de los cuales viven aún, pero algunos ya duermen; después... a Jacobo, luego a todos los apóstoles, y al último de todos... se me apareció también a mí.[86]

Los criterios de Hume para los testigos

Como vimos en el último capítulo, Hume enumera varios criterios que considera importantes para evaluar la solidez de la evidencia de un supuesto acontecimiento, particularmente el número de testigos y su carácter, así como la forma en que comunican su testimonio. En ese capítulo, en respuesta a Hume, nos detuvimos en el carácter y la integridad de los apóstoles como testigos; ahora veremos otros aspectos.

Criterio 1. Número y diversidad de testigos

Según la lista de Pablo en 1 Corintios 15, más de quinientas personas vieron al Cristo resucitado en diferentes ocasiones durante los cuarenta días transcurridos entre su resurrección y su ascensión. Veinte años después, a mediados de la década de los 50 del primer siglo de nuestra era, cuando Pablo estaba escribiendo 1 Corintios, más de la mitad de ellos seguían vivos y presumiblemente disponibles para responder a todo el que quisiera preguntarles. Así pues, en aquella primera fase de crecimiento de la iglesia cristiana hubo un número considerable de testigos oculares de la resurrección.

Sin embargo, el número de testigos oculares que vieron al Cristo resucitado no es el único elemento importante. También lo es la variedad de carácter de los testigos, así como los diferentes lugares y situaciones en los que Cristo se les apareció. Por ejemplo, unos eran un grupo de once y estaban en una sala, otra estaba sola en un huerto, un grupo de pescadores trabajaba a orillas del mar, dos viajaban por un camino, otros estaban en un monte. Esta diversidad de carácter y lugares refuta las llamadas teorías de las alucinaciones.

La deficiencia de las teorías de las alucinaciones

Lüdemann y otros sugieren que las llamadas "apariciones" de la resurrección realmente fueron trastornos psicológicos, como visiones o alucinaciones: los discípulos "vieron" algo, pero no era objetivamente real, sino producido por su mente. Sin embargo, la propia medicina psicológica testifica en contra de esa explicación.

1. Las alucinaciones habitualmente se producen en personas de un cierto temperamento, con una imaginación vívida. Los discípulos tenían temperamentos muy diferentes: Mateo era un recaudador de impuestos práctico y perspicaz; Pedro y algunos otros, duros pescadores; Tomás, un escéptico de nacimiento; etcétera. No eran del tipo de personas que uno describiría como susceptibles de tener alucinaciones.

2. Las alucinaciones tienden a ser de acontecimientos esperados. El filósofo William Lane Craig señala: "Como una alucinación es simplemente una proyección de la mente, no puede contener nada que no esté ya en ella".[87] Pero ninguno de los discípulos esperaba encontrarse de nuevo con Jesús. La expectativa de ver a Jesús resucitado simplemente no estaba en sus mentes. Lo que sí había era miedo, dudas e incertidumbre: justo las condiciones psicológicas inadecuadas para una alucinación.

3. Las alucinaciones normalmente se repiten a lo largo de un período relativamente largo, aumentando o disminuyendo. Sin embargo, las apariciones de

Cristo se produjeron frecuentemente durante cuarenta días, y entonces cesaron de forma abrupta. Ninguno de esos primeros discípulos afirmó haber tenido una experiencia parecida después. Las únicas excepciones fueron Esteban y Pablo. Esteban, el primer mártir cristiano, exclamó en los momentos previos a morir apedreado: "He aquí, veo los cielos abiertos, y al Hijo del Hombre de pie a la diestra de Dios".[88] Pablo cuenta que se encontró una vez con el Cristo resucitado, y que fue el último en hacerlo.[89] Este patrón no concuerda, por tanto, con las experiencias de alucinación.

4. Resulta difícil imaginar que las quinientas personas que lo vieron al mismo tiempo[90] sufrieran una alucinación colectiva. De hecho, Gary Sibcy, un psicólogo clínico, comenta:

> He investigado en la literatura especializada... escrita por psicólogos, psiquiatras y otros profesionales de la salud durante las dos últimas décadas, y aún no he encontrado ningún caso de alucinación en grupo, es decir, un acontecimiento en el que más de una persona tuviera supuestamente la misma percepción visual o sensorial sin que hubiera un claro referente externo.[91]

5. Las alucinaciones no habrían llevado a creer en la resurrección. Las teorías de las alucinaciones tienen un alcance explicativo muy limitado: solo intentan explicar las apariciones. No son suficiente para explica la tumba vacía: ¡por muchas alucinaciones que

tuviesen los discípulos, nunca podrían haber predicado la resurrección en Jerusalén si la tumba no hubiese estado vacía!

Sobre este tema, C. S. Lewis hace una observación típicamente perspicaz: "Cualquier teoría de la alucinación se cae por el hecho (y si es una invención, se trata de la invención más extraña que jamás haya entrado en la mente del hombre) de que en tres ocasiones distintas al principio no reconocieron a Jesús (Lucas 24:13-31; Juan 20:15; 21:4)".[92]

Criterio 2. *La coherencia del testimonio*

Si, ante un tribunal, las declaraciones de varios testigos sobre un acontecimiento concuerdan en todos los detalles, palabra por palabra, cualquier juez deduciría que los testimonios no son independientes; y peor aún, que se trata de un complot para engañar al tribunal. Por otro lado, si los testimonios de testigos independientes no concordasen en todos los puntos principales, tampoco serían válidos en un tribunal. Lo que se espera de los testimonios independientes es una coincidencia en todos los puntos principales, junto con una pequeña cantidad de diferencias que se pueden explicar porque se deben a las distintas perspectivas, etcétera. Incluso puede parecer que existan pequeñas discrepancias o incoherencias en los detalles secundarios, que acaben encajando de forma natural cuando tengamos acceso a más información sobre el trasfondo, o que deban quedar en el aire de momento con la esperanza de que alguna información futura las esclarezcan; pero que, por su naturaleza secundaria, ninguno de los detalles principales queda afectados.

Los historiadores actúan de una forma parecida a los abogados. Ningún historiador rechazará múltiples versiones de un suceso solo porque existan discrepancias en los detalles secundarios. De hecho, esto es así aun cuando algunos de los detalles son irreconciliables; como el caso, por ejemplo, de las dos versiones del viaje de Aníbal a través de los Alpes para atacar Roma. Aunque difieren en muchos detalles, ningún experto duda la veracidad de la historia principal: que Aníbal cruzó los Alpes en su campaña contra Roma.

Cuando aplicamos estos criterios a los relatos de la resurrección, vemos que las narraciones de los Evangelios contienen los mismos detalles principales. Hay una historia central: José de Arimatea coloca el cuerpo de Jesús en su sepulcro; un pequeño grupo o varios grupos de mujeres discípulas visitan la tumba por la mañana temprano el primer día de la semana y la encuentran vacía. Después de eso, tanto ellas como los apóstoles tienen encuentros con Jesús en diferentes ocasiones.

Existen algunas discrepancias aparentes en torno a detalles secundarios. Por ejemplo, Mateo dice que María Magdalena fue a la tumba al amanecer,[93] mientras que Juan dice que lo hizo "cuando todavía estaba oscuro".[94] Estas afirmaciones son fácilmente armonizables: María bien pudo salir de casa cuando aún estaba oscuro y llegar a la tumba cuando estaba amaneciendo.

Además, al intentar hacer una reconstrucción detallada de los acontecimientos será importante ser conscientes de que, como hemos señalado anteriormente, hubo diferentes grupos de mujeres relacionados con la muerte y la resurrección de Cristo. El grupo compuesto por María Magdalena, la "otra María" y Salomé llegó primero a la tumba. Al acercarse al sepulcro lo vieron abierto y María corrió de regreso a la ciudad para avisar a Pedro y a Juan. Entretanto, Juana (y posiblemente Susana), que habían salido del palacio asmoneo, llegaron por una ruta diferente. Habrían salido por otra de las puertas de la ciudad, sin cruzarse por tanto con María Magdalena. Cuando llegaron, las cuatro mujeres entraron en el sepulcro, donde se les dijo que regresasen a la ciudad e informasen a los discípulos. Como hay muchos caminos posibles para atravesar Jerusalén, no vieron a Pedro y Juan, que ya corría hacia la tumba, seguidos de María Magdalena. Al llegar allí, Juan y Pedro vieron la prueba de las mortajas que les decía que Jesús había resucitado. Se marcharon de allí. María Magdalena se quedó y en ese momento vio a Jesús.[95] Después, regresó a la casa de Jerusalén donde estaban todos los demás.

Las mujeres habían recibido el encargo de informar a los discípulos. Hasta ese momento, solo dos de ellos conocían los hechos, Juan y Pedro. Había que avisar a los otros nueve, que presumiblemente pasaron la noche en Betania. En ese punto, argumenta Wenham, un grupo de mujeres (que seguramente incluía a "la otra María" y a Salomé) salió hacia Betania y por el camino también se encontraron con Jesús.[96]

Vemos otra aparente discrepancia cuando Lucas menciona una aparición de Jesús a "los once",[97] mientras que Juan, en la descripción que hace de lo que parece ser el mismo acontecimiento, dice que Tomás no estaba presente en esa ocasión.[98] Por lo que, en realidad, solo había diez discípulos. No obstante, esto no es necesariamente una contradicción, ya que la expresión "los once" puede ser una referencia a "los discípulos como grupo", en lugar de significar que todos ellos estaban presentes sin excepción. Por ejemplo, en un equipo de cricket inglés hay once jugadores. Si un periodista deportivo dijese que fue al campo de cricket Lord a entrevistar al "once inglés", eso no indicaría necesariamente que habló con los once jugadores, sino quizá solo con un grupo representativo.

Para un estudio más profundo sobre las cuestiones históricas de los acontecimientos relacionados con la sepultura y resurrección de Cristo, véase la obra de Wenham, *Easter Enigma* [El enigma de la Pascua].[99]

Criterio 3. La posible parcialidad de los testigos

A menudo se dice que, debido a que las evidencias de la resurrección de Jesucristo proceden predominantemente de fuentes cristianas, existe el peligro de que sea partidista y que, por tanto, no tenga el peso de un testimonio independiente. Esta objeción suena plausible al principio, pero se ve de una forma muy diferente a la luz de las siguientes consideraciones. Los que quedaron convencidos ante las evidencias de la resurrección de Jesús se hicieron cristianos. *Pero no eran cristianos necesariamente cuando oyeron de la resurrección por primera vez*. El ejemplo principal es Saulo de Tarso. Lejos de ser cristiano, era uno de los principales académicos fariseos y, cegado por el fanatismo, se oponía a los cristianos hasta el punto de perseguirlos, encarcelarlos y torturarlos. Quería destruir la historia de la resurrección y erradicar por completo el cristianismo. Cuando oyó que el cristianismo estaba comenzando a difundirse más allá de Jerusalén, obtuvo permiso del sumo sacerdote para ir a Damasco, Siria, y arrestar a todos los cristianos. Sin embargo, para cuando llegó a Damasco, algo totalmente inesperado había ocurrido: ¡se había convertido al cristianismo![100]

La conversión de Pablo y sus consiguientes escritos han marcado la historia de Europa y del mundo. A lo largo de su vida fundó muchas iglesias, e incluso hasta el día de hoy sus escritos (más de la mitad del Nuevo Testamento) han influido a millones de personas de todas las naciones. La conversión de Pablo ha demostrado ser un punto de inflexión en la historia, y una vez más necesitamos encontrar una explicación lo suficientemente convincente para dar cuenta de ese enorme cambio. Su propia explicación fue: "Y al último de todos... se me apareció también a mí".[101]

Así pues, el testimonio de Pablo es significativo porque cuando se encontró con el Cristo resucitado no era creyente. Ese encuentro fue la causa de su conversión.

Sin embargo, debemos plantearnos otra pregunta a este respecto. ¿Dónde están las evidencias, por parte de aquellos que no creyeron en la resurrección de Jesús, para demostrar que no resucitó? Las autoridades religiosas, que habían condenado y ejecutado a Jesús, no podían permitirse ignorar o rechazar la declaración de los cristianos. Querían desesperadamente detener un movimiento de masas basado en la resurrección. Tenían a su disposición sus propios recursos oficiales, y la ayuda de la maquinaria militar romana si querían. Pero extrañamente, al parecer no tenían evidencias, a excepción de la ridícula historia (¡por la que tuvieron que pagar mucho!) del robo del cuerpo por parte de los discípulos mientras los guardias dormían. Así que recurrieron a crudas tácticas de amedrentamiento. Encarcelaron a los apóstoles y trataron de intimidarlos amenazándolos con serias consecuencias si seguían predicando la resurrección.[102] La ausencia total de evidencias contra la resurrección por parte de las autoridades o de cualquier otra persona habla por sí sola. ¡Al parecer no tenían nada que presentar!

Criterio 4. *La actitud de los testigos*

Hume nos habría hecho considerar aquí la forma en que los cristianos expusieron su punto de vista. ¿Se mostraron demasiado indecisos; o por el contrario, fueron demasiado violentos? Sin duda, no titubearon. En Hechos, Lucas nos da muchos ejemplos de la valentía con la que los discípulos dieron testimonio de la resurrección, frecuentemente ante oyentes hostiles. Pero nunca fueron violentos. De hecho, una de las cosas impactantes acerca de los primeros cristianos es su no violencia, aprendida del propio Cristo. Él les había enseñado a no emplear la espada para protegerle a él o su mensaje.[103] Su reino no es el tipo de reino donde las personas luchan.[104] Pensemos en el efecto que la conversión ejerció sobre Pablo. Antes de convertirse, era un intolerante y un fanático religioso que perseguía a sus hermanos judíos por convertirse al cristianismo. Después de su conversión, nunca más persiguió a nadie, o a ninguna religión. Todo lo contrario, por su creencia en la resurrección de Cristo él mismo sufrió persecución, y finalmente dio su vida.

Por tanto, en el caso de los primeros discípulos parece que los criterios de Hume para determinar la credibilidad de los testigos quedan más que satisfechos.

Las mujeres como testigos

Para cualquiera que conozca levemente las leyes antiguas relativas al testimonio legal, resulta muy sorprendente que los primeros testimonios sobre las apariciones del Cristo resucitado mencionados en los Evangelios son testimonios de mujeres. En la cultura judía del primer siglo, normalmente la mujer no era considerada como un testigo competente. Por tanto, cualquiera que en aquella época quisiera inventarse una resurrección nunca habría empezado de esa forma. Solo habría incluido esa historia si fuese cierta y fácil de comprobar, y le diese igual lo que la gente fuese a pensar al ver mujeres como testigos. Así pues, el hecho de que aparezcan mujeres como testigos es una marca clara de autenticidad histórica.

La evidencia psicológica

En su relato, Juan no menciona[105] que él y Pedro intentasen analizar con María las consecuencias lógicas de las vestiduras mortuorias. Psicológicamente hablando, es muy improbable que lo hiciesen; ya que ella estaba llorando, evidentemente destrozada ante el pensamiento de haber perdido irreparablemente el cuerpo de quien le había ofrecido perdón y paz interior y le había devuelto su dignidad. Y si "resurrección" significaba que había perdido para siempre todo contacto con él, no suponía ningún consuelo. Después de todo, ella había ido a la tumba con las demás mujeres para completar el embalsamamiento del cuerpo, por lo que es fácil ver lo que había en sus mentes. Si la resurrección no hubiese tenido lugar, pronto habrían convertido la tumba en un santuario, al que podrían acudir para orar y mostrar devoción a su héroe espiritual fallecido. Sin embargo, lo extraordinario es que no hay constancia alguna de que eso ocurriera. En ninguna parte del Nuevo Testamento encontramos a los apóstoles animando a los fieles a peregrinar a la tumba de Cristo en busca de una bendición especial o curación. Al contrario, no hay evidencias de que al principio de la era cristiana hubiera un interés especial por la tumba de Cristo.

Así pues, ¿qué fue lo que frenó el deseo natural, particularmente de aquellas primeras mujeres cristianas, de venerar la tumba? María es quizá la persona que mejor puede decírnoslo, ya que sintió un fuerte deseo de permanecer cerca del sepulcro el día que lo encontró vacío. Como había ido a completar la tarea de embalsamar el cuerpo, necesitaba encontrarlo. Allí, llorando, a través de las lágrimas pudo ver que había alguien más y pensó que era el jardinero. ¿Tal vez él se había llevado el cuerpo? Así que le dijo: "Dime dónde le has puesto, y yo me lo llevaré". Con la ayuda de las otras mujeres, se lo habría llevado para enterrarlo de nuevo con la debida reverencia, en un lugar que sería venerado para siempre.[106]

Pero no lo hizo. Pasó algo tan impactante en el huerto aquel día que María y los demás nunca volvieron a mostrar interés por la tumba. Juan nos dice que la persona que ella confundió con el jardinero era en realidad el Cristo resucitado. "María", dijo él. Ella reconoció al instante su voz y supo que su búsqueda había terminado. Si Jesús había resucitado, ¿qué sentido tenía aferrarse a su tumba? ¡Ninguno! Nadie le hace un santuario a alguien que está vivo.

Pero hay otro asunto. Dado que la tumba quedó abandonada porque los discípulos estaban convencidos de que Jesús había resucitado de los muertos, surge la importante pregunta de cómo iba a ser la relación entre los discípulos y el Cristo resucitado. Al ver que estaba vivo, María quiso, naturalmente, aferrarse a él. Pero él tenía algo que decirle, que en realidad era un mensaje para todos sus seguidores: "Suéltame [en griego: no sigas agarrándote o aferrándote a mí, deja de agarrarte o aferrarte a mí] porque todavía no he subido al Padre; pero ve a mis hermanos, y diles: 'Subo a mi Padre y a vuestro Padre, a mi Dios y a vuestro Dios'".[107]

María sabía que él era real y que estaba realmente allí: había oído su voz y lo había tocado; pero él le estaba diciendo que no iba a quedarse con ella de esa forma. Lo tendría, pero no en el mismo sentido que antes; ahora, desde el otro lado de la muerte, él estaba garantizándole, y por medio de ella a todos sus seguidores, que había creado una relación nueva y permanente entre ellos, él y su Padre que la propia muerte no podía destruir. Esa relación viva con el Cristo vivo fue lo que satisfizo su corazón, y el de millones de personas desde entonces. El simple hecho de saber que él había resucitado de los muertos no habría sido suficiente para hacer eso.

Algunas consideraciones finales

La naturaleza del cuerpo resucitado

Esa noche Cristo se apareció al grupo principal de discípulos.[108] Estaban reunidos en algún lugar de Jerusalén en una estancia con las puertas cerradas porque tenían miedo de las autoridades judías. Les mostró las manos y el costado con las marcas de los clavos y la lanza. ¡Ahora Juan por fin sabía lo que la resurrección significaba! El cuerpo que había atravesado las mortajas había hecho lo propio con las puertas cerradas: pero era real, tangible y, sobre todo, estaba vivo.

Ahora algunos lectores querrán preguntar: en esta era científica avanzada, ¿cómo podemos creer que un cuerpo físico atravesara unas telas y unas puertas cerradas? Pero quizá esta era científica avanzada ha hecho que algo así sea más concebible que entonces. Sabemos lo que los discípulos no sabían: la materia consiste en gran medida en espacio vacío; las partículas elementales pueden penetrar en la materia; algunas —como los neutrinos— a una gran profundidad.

Además de esto está la cuestión de la dimensionalidad. Estamos familiarizados con las cuatro dimensiones del espacio-tiempo; pero Dios no está limitado por esas cuatro dimensiones. Quizá en la propia naturaleza haya más dimensiones de las que pensamos: la teoría de cuerdas indicaría que pueden existir más. Veamos una analogía. En 1880, Edwin Abbott, un matemático, escribió un delicioso libro titulado *Planilandia* como una sátira de la estructura de clases.[109] Abbott nos pide que imaginemos un mundo bidimensional llamado Planilandia cuyos habitantes son figuras bidimensionales, líneas rectas, triángulos, cuadrados, pentágonos, etcétera, hasta llegar a los círculos. Se nos presenta a una esfera de Espaciolandia (tres dimensiones) que trata de explicar a una de las criaturas de Planilandia lo que significa ser una esfera. La esfera atraviesa el llano de Planilandia, apareciendo primero como un punto, después como un círculo que se va haciendo más grande, y seguidamente más pequeño, hasta desaparecer. Eso, por supuesto, parece imposible para los planilandenses, simplemente porque no pueden concebir ninguna dimensión mayor que dos. La esfera los desconcierta aun más al decirles que moviéndose sobre el plano de Planilandia puede ver dentro de sus casas y aparecer en ellas a voluntad, aunque las puertas están cerradas. La esfera incluso lleva a un planilandense incrédulo al espacio para darle una visión de su mundo desde afuera. Sin embargo, cuando este regresa, no puede conseguir que sus paisanos acepten lo que ha descubierto, ya que ellos no conocen otra cosa que su mundo bidimensional. ¿Es posible que nuestro mundo sea algo parecido a Planilandia, pero con cuatro dimensiones en lugar de dos? De ser así, una realidad de más dimensiones podría interactuar con nuestro mundo, como lo hace la esfera con Planilandia.

La física de la materia, y analogías como la de Planilandia, pueden ayudarnos a ver que podría ser corto de miras y prematuro rechazar sin más lo que el Nuevo Testamento explica de las propiedades del cuerpo resucitado de Cristo. Si hay un Dios que trasciende el espacio y el tiempo, no es extraño que la resurrección de su Hijo revele aspectos de la realidad que también trasciendan el espacio y el tiempo.

Sin embargo, algunos discutirán la idea de que el cuerpo resucitado de Cristo es físico, señalando que el propio Nuevo Testamento habla del cuerpo resucitado como un "cuerpo espiritual".[110] La objeción, pues, afirma que "espiritual" significa "no físico". Pero si nos paramos a reflexionar vemos que existen otras posibilidades. Cuando hablamos de un "motor de gasolina" no queremos decir un "motor hecho de gasolina". No, estamos haciendo referencia a un motor alimentado por gasolina. Así pues, el término "cuerpo espiritual" bien podría referirse al poder que le da vida a ese cuerpo, en lugar de una descripción de aquello de lo que está *hecho*.

Para escoger entre estas posibilidades solo necesitamos dirigirnos al texto del Nuevo Testamento; porque allí encontramos que Cristo dice a sus discípulos: "Mirad mis manos y mis pies, que soy yo mismo; palpadme y ved, porque un espíritu no tiene carne ni huesos como veis que yo tengo".[111] Es decir, estaba señalando de forma explícita que su cuerpo resucitado no estaba "hecho de espíritu". Era de carne y hueso: era tangible. Y para demostrar aún más esa realidad, Cristo les pidió algo de comer. Le ofrecieron pescado y él lo comió delante de ellos.[112] La ingestión de ese pescado demostró más allá de toda duda que su cuerpo resucitado era una realidad física. Debieron pasar un buen rato mirando el plato vacío sobre la mesa después de que él se marchase. Fuese cual fuese la naturaleza del mundo al que ahora pertenecía, había introducido en él un pescado. Por tanto, tenía sin duda una dimensión física.

La duda y la resurrección

Los escritores del Nuevo Testamento nos dicen con toda honestidad que en varias ocasiones la primera reacción de algunos de los discípulos fue albergar dudas sobre la resurrección. Por ejemplo, cuando los apóstoles oyeron por primera vez el relato de las mujeres, simplemente no las creyeron, pensando que lo que decían era una tontería.[113] No se convencieron del todo hasta que vieron a Jesús con sus propios ojos.

Tomás no se encontraba con los demás discípulos en Jerusalén la tarde en que el Cristo resucitado se les apareció en la sala cerrada. Simplemente se negó a creer lo que le decían. Le aseguró: "Si no veo en sus manos la señal de los clavos, y meto el dedo en el lugar de los clavos, y pongo la mano en su costado, no creeré".[114] Tomás no estaba dispuesto a ceder ante la presión de grupo: quería ver las pruebas por sí mismo. Una semana después, todos estaban de nuevo en aquella estancia cerrada en Jerusalén. Jesús apareció, se dirigió a Tomás y le invitó a poner su dedo en las marcas de los clavos y su mano en la herida de la lanza. Cristo le ofreció las evidencias que había pedido (lo que prueba, por cierto, que el Cristo resucitado le había escuchado), reprochándole con ternura que no hubiese creído lo que los demás habían dicho.

No se nos dice si Tomás tocó las heridas de Cristo. Pero sí se nos dice que su respuesta fue: "¡Señor mío y Dios mío!".[115] Reconoció al Jesús resucitado como Dios.

¿Qué ocurre con aquellos que no han visto a Cristo?

En esta larga sección sobre las apariciones de Cristo hemos estado pensando en aquellos primeros cristianos que lo vieron. También hemos explicado que tras unos cuarenta días no se produjeron más apariciones, excepto los casos de Esteban y Pablo. Por tanto, es un hecho histórico que la inmensa mayoría de los cristianos a lo largo de la historia se han convertido al cristianismo sin ver literalmente a Jesús. Dirigiéndose a Tomás y los demás, Cristo dijo algo muy importante al respecto: "¿Porque me has visto has creído? Dichosos los que no vieron, y sin embargo creyeron".[116]

Ellos vieron y creyeron; pero la mayoría no han visto. Como vimos en el capítulo 1, eso no significa que Cristo esté pidiéndonos al resto de nosotros que creamos sin pruebas. En primer lugar, la evidencia que se nos ofrece es la de los testigos oculares que sí vieron. Pero Cristo también nos está alertando de que existen diferentes tipos de evidencias. Una de ellas es la forma en que la comunicación del mensaje de Dios penetra en el corazón y la conciencia del oyente.

La muerte y la resurrección de Cristo predichas por el Antiguo Testamento

Entre los discípulos había un tipo de incredulidad más profunda que la de Tomás, que no podía vencerse simplemente viendo. Lucas nos habla de dos discípulos de Jesús que iban de viaje desde Jerusalén hasta la aldea cercana de Emaús en ese primer día de la semana lleno de acontecimientos.[117] Estaban totalmente desanimados por lo que acababa de ocurrir en Jerusalén. Un extraño se les unió. Era Jesús, pero no le reconocieron. Lucas explica que sus ojos estaban "velados", presumiblemente de forma sobrenatural, y por la siguiente razón: habían pensado que Jesús iba a ser su libertador político; pero, para su desesperación, se había dejado crucificar. Para su forma de pensar, un libertador que se dejase crucificar por sus enemigos era un libertador inútil. Los rumores que unas mujeres habían difundido sobre su resurrección eran por tanto irrelevantes.

Para resolver el problema de los viajeros, Jesús no les abrió los ojos inmediatamente para que viesen que era él. Lo que hizo fue presentarles un resumen conciso del Antiguo Testamento, mostrándoles que el testimonio repetido de los profetas anunciaba que el mesías, quienquiera que fuese, sería rechazado por su nación, ejecutado y, posteriormente, resucitaría y sería glorificado. Esto era nuevo para los dos viajeros. Hasta ese momento habían leído en el Antiguo Testamento lo que querían leer. Habían estudiado las profecías sobre la venida triunfante del mesías, pero habían pasado por alto que el mesías también tenía que cumplir el papel de siervo sufriente; y para poder hacerlo debía sufrir y solo entonces entrar en su gloria.

La más destacada de estas profecías quizá se encuentre en Isaías. Más de quinientos años antes de que ocurriese, el profeta retrató de forma gráfica el rechazo, el sufrimiento y la muerte del mesías por los pecados de la humanidad: "Mas él fue herido por nuestras transgresiones, molido por nuestras iniquidades. El castigo, por nuestra paz, cayó sobre él, y por sus heridas hemos sido sanados".[118] Isaías dice luego que "fue cortado de la tierra de los vivientes", y puesto en una tumba; tras lo cual leemos estas extraordinarias palabras: "Debido a la angustia de su alma, él lo verá y quedará satisfecho".[119] Según Isaías, pues, el mesías iba a morir. Por tanto, la muerte de Jesús, lejos de demostrar que no era el mesías, fue la prueba de que sí lo era. Cuando los dos viajeros comprendieron esto, la historia de la resurrección de Jesús que habían oído de las mujeres pasó a ser creíble. Borró la desesperación en la que estaban inmersos y los llenó de nueva esperanza.

Sin embargo, seguían sin darse cuenta de que aquel extraño era Jesús. Hasta ese momento, fue suficiente que entendiesen la realidad objetiva de que el Antiguo Testamento anunciaba la muerte del mesías. ¿Cómo llegaron a reconocerle? La respuesta es que lo reconocieron por algo que él hizo cuando lo invitaron a su casa. Cristo realizó un acto que sería enormemente revelador para aquellos que pertenecían al círculo de los primeros discípulos. Mientras compartían una modesta comida, Jesús partió el pan… ¡y de pronto le reconocieron! Este detalle impacta porque suena a auténtico, a genuino. Habían visto a Jesús partir pan anteriormente —cuando alimentó a las multitudes, por ejemplo—, y algo había en la forma en que lo hizo, algo indefinible pero característico, que fue reconocible al instante.

Si pensamos en nuestros familiares o amigos, todos conocemos este tipo de acciones: formas de hacer las cosas que les caracterizan y que reconoceríamos en cualquier parte. Para los discípulos aquello fue una evidencia concluyente de que era Jesús. Ningún impostor habría pensado en imitar un detalle tan insignificante.

Esta sección ha sido necesariamente larga y detallada, dada la importancia del tema. Damos la última palabra sobre la evidencia de la resurrección al experto jurídico y profesor Sir Norman Anderson: "La tumba vacía es, pues, una roca firme contra la que todas las teorías racionalistas de la resurrección se estrellan en vano".[120]

El lector habrá notado que hemos hecho relativamente pocas referencias a los nuevos ateos en esta sección sobre la resurrección. La razón es muy simple. Aunque se jactan de su interés por las evidencias, en sus escritos no hay nada que demuestre que han interactuado seriamente con los argumentos, muchos de ellos muy conocidos, que hemos presentado aquí. El silencio del nuevo ateísmo sobre esta cuestión habla por sí solo.

CAPÍTULO 9

REFLEXIONES FINALES

Existe otro tipo de evidencia que aún no hemos expuesto en este libro. Es la evidencia de Dios que está a nuestro alcance a través de la percepción directa. Supongamos que te digo: "Los rosales de nuestro jardín han comenzado a florecer". No pensarías que he llegado a esta conclusión como consecuencia de una larga cadena de razonamientos filosóficos y científicos. No, deducirías correctamente que lo he percibido de forma directa. En nuestra experiencia cotidiana hay muchas cosas como esa. Directamente las percibimos, en lugar de reconocerlas después de una larga cadena de deducciones y razonamientos. Con Dios ocurre lo mismo. Los argumentos lógicos son importantes, por supuesto; pero, si existe un Dios digno de ese nombre, los argumentos no son la historia completa. Si así fuera, el acceso a Dios sería exclusivo para unos pocos intelectuales. Debe de haber algo más, y lo hay. La Biblia habla claramente de al menos tres formas diferentes en las que Dios se revela a los seres humanos: a través de (1) la creación, (2) la conciencia moral, y (3) la revelación escrita de las Escrituras.

En su famosa epístola a los Romanos, el apóstol Pablo habla de este importante tema de la revelación. En el primer capítulo encontramos el siguiente pasaje que tiene que ver con nuestra idea número (1). Hablando de los seres humanos, Pablo dice: "Porque lo que se conoce acerca de Dios es evidente dentro de ellos,[1] pues Dios se lo hizo evidente.[2] Porque desde la creación del mundo, sus atributos invisibles, su eterno poder y divinidad, se han visto con toda claridad, siendo entendidos por medio de lo creado, de manera que no tienen excusa. Pues aunque conocían a Dios, no le honraron como a Dios ni le dieron gracias...".[3]

Este pasaje hace varias afirmaciones:

1. Dios ha tomado la iniciativa pues se ha dado a conocer, primero creándonos y colocándonos en un universo diseñado y creado para expresar no solo su existencia, sino algo de cómo él es.

2. La creación visible nos muestra de forma objetiva dos de los atributos de Dios: su poder eterno y su divinidad.

3. Percibimos estos atributos de forma directa, intuitiva; no por medio de un largo proceso de razonamiento lógico y discursivo.

4. Para que podamos percibir el significado de lo que vemos cuando contemplamos la creación de Dios, él no solo creó en nosotros nuestras facultades cognitivas en general, sino una facultad instintiva de conciencia de Dios.

Esta facultad de percepción actúa en todas las personas, Richard Dawkins incluido. Podemos verlo en su famosa definición de la biología como "el estudio de cosas complicadas que dan la impresión de haber sido diseñadas para un propósito".[4] De hecho, en otro lugar escribe que resulta "terriblemente tentador" decir que el universo ha sido diseñado. El éxito espectacular de la ciencia a la hora de dilucidar los mecanismos increíblemente sofisticados del funcionamiento del universo no ha hecho otra cosa que resaltar esa impresión inicial. Sin embargo, los nuevos ateos viven negando la evidencia, escondiéndose detrás de la idea de que, como han encontrado lo que creen que es el único mecanismo implicado en el origen y la variación de la vida, de alguna forma han explicado la vida. Parecen no ser conscientes de su error categórico elemental: concluir que la existencia de un mecanismo de alguna manera suprime la necesidad de un agente que diseñara dicho mecanismo. Su concepto de "explicación" es deficiente, y lo es a diferentes niveles.

El distinguido filósofo alemán Robert Spaemann, de la Universidad de Munich, dice:

> La ciencia no trata de averiguar, como hizo Aristóteles, por qué la piedra cae hacia abajo, sino que trata de descubrir las leyes que hacen que la piedra caiga. Eso es la "explicación" científica. Pero Wittgenstein escribe: "El gran engaño de la modernidad es que las leyes de la naturaleza explican el universo. Las leyes de la naturaleza describen el universo, describen las regularidades. Pero no explican nada".[5]

Dawkins debería prestar atención a Wittgenstein. El "gran espejismo" tiene a Dawkins tan fuertemente agarrado que piensa que la ciencia ha dado la explicación definitiva, echando a Dios por innecesario y autorizándole a negar la evidencia de Dios que experimenta cada día de su vida. Spaemann[6] usa una interesante analogía para ilustrar este error del pensamiento ateo. Hace referencia a la obra de la musicóloga Helga Thoene, que descubrió un doble cifrado en la *Partita* en Re menor de J. S. Bach. Si aplicamos a la música un esquema formal de números que correspondan a letras del alfabeto,[7] aparece el siguiente proverbio antiguo: *Ex Deo nascimur, in Christo morimur, per Spiritum Sanctum reviviscimus.*[8] No hay duda de que uno no tiene que conocer este texto secreto para poder disfrutar de la sonata: muchos la han disfrutado durante cientos de años sin tener ni idea de que escondía ese mensaje.

Spaemann se dirige a los nuevos ateos: "Podéis describir el proceso evolutivo, si así lo decidís, en términos puramente naturalistas. Pero el texto que aparece cuando veis a una persona, cuando veis un acto hermoso o un cuadro hermoso, solo puede leerse si se emplea un código totalmente diferente". Spaemann continúa diciendo: imaginemos que nuestra musicóloga entonces dice que la música de Bach se explica por sí sola; que ha sido puro azar que el mensaje apareciese, y que por tanto es suficiente interpretar la música como tal sin pensar en el texto. ¿No raya esto en la ingenuidad? Totalmente. No aceptaríamos ni por un momento que el texto simplemente apareció por casualidad, sin que nadie lo hubiese codificado y colocado allí. Lo mismo ocurre con la ciencia. Podemos, si queremos, limitarnos a una ciencia puramente naturalista. Pero entonces no podemos esperar que podremos explicar el texto que aparece. La musicóloga puede explicar como musicóloga cómo se compuso la música, pero solo si ignora el texto. Los nuevos ateos parecen estar en esa posición. Confiesan abiertamente que no están dispuestos ni siquiera a escuchar argumentos que quedan fuera de su naturalismo. Por supuesto, es honesto por su parte decir que han decidido encerrarse dentro del pequeño mundo de su castillo naturalista. Pero determinar si esta actitud es razonable, o si existe un mundo que ellos mismos han puesto fuera de su alcance, es ya otro tema.

La segunda fuente de evidencia que percibimos de forma directa tiene que ver con nuestro sentido innato de moralidad, el punto (2). El ser humano se ve a sí mismo como un ser moral. El apóstol Pablo señala que nuestra experiencia cotidiana de personas que se acusan y se excusan es evidencia de que intuitivamente creemos que existe una norma de moralidad fuera de nosotros. Si tú me acusas de algo, me acusas porque esperas que yo comparta tu norma moral. Si yo comienzo a poner excusas, eso prueba que acepto ese modelo. En otras palabras, esa conducta humana cotidiana muestra que las personas creen que existe una norma universal fuera de ellas; y cada uno de nosotros espera que los demás la cumplan. Este fenómeno universalmente observado constituye una evidencia sólida de la existencia de Dios. Como el filósofo ateo de Oxford J. L. Mackie reconoció: "Si existen valores objetivos, entonces la existencia de un dios es más probable que si estos no existieran. Así pues, en la moralidad tenemos un argumento justificable de la existencia de un dios".[9]

Immanuel Kant, aunque argumentó que la existencia de Dios no podía probarse por medio de la razón pura, confesó su creencia en Dios sobre la base de la razón práctica. Como evidencias, enumeró las dos fuentes que acabamos de exponer: "Dos cosas llenan mi mente de admiración y reverencia crecientes, cuanto más pienso y profundizo en ellas: el cielo estrellado sobre mí y la ley moral dentro de mí".[10] Estas palabras están grabadas en la lápida de su tumba en Kaliningrado.

Al llegar a la conclusión de este libro me gustaría destacar que Dawkins se ha retratado en la dedicatoria que encontramos al principio de su libro *El espejismo de Dios*. Cita a Douglas Adams (famoso por *La guía del autoestopista galáctico*): "¿No es suficiente ver que un jardín es hermoso sin tener que creer que hay hadas al fondo?". Algunos pueden pensar que Dawkins ha hecho un gran trabajo al librarse de las hadas. Aunque debe decirse que la mayoría de nosotros nunca ha creído en ellas; y si lo hicimos alguna vez, pronto dejamos de hacerlo. Pero cuando contemplamos la belleza de un jardín, ¿de verdad que Dawkins piensa que no hay un jardinero? ¿Sostendrá que su sublime hermosura ha surgido por puro azar de la naturaleza virgen? Por supuesto que no: porque los jardines se distinguen de la naturaleza salvaje precisamente por la intervención de la inteligencia. Esa es justo la idea. Dawkins es famoso por describir, en una prosa envidiable, la imponente belleza de ese jardín que es el universo. Encuentro incomprensible y bastante triste que presente al mundo dos alternativas claramente falsas: el jardín por sí solo, o el jardín que tiene hadas. Los jardines de verdad no se crean solos: tienen jardineros y dueños. Ocurre algo parecido con el universo: no se generó solo. Tiene un creador; y un dueño.

Hace veinte siglos, un día al amanecer, una mujer angustiada por la visión de una tumba vacía en un huerto cercano al lugar de la crucifixión, vio a un hombre entre las sombras. Pensando que era el jardinero, le preguntó si se había llevado el cuerpo de Jesús. El hombre la llamó por su nombre, "María"; y ella, comprendiendo de repente, se dio cuenta de que no era el jardinero sino el dueño, el Señor de la creación, el responsable absoluto no solo de la belleza de las flores y los árboles, sino de la de todo el universo en toda su gloria. Jesús había resucitado de los muertos. La propia muerte había sido derrotada.

El ateísmo no tiene respuesta ante la muerte, ni esperanza final que ofrecer. Es una cosmovisión vacía y estéril, que nos deja en un universo cerrado que un día incinerará toda huella de nuestra existencia. Es una filosofía inútil y carente de esperanza. Su historia termina en la tumba. Pero la resurrección de Jesús abre la puerta a una historia de mayor dimensión. Cada uno de nosotros deberá decidir si es o no la verdadera historia.

NOTAS

N. de la T.

ED hará referencia a *El espejismo de Dios* de R. Dawkins, Madrid: Espasa, 2007.

DNB hará referencia a *Dios no es bueno* de C. Hitchens, Barcelona: Debate, 2008.

Introducción

1. Richard Dawkins, *The God Delusion* (en adelante *ED*, del título en español), Londres, Bantam Press, 2006 [*El espejismo de Dios*, Madrid: S. L. U. Espasa Libros, 2007].

2. Stephen Hawking, *A Brief History of Time*, Londres, Bantam Press, 1988, p. 175 [*Brevísima historia del tiempo*, Barcelona: Editorial Crítica, 2005].

3. Stephen Hawking y Leonard Mlodinow, *The Grand Design*, Londres, Bantam Press, 2010 [*El gran diseño*, Barcelona: Editorial Crítica, 2010].

4. Christopher Hitchens, *God is not Great* (en adelante *DNB*, del título en español), Londres, Atlantic Books, 2008 [*Dios no es bueno*, Barcelona: Editorial Debate, 2008].

5. Daniel C. Dennett, *Breaking the Spell*, Londres, Penguin, 2007 [*Romper el hechizo: la religión como un fenómeno natural*, Madrid: Katz Editores, 2007].

6. *Ibíd.*, p. 21.

7. Sam Harris, *The End of Faith*, Londres, Free Press, 2006 [*El final de la fe: la religión, el terror y el futuro de la razón*, Ribarroja (Valencia): Editorial Paradigma, 2007].

8. Sam Harris, *Letter to a Christian Nation*, Nueva York, Alfred A. Knopf, 2006 [*Carta a una nación cristiana*, Ribarroja (Valencia): Editorial Paradigma, 2007].

9. Sam Harris, *The Moral Landscape*, Nueva York, Free Press, 2010.

10. Michel Onfray, *In Defence of Atheism*, Londres, Profile Books, 2007 [*Tratado de ateología,*, Barcelona: Editorial Anagrama, 2006].

11. *Perché non possiamo essere cristiani (e meno che mai cattolici)*, Longanesi, 2007 [*Por qué no podemos ser cristianos y mucho menos católicos*, Barcelona: RBA Libros, 2008].

12. *ED*, p. 16.

13. Reproducido con permiso de Fixed-Point Foundation.

14. Ruth Gledhill, *The Times*, 21 noviembre 2009, p. 14.

15. *The God Delusion Debate*, DVD de A Fixed-Point, www.fixed-point.org.
Ver también www.dawkinslennoxdebate.com.

16. John C. Lennox, *God's Undertaker: Has Science Buried God?* 2ª ed., Oxford, Lion Hudson, 2009 [*¿Ha enterrado la ciencia a Dios?* Barcelona: Clie, 2003].

17. *Has Science Buried God?*, DVD de A Fixed-Point, www.fixed-point.org.

18. *Can Atheism Save Europe?*, DVD de A Fixed-Point, www.fixed-point.org.

19. *Is God Great?* DVD de A Fixed-Point, www.fixed-point.org.

20. Intelligence Quotient Squared [El coeficiente de inteligencia al cuadrado] es una serie de debates públicos patrocinados por el *Sydney Morning Herald*.

21. *Duelling Professors*, http://www.youtube.com/watch?v=Yx0CXmagQu0.

22. www.veritas.org/Media.aspx#!/v/925.

23. John C. Lennox, *God and Stephen Hawking*, Oxford, Lion Hudson, 2011.

24. Alister & Joanna McGrath, *The Dawkins Delusion?* Londres, SPCK, 2007.

25. Keith Ward, *Why There Almost Certainly Is a God*, Oxford, Lion Hudson, 2008.

26. David Bentley Hart, *The Dawkins Letters*, Fearn, Christian Focus Publications, 2007.

27. David Bentley Hart, *Atheist Delusions*, New Haven y Londres, Yale University Press, 2009.

28. *ED*, p. 141 de la edición en inglés.

29. *DNB*, p. 19.

30. Dennett, *Breaking the Spell*, p. 21.

31. Alasdair MacIntyre, *After Virtue*, Londres, Duckworth, 2003 [*Tras la virtud*, Barcelona: Editorial Crítica, 2001].

32. Ver Ward, *Why There Almost Certainly Is a God*, capítulo 8.

33. Christopher Hitchens, *Letters to a Young Contrarian*, Nueva York, Basic Books, 2001 [*Cartas a un joven disidente*, Barcelona: Editorial Anagrama, 2003].

34. *DNB*, p. 27, 37.

35. *A Bitter Rift Divides Atheists*, Barbara Bradley Hagerty, NPR, 19 de octubre 2009.

36. Harris, *Letter to a Christian Nation*, p. ix.

37. *Der Spiegel*, 26 mayo 2007, pp. 56-69.

38. *Der Spiegel*, 10 septiembre 2007.

39. Richard Dawkins, *A Devil's Chaplain*, Londres, Phoenix, 2004, p. 185 [*El capellán del diablo*, Barcelona: Editorial Gedisa, 2009].

40. *ED*, p. 12.

41. Y aún así, los nuevos ateos están dispuestos
a acusar a Dios de totalitarismo.

42. *ED*, p. 16.

43. http://www.timesonline.co.uk/tol/
comment/faith/article8534.ece.

44. http://news.bbc.co.uk/1/hi/programmes
wtwtgod/3518375.stm.

45. www.gc.cuny.edu/faculty/research_
briefs/aris/key_findings.htm.

46. Richard Dawkins, *River Out of Eden*, Nueva
York, Basic Books, 1995 [*El río del Edén*,
Barcelona: Editorial Debate, 2000], ver también
A Devil's Chaplain, op. cit. pp. 17-22.

47. *New Scientist*, 18 noviembre 2006, pp. 8-11.

48. Ver David C. Lindberg y Ronald L. Numbers (eds.),
Where Science and Christianity Meet, Chicago,
University of Chicago Press, 2003, pp. 198-200.

49. *ED*, pp. 21-22.

50. *A Bitter Rift Divides Atheists*, Barbara
Bradley Hagerty, NPR, 19 octubre 2009.

51. McGraths, *The Dawkins Delusion?*

52. John Humphrys, *In God We Doubt*,
Londres Hodder y Stoughton, 2007.

53. He entrelazado los comentarios de Humphry
con sus declaraciones para mayor claridad.

54. Este papel que juega la evolución en el
debate se explica con mayor detalle en mi
libro *¿Ha enterrado la ciencia a Dios?*

55. 2 enero 2011.

Capítulo 1

¿Son Dios y la fe enemigos de la razón y la ciencia?

1. Michel Onfray, *In Defence of Atheism*, pp. 12, 13.

2. Nótese la relevancia de este paso en Génesis donde, hasta ahora, es Dios quien ha proporcionado los nombres (ver Génesis 1 "Y Dios llamó...").

3. Peter Harrison, *The Bible, Protestantism and the Rise of Science,* Cambridge, Cambridge University Press, 1998.

4. Es decir, razones que tienen que ver con las convicciones, las creencias y los principios que ya tenemos, *antes* de aplicarlos a una situación.

5. Sir Arthur Eddington, *The End of the World: From the Standpoint of Mathematical Physics,* Nature, 127, 1931, p. 450.

6. Sir John Maddox, *Nature*, 340, 1989, p. 425.

7. Ver mi libro *¿Ha enterrado la ciencia a Dios?* para más información sobre el uso de la ciencia por parte de los nuevos ateos.

8. Hawking y Mlodinow, *The Grand Design*, p. 180.

9. Hawking y Mlodinow, *The Grand Design*, p. 5.

10. Hawking, *A Brief History of Time,* p. 174.

11. Soy perfectamente consciente de que las consideraciones caóticas (sensibilidad a las condiciones iniciales) hacen que esta predicción sea prácticamente imposible para todo excepto para los primeros rebotes de la bola.

12. Ver Clive Cookson, "Scientists Who Glimpsed God", *Financial Times*, 29 abril 1995, p. 20.

13. C. S. Lewis, *Miracles,* Londres, Fontana, 1974, p. 63 [*Los Milagros*, Madrid: Ediciones Encuentro, 2009].

14. Richard Feynman, *The Meaning of it all*,
Londres, Penguin, 2007, p. 23 [*Qué significa
todo esto*, Barcelona: Crítica, 2006].

15. Allan Sandage, *New York Times*, 12 marzo 1991,
p. B9. O ver http://www.nytimes.com/1991/03/12/
science/sizing-up-the-cosmos-an-astronomer-squest.html.

16. Hawking y Mlodinow, *The Grand Design*, p. 164.

17. Para información adicional sobre este concepto,
ver mi libro *¿Ha enterrado la ciencia a
Dios?*, pp. 69-77 de la edición en inglés.

18. Sir John Polkinghorne, *One World*,
Londres, SPCK, 1986, p. 80.

19. Hannah Devlin, "Hawking: God Did Not Create the
Universe", *The Times Eureka*, 12 septiembre 2010.

20. *Eureka*, 12 septiembre 2010, p. 23.

21. Hannah Devlin, "Hawking: God Did Not
Create the Universe", 12 septiembre 2010.

22. Para más información sobre esta cuestión ver mi libro
God and Stephen Hawking, Oxford, Lion Hudson, 2011.

23. *ED*, p. 60.

24. Richard Dawkins, "Is science a religion?",
The Humanist, ene./feb. 1997, pp. 26-39.

25. Richard Dawkins, *Daily Telegraph*
Science Extra, 11 septiembre 1989.

26. Michel Onfray, *In Defence of Atheism*, p. 28.

27. De pasada señalamos que esta declaración es un
ejemplo bastante patente de "petición de principio".

28. Julian Baggini, *Atheism – A Very Short Introduction*,
Oxford, Oxford University Press, 2003, pp. 32, 33.

29. http://atheistempire.com/atheism/faith.php.

30. Baggini, *Atheism*, p. 31.

31. *ED*, p. 329.

32. Tal vez merezca la pena indicar que la revelación (en el sentido bíblico) no es un sentimiento, sino que implica la afirmación de que Dios puede y nos ha mostrado cosas que, de otro modo, serían inaccesibles al intelecto humano. La revelación tampoco excluye la razón, ya que la razón tiene que usarse al acercarse a la revelación para ver si tiene sentido y para considerar las evidencias de la verdad que esta afirma.

33. Dawkins, *A Devil's Chaplain*, pp. 288-89.

34. Baggini, *Atheism*, p. 33.

35. *DNB*, p. 19.

36. Emanuel Kant, *Critique of Pure Reason* p. 29 Bxxix-xxx, [*Crítica de la razón pura*].

37. Deberíamos observar aquí otro uso común de "fe": para describir un cuerpo de doctrina.

38. Escribo como cristiano. Es justo que los representantes de otras religiones respondan a cualquier acusación que hagan contra ellos los nuevos ateos.

39. Juan 20:25.

40. Juan 20:26-29. Los nuevos ateos podrán notar que en la traducción se usa el término "creer" en lugar de la palabra "fe", aunque son equivalentes.

41. Baggini, *Atheism*, p. 33.

42. Baggini no está solo. El filósofo A. C. Grayling también está confundido por la definición de fe; ver p. 49.

43. Juan 20:30-31.

44. Por ejemplo, Juan 2:11, 3:2, 4:41, 4:53, 6:14.

45. Reseña de *ED*, *Times Higher Education Supplement*, 1 septiembre 2006.
O ver http://www.lrb.co.uk/v28/n20/ terryeagleton/lunging-flailing-mispunching.

46. *ED*, p. 329.

47. *ED*, p. 16.

48. Hechos 26:24.

49. Alister McGrath, *Dawkins' God: Genes, Memes, and the Meaning of Life*, Oxford, Blackwell, 2005, p. 87.

50. Sigmund Freud, *The Future of an Illusion (Die Zukunft einer Illusion, 1927)* traducción al inglés de James Strachey, Nueva York, Londres, W. W. Norton & Company, 1975.

51. Michel Onfray, *In Defence of Atheism*, p. 23.

52. Michel Onfray, *In Defence of Atheism*, p. 27.

53. Manfred Lütz, *Gott: Eine kleine Geschichte des Grössten*, München, Pattloch, 2007.

54. Ver New York Review of Books http://www.nybooks.com/articles/archives/1998/nov/19/discreet-charmof-nihilism/.

55. Lütz, *Gott: Eine kleine Geschichte des Grössten;* Lütz también defiende en detalle que ocurre lo mismo con Jung y Frankl.

56. *ED*, p. 60.

57. *Daily Telegraph* Science Extra, 11 septiembre 1989.

58. Templeton Prize Address, 1995, http://www.origins.org/articles/davies_templetonaddress.html.

59. Ver Max Jammer, *Einstein and Religion*, Princeton, University Press, 1999, p. 94.

60. *ED*, p. 22.

61. Ver de forma particular, Jammer, *Einstein and Religion*, p. 50.

62. Jammer, *Einstein and Religion*, p. 48.

63. *Letter from Einstein to Phyllis Wright*, 24 enero 1936, Albert Einstein Archive 52-337. Citado por Walter Isaacson, *Einstein*, Londres, Simon y Schuster, 2007, p. 388.

64. *New Scientist*, 8 noviembre 2007.

65. Por supuesto, estoy al tanto de que Einstein es un adelanto sobre Newton; sin embargo, no deberíamos olvidar que las leyes de Newton siguen siendo lo bastante precisas como para hacer los cálculos necesarios y poner a un hombre en la luna.

66. A un nivel más profundo existen incertidumbres en las matemáticas, como demuestra la obra de Kurt Gödel, pero no podemos apartarnos aquí del tema para debatirlas.

67. Como sucede en mi propio campo del algebra con la clasificación de los grupos simples finitos.

68. Michel Onfray, *In Defence of Atheism*, p. 1.

69. *ED*, p. 112.

70. Eugene Wigner, *Communications in Pure and Applied Mathematics*, Vol.13, n°. 1 (febrero 1960), Nueva York, JohnWiley & Sons, Inc.

71. Cuyo argumento, de ser válido, desestimaría también el ateísmo mediante la misma muestra.

72. Ver John Haught, *God and the New Atheism*, Louisville, Westminster John Knox Press, 2008, p. 57 [*Dios y el Nuevo Ateísmo*, Bilbao: Editorial SalTerrae 2011].

73. Hawking y Mlodinow, *The Grand Design,* p. 181.

74. John Gray, *Straw Dogs*, Londres, Granta Books, 2002, p. 26 [*Perros de paja*, Barcelona: Editorial Paidós Ibérica, 2003].

75. Para más detalles de este argumento ver http://plato.stanford.edu/entries/religion-cience/.

76. El materialismo es la opinión de que nada existe aparte de lo material (o "energía de la materia" en términos más técnicos), de manera que la realidad suprema es el universo material.

77. *ED*, p. 332.

Capítulo 2

¿Es venenosa la religión?

1. Richard Brooks, *Sunday Times*, 2 septiembre 2007.

2. http://news.bbc.co.uk/1/hi/programmes/ wtwtgod/3518375.stm.

3. Humphrys, *In God We Doubt*, p. 117.

4. *DNB*, Capítulo 13.

5. *ED*, p. 36.

6. *ED*, p. 324.

7. Keith Ward, *Is Religion Dangerous?*, Oxford, Lion Hudson, 2006, p. 55.

8. En la transcripción editada de una charla impartida en la conferencia de la Alianza Atea de Washington D. C. el 28 de septiembre 2007.

9. http://www.positiveatheism.org/hist/russell2.htm.

10. Aunque Onfray titule su libro de una forma más amplia como: *In Defence of Atheism: The Case against Christianity, Judaism and Islam*.

11. P. ej. Dawkins: "Salvo que lo indique expresamente de otra forma, la mayoría del tiempo tendré al cristianismo en mente...", *ED*, p. 46.

12. *DNB*, p. 32.

13. Sam Harris, *Letter to a Christian Nation*, Nueva York, Alfred A. Knopf, 2006.

14. No resulta difícil ver cómo estas idean pueden alimentar las llamas de la persecución contra los cristianos.

15. Mateo 26:52.

16. Para una explicación de los milagros ver el capítulo 7.

17. Lucas 22:51.

18. Queda claro, pues, que cuando Cristo dijo que no había venido "para traer paz, sino espada" (Mt 10:34), no quería decir una espada física, sino más bien actitudes hacia él que conducirían a una división espiritual dentro de la sociedad y la familia. Algunos lo aceptarían y otros lo rechazarían.

19. Juan 19:12.

20. Juan 18:28—19:16.

21. Zacarías 9:9; Juan 12:12-19.

22. Juan 18:36. En griego, los tiempos verbales de esta frase condicional hipotética pueden referirse al presente, p. ej., "mis siervos ahora pelearían", o a un proceso pasado, "mis discípulos habrían peleado". Según el catedrático de griego David Gooding, esta segunda traducción es preferible. Cristo se está refiriendo a lo ocurrido en Getsemaní, cuando les prohibió a sus discípulos luchar para impedir que los judíos le arrestasen.

23. Juan 18:37.

24. Sin embargo, es importante notar que no toda aquella comunidad respaldaba aquellas acusaciones. La gran mayoría de los primeros seguidores de Jesús eran judíos. Además, dos destacados miembros del Sanedrín, Nicodemo y José de Arimatea, se desvincularon del veredicto contra Cristo, pidiendo su cuerpo para darle una sepultura apropiada.

25. Mateo 23:23-28.

26. Klaus Müller, *Streit um Gott*, Regensburg, 2006, p. 33 (la traducción es mía).

27. Arnold Angenendt, *Toleranz und Gewalt*, Münster, Verlag Aschendorff, 2009.

28. *Die Tageszeitung*, 5 enero 2008.

29. Maarten t'Hart, *Mozart und Ich*, Munich, Piper, 2006.

30. Angenendt, *Toleranz und Gewalt*, p. 15.

31. *ED*, p. 336.

32. *ED*, p. 138.

33. *ED*, p. 284.

34. Reseña de *ED* en *Times Higher Education Supplement*, 1 septiembre 2006. O ver http://www.lrb.co.uk/v28/n20/terry-eagleton/lunging-flailingmispunching.

35. Jürgen Habermas, *Glaube und Wissen*, Friedenspreis des Deutschen Buchhandels 2001, Frankfurt am Main, 2001, p. 25.

36. Jürgen Habermas, *Time of Transitions*, Nueva York, Polity Press, 2006 [*Tiempos de transiciones*, Madrid: Trotta, 2004].

37. http://www.ttf.org/index/journal/detail/atheism-and-moral-clarity/.

38. David Sloan Wilson "Beyond Demonic Memes: Why Richard Dawkins is Wrong about Religion", Internet magazine *eSceptic*, 4 julio 2007.

39. Ver Helen Phillips, *New Scientist*, 1 septiembre 2007, pp. 32-36.

40. *Ibíd*.

41. Nicholas Beale y Sir John Polkinghorne, *Questions of Truth*, Westminster, John Knox Press, 2009.

42. Profesor Andrew Sims, *Is Faith Delusion?: Why Religion is Good ForYour Health*, Londres, Continuum, 2009.

43. *Ibíd.*, p. 100.

44. *Ibíd.*, del prefacio.

45. Matthew Parris, *The Times*, 27 diciembre 2008.

46. Ward, *Is Religion Dangerous?*, p. 40.

47. David Berlinski, *The Devil's Delusion – Atheism and its Scientific Pretensions*, Nueva York, Crown Forum, 2008, p. 21.

48. Noam Chomsky, *New Scientist*, 26 julio 2008, p. 46.

Capítulo 3

¿Es venenoso el ateímo?

1. Marilynne Robinson, "Review of *The God Delusion*", *Harper's Magazine*, 2006.
Ver http://solutions.synearth.net/2006/10/20/.

2. *DNB*, p. 252.

3. Peter Berkowitz, *The Wall Street Journal*, 16 July 2007, p. A13.

4. Chris Hedges, *I Don't Believe in Atheists*, Nueva York, Free Press, 2008, p. 54.

5. *DNB*, p. 57 de la edición en inglés.

6. John Gray, *Black Mass: Apocalyptic Religion and the Death of Utopia*, Londres, Penguin, 2007, pp. 36, 39 [*Misa negra. La religión apocalíptica y la muerte de la utopía*, Barcelona: Ediciones Paidós Ibérica, 2008].

7. *ED*, p. 23.

8. *ED*, p. 292.

9. *ED*, p. 298.

10. Peter Berkowitz, "The New New Atheism", *The Wall Street Journal*, 16 July 2007, p. A13.

11. *DNB*, p. 27.

12. *The Difference between the Natural Philosophy of Democritus and the Natural Philosophy of Epicurus*,

traducido en K. Marx y F. Engels, *On Religion*, Moscow, Foreign Languages Publishing House, 1955, p. 15.

13. *Ibíd.*, p. 5.

14. *Black Book of Communism*, ed. Stephane Courtois, Cambridge Mass., Harvard University Press, 1999.

15. Michael Rissmann, *Hitlers Gott: Vorsehungsglaube und Sendungsbewusstsein des deutschen Diktators*, Zürich, Pendo, 2001.

16. Las principales ideas de este libro se encuentran también en el ensayo de Rissmann, "Hitlers Vorsehungsglaube und seine Wirkung" (Communio 4/2002, S.358-367).

17. *Hitler's Table Talk*, notas taquigrafiadas sobre las conversaciones privadas de Hitler, Londres, Weidenfeld y Nicolson, 1953.

18. *ED*, p. 292.

19. Berlinski, *The Devil's Delusion*, pp. 26-27.

20. Richard Schröder, *Abschaffung der Religion*, Freiburg im Breisgau, Herder, 2008, p. 18, la traducción es mía.

21. Richard Dawkins, *The Greatest Show on Earth*, Londres, Bantam Press, 2009 [*Evolución: El mayor espectáculo sobre la tierra*, Madrid: S. L. U. Espasa Libros, 2009].

22. En *50 Voices of Disbelief*, eds. Russell Blackford y Udo Schüklenk, Oxford, Wiley-Blackwell, 2009, p. 290. [*50 voces incrédulas*, Intervención cultural, 2013].

23. Citado por Ruth Gledhill, *The Times*, 2 abril 2010.

24. *ED*, p. 327.

25. Gray, *Black Mass*, p. 198.

26. Romanos 5:12.

27. Gray, *Black Mass*, p. 36.

28. Apocalipsis 6.

29. Harris, *The End of Faith*, pp. 52-53.

30. Aleksandr Solzhenitsyn, Discurso para el Premio Templeton, 1983.

Capítulo 4

¿Podemos ser buenos sin Dios?

1. *DNB*, p. 115.

2. *DNB*, p. 127.

3. *ED*, p. 39.

4. Michael Ruse, *Defining Darwin: Essays on the History and Philosophy of Evolution*, Amherst Nueva York, Prometheus Books, 2009, capítulo 10, p. 237.

5. Peter Singer, "Sanctity of Life or Quality of Life?", *Pediatrics*, Vol. 72, n°. 1, julio 1983, pp. 128-129.

6. En *50 Voices of Disbelief*, Blackford y Schüklenk, p. 171.

7. Marc Hauser, *Moral Minds*, Nueva York, HarperCollins, 2006 [*La mente moral*, Barcelona: Paidós Ibérica, 2008].

8. M. Hauser y P. Singer, "Morality Without Religion", *Free Inquiry* vol. 26, n°. 1, 2006, pp. 18-19.

9. C. S. Lewis, *The Abolition of Man*, London, Geoffrey Bles, 1940 [*La abolición del hombre*, Ediciones Encuentro, 2007].

10. Para este y el ejemplo de Einstein sobre religión y ciencia ver la obra definitiva de Maz Jammer, *Einstein and Religion*, Princeton, Princeton University Press, 1999. Esta cita es de la p. 69.

11. Richard P. Feynman, *The Meaning of it All*, Londres, Penguin, 2007, p. 32 [*Qué significa todo eso*, Barcelona: Editorial Crítica, 2006].

12. *Ibíd.*, p. 43.

13. Dawkins, *A Devil's Chaplain*, p. 39.

14. Harris, *The Moral Landscape*.

15. Holmes Rolston III, *Genes, Genesis and God*, Cambridge, Cambridge University Press, 1999, pp. 214-15.

16. Alasdair MacIntyre pregunta a qué "deber ser" se está refiriendo Hume, y también si la transición de "es" a "deber ser" suele ser engañosa, o si cualquier transición de ese estilo es lógicamente imposible. MacIntyre advierte sobre la conocida incoherencia de Hume en otras áreas (*A Short History of Ethics*, Londres, Macmillan, 1967, p. 174).

17. Observamos, sin embargo, que este uso del término "naturalismo" es, como ha indicado Raphael, más amplio de lo que suele ser en el uso que le dan los pensadores contemporáneos, para quienes, en la ética, el término alude a "teorías que *definen* los términos de valores como equivalentes a expresiones que describen un hecho natural, p. ej., teorías que afirman que 'bueno' significa lo mismo que 'agradable' o 'deseado'". (*Moral Philosophy*, Oxford, Oxford University Press, 1994, nota al pie p. 18).

18. Lewis, *The Abolition of Man*.

19. Julian Baggini, "The Moral Formula", *The Independent*, 11 abril 2011.

20. Harris, *The Moral Landscape*, p. 39.

21. Tal vez Harris sea vagamente consciente de esto ya que, hacia el final de su libro, atenúa la afirmación del subtítulo de su portada con una declaración más suave y muy distinta: "que la ciencia podría tener algo importante que decir sobre los valores" (*The Moral Landscape*, p. 189).

22. Kwame Anthony Appiah, "Science knows best", *The New York Times*, 1 octubre 2010.

23. http://scienceblogs.com/pharyngula/2010/05/
sam_harris_v_sean_carroll.php?.

24. http://www.huffingtonpost.com/sam-harris/
a-science-ofmorality_b_567185.html.

25. Un término acuñado a comienzos del siglo XX y
popularizado por el historiador estadounidense
Richard Hofstadter.

26. Herbert Spencer, *Social Statics*, Nueva
York, D. Appleton, 1851.

27. Michael Ruse, *Can a Darwinian be a Christian?*
Cambridge, Cambridge University Press, 2001,
p. 170 [*¿Puede un darwiniano ser cristiano?*
Madrid: Editorial Siglo XXI, 2007].

28. Ruse indica que G. E. Moore definió la lógica de Spencer
del "debería ser" como un excelente ejemplo de la falacia
naturalista (Ruse, *Can a Darwinian be a Christian?*).

29. Ruse, *Can a Darwinian be a Christian?*, p. 182.

30. Ver Jonathan Hodge y Gregory Radick, *The
Cambridge Companion to Darwin*, Cambridge,
Cambridge University Press, 2003, p. 214 y ss.

31. Charles Darwin, *The Descent of Man*, 2ª ed., Nueva
York, A. L. Burt Co., 1874, p. 178 [*El origen del
hombre*, Barcelona: Editorial Trilla y Serna, 1880].

32. Charles Darwin, *Life and Letters I*, Carta
a W. Graham, 3 julio 1881, p. 316.

33. Ver Richard Hofstadter, *Social Darwinism in American
Thought*, Boston, Beacon Press, 1955, p. 204.

34. La primera objeción de Horgan consiste en que
disiente de Harris sobre Hume: "Hume tenía razón: el
ámbito del 'debería' es cualitativamente diferente del
ámbito del 'es'". Para la referencia, ver más abajo.

35. http://www.theglobeandmail.com/news/arts/books/book-reviewthe-moral-landscape-how-sciencecan-determine-human-values-by-samharris/article1749446/page2/.

36. Ahora existen diversas escuelas de sociobiología, pero su tesis principal sigue siendo esecialmente la misma.

37. Jacques Monod y A. Wainhouse, *Chance and Necessity*, Londres, Collins, 1971, pp. 110, 167 [*El azar y la necesidad*, Barcelona: Tusquets Editores, 1981].

38. Gaya es la diosa griega de la tierra cuyo nombre se vincula a la teoría de la tierra de James Lovelock como mecanismo autorregulador (*Gaia: The Practical Science of Planetary Medicine*, Londres, Gaia Books, 1991 [*Gaia: Una ciencia para curar el planeta*, Barcelona: Libros Integral, Oasis, 1992]).

39. Gray, *Straw Dogs*, p. 33.

40. Peter Singer, Practical Ethics, 2ª ed., Cambridge, Cambridge University Press, 1993, reimpresión de 1999, p. 331 [*Ética práctica*, Madrid: Editorial Akal, 2009].

41. William B. Province, "Scientists, Face It! Science and Religion are Incompatible", *The Scientist*, 5 septiembre 1988.

42. Alasdair Palmer, "Must Knowledge Gained Mean Paradise Lost?" *The Sunday Telegraph*, 6 abril 1977.

43. Monod y Wainhouse, *Chance and Necessity*.

44. El reduccionismo materialista sostiene que, al final, todo puede ser reducido a nada excepto la física y la química; es decir, a materia y su comportamiento.

45. Michael Ruse y Edward O. Wilson, "Evolution and Ethics", *New Scientist*, Vol. 108, 17 octubre 1985, pp. 50-52.

46. Gray, *Straw Dogs*, p. 31.

47. Gray, *Black Mass*, p. 26.

48. *Ibíd.*, p. 37.

49. *Ibíd.*, pp. 107, 109.

50. Existe un interesante debate acerca de las dificultades
de explicar el altruismo desde la teoría evolutiva,
en Rolston, *Genes, Genesis and God*, capítulo 5.

51. Edward O. Wilson, *Sociobiology*, Cambridge
USA, Harvard University Press, 1975, p. 3.

52. Holmes Rolston III, *Biology, Ethics and the Origins
of Life*, Boston, Jones y Bartlett, 1995, p. 96.

53. Rolston, *Biology, Ethics and the Origins of Life*, p. 127.

54. Rolston, *Biology, Ethics and the Origins of Life*,
pp. 128, 129. Una investigación más profunda de
los argumentos nos llevaría más allá de nuestro
cometido presente y remito al lector al biólogo Denis
Alexander, *Rebuilding the Matrix Science and
Faith in the 21st Century*, Oxford, Lion, 2001, cap.
11, para un análisis de las deficiencias empíricas y
filosóficas de estos argumentos desde la perspectiva
de un teísta que sostiene la teoría darwiniana.

55. Para una crítica de la sociobiología, desde
una perspectiva evolutiva, ver el artículo de
Langdon Gilkey en Rolston, *Biology, Ethics
and the Origins of Life*, p. 163 y ss.

56. Para un análisis crítico del intento anterior e
igualmente desesperado de C. H. Waddington,
ver Lewis, *The Abolition of Man*, p. 29.

57. Richard Dawkins, *The Selfish Gene*, Oxford,
Oxford University Press, 1976, p. 215 [*El gen
egoísta*, Madrid: Grupo Editorial Bruño, 2014].

58. Dawkins, *The Selfish Gene*, p. ix.

59. *Ibíd.*, p. 205.

60. Ver Lewis, *The Abolition of Man*, p. 28.

61. Richard Dawkins, *River Out of Eden*, Nueva
York, Basic Books, 1992, p. 133.

62. Steven Rose, que no discute con Dawkins sobre la evolución en sí como teoría biológica, argumenta fuertemente contra el reduccionismo que se encuentra en el centro del determinismo genético de Dawkins. Piensa que es sencillamente incorrecto: "¡Me siento afligido por la arrogancia con la que algunos biólogos afirman que su —nuestra— disciplina poderes explicativos e intervencionistas que desde luego no poseen, y la forma tan desdeñosa con la que descartan la contraevidencia!" (*Lifelines,* Londres, Penguin, 1997, p. 276). Y prosigue: "Los fenómenos de la vida tratan siempre, inexorable y simultáneamente sobre la naturaleza y la crianza, y los fenómenos de la existencia y la experiencia humanas son siempre simultáneamente biológicos y sociales. Cualquier explicación debe incluir ambas" (*Lifelines,* p. 279).

63. Jean-Paul Sartre, *Existentialism*, NuevaYork, Bernard Frechtman, 1947.

64. Berlinski, *The Devil's Delusion*, p. 26.

Capítulo 5

¿Es un déspota el Dios de la Biblia?

1. *ED*, p. 272.

2. *ED*, p. 272.

3. Levítico 19:33-34.

4. *ED*, p. 276.

5. "Der freiheitliche säkularisierte Staat lebt von Voraussetzungen, die er selbst nicht garantieren kann."

6. "Vorpolitische Grundlagen des demokratischen Rechtsstaates?" en Jürgen Habermas, *Zwischen Naturalismus und Religion*, Frankfurt, Suhrkampf Verlag, 2005, pp. 106-118.

7. Arnold Angenendt, *Toleranz und Gewalt*, Münster, Aschendorff Verlag, 2009 p. 581.

8. *ED*, p. 281.

9. Ver los comentarios sobre la obra anterior de Marc Hauser, p. 98 y ss.

10. Una observación muy importante a cuya relevancia debemos volver más adelante.

11. Dawkins también sugiere cuatro nuevos mandamientos de cosecha propia en *ED*, pp. 283-284.

12. Proverbios 17:22.

13. Lucas 2:10.

14. Libby Purves, "God rest you merry atheist", *The Times*, 18 diciembre 2007.

15. *DNB*, p. 26.

16. 1 Tesalonicenses 5:21.

17. Mateo 15:14.

18. *ED*, p. 264.

19. Deuteronomio 7:2.

20. Josué 11:5-11.

21. Deuteronomio 10:18.

22. Ver también Christopher J. H. Wright, *The God I Don't Understand*, Grand Rapids, Zondervan, 2008, p. 92 y ss. [*El Dios que no entiendo*, Grand Rapids: Editorial Vida, 2010].

23. Deuteronomio 9:4.

24. Gran Rabino Lord Jonathan Sacks, "Credo", *The Times*, 12 agosto 2006, http://www.timesonline.co.uk/tol/comment/faith/article1084389.ece.

25. Deuteronomio 10:18.

26. Deuteronomio 12:31; 18:10.

27. Génesis 15:16.

28. Deuteronomio 9:4.

29. Deuteronomio 8:19-20.

30. Deuteronomio 1:1. Ver también 27:9; 29:2; 31:1.

31. Deuteronomio 31:11.

32. 1 Samuel 25:1.

33. 1 Reyes 8:62.

34. "Reading Joshua", Conferencia *My Ways Are Not Your Ways*, University of Notre Dame, 10-12 septiembre 2009.

35. Isaías 2:4.

36. Juan 5:22.

37. Se suele traducir más o menos: "Sobre la naturaleza del universo físico".

38. "Cues Of Being Watched Enhance Cooperation In a Real-World Setting", Melissa Bateson, Daniel Nettle, y Gilbert Roberts, *Biol Lett*, 22 septiembre 2006; 2(3): pp. 412–414.

39. H. Butterfield, *Christianity and History*, Londres, G. Bell & Sons, 1949, capítulo 2, pp. 29, 30, 31, 35.

40. *Ibíd.*, p. 33.

41. Citado en "The Nation: Looking For a Reason", *Time Magazine*, 25 julio 1977.

42. Ver Richard Alleyne, corresponsal científico, *Daily Telegraph*, 7 septiembre 2009.

43. Salmo 96:11-13.

44. Dawkins, *River Out of Eden*, p. 133.

45. Citado en "Believe it or not", Nueva York, *First Things*, mayo 2010.

46. Hechos 17:31

47. Porque sostienen que la ciencia, desde hace mucho tiempo, ha puesto a los milagros en su lugar, en el

casillero marcado como "Fantasía", junto con Papá Noel, el ratoncito Pérez y el pastafarismo. Sin embargo, la ciencia no ha hecho tal cosa. Ver el capítulo 12 de mi libro *¿Ha enterrado la ciencia a Dios?*, capítulo 12.

48. C. S. Lewis, *The Problem of Pain*, Londres, Geoffrey Bles, 1940, p. 133 [*El problema del dolor*, Madrid: Ediciones Rialp S. A., 2014].

49. Romanos 8:18, 38-39.

50. C. S. Lewis, *Mere Christianity*, Nueva York, Macmillan, 1952, libro 2, capítulo 3, p. 53 [*Mero cristianismo*, Madrid: Ediciones Rialp S. A., 2001].

51. Utilicé el término hebreo para Jesús.

Capítulo 6

¿Es la expiación moralmente repulsiva?

1. *ED*, p. 271.

2. *ED*, p. 270.

3. Romanos 6:23.

4. Nicholas Lash, *Theology for Pilgrims*, Londres, Darton, Longman y Todd, 2008, p. 10.

5. *ED*, pp. 270-272.

6. Richard Dawkins, "Forgive me, spirit of science", *New Statesman*, 20 diciembre 2010, p. 80.

7. 1 Corintios 1:23.

8. James Boswell, *The Life of Samuel Johnson*, Londres, John Sharpe, 1830, p. 513 [*La vida de Samuel Johnson*, Barcelona: Editorial Espasa, 2007].

9. Lucas 11:13.

10. A la luz de las caricaturas del "pecado original" de Dawkins, Hitchens y otros, es importante observar

que la última parte de esta cita no afirma (como se sugiere en ocasiones) que "todos los hombres pecaron *en él* (es decir, en Adán)". La conjunción griega *ef'hō* que introduce la última parte de la frase no puede significar "en quien" o "en él", porque para eso el autor debería haber usado *en hō* . *Ef'hō* significa "porque".

11. Romanos 5:12.

12. *ED*, p. 284.

13. Génesis 3:5. Aquí la Biblia habla de la acción de una inteligencia maligna extraña, que muchas personas rechaza de forma instantánea. Me parece interesante (y bastante irónico) que muchas de esas personas defienden la existencia de inteligencias extrañas (no descubiertas aún) en el universo, y esperan hallarlas algún día. Para saber más sobre el relato del Génesis, ver mi libro *Seven Days that Divide the World*, Grand Rapids, Zondervan, 2011.

14. Génesis 3:7-10.

15. *DNB*, p. 231.

16. Romanos 3:23.

17. Romanos 5:19.

18. Romanos 3:24, 28; 4:5.

19. Parece que Christopher Hitchens comete este error cuando acusa a Dios de totalitarismo y afirma que: "El principio esencial del totalitarismo consiste en promulgar leyes que sean *imposibles de obedecer*". Ver *DNB*, p. 234.

20. Efesios 2:8-9.

21. Aunque Hitchens parece pensar que sí, *DNB*, p. 231.

22. El término griego *metanoia,* usado en el Nuevo Testamento para "arrepentimiento" significa "cambio de mente".

23. *ED*, p. 271.

24. *Ibíd.*

25. En el contexto de su pregunta, "¿Por qué no puede Dios simplemente perdonar los pecados?", Dawkins afirma de forma reveladora: "Los éticos progresistas de hoy día encuentran difícil defender cualquier tipo de teoría retributiva del castigo..." (*ED*, p. 271). Si este es el caso, Dios nos proteja de los "éticos progresistas". En cuanto al peligro de los "éticos progresistas" que supone sustituir "castigo" por "tratamiento", ver el ensayo de C. S. Lewis "On the Humanitarian Theory of Punishment" en *Undeceptions*, Londres, Geoffrey Bles, 1971, p. 250 y ss.

26. En Simon Wiesenthal, *The Sunflower*, Nueva York, Schocken Books Inc., 1997, p. 123 [*Los límites del perdón. El girasol*, Editorial Paidós: Buenos Aires, 1998].

27. Lucas 23:34.

28. D. W Gooding, *According to Luke*, Leicester, IVP, 1987, p. 342 [*Según Lucas*, Editorial Andamio, reedición 2016]. La actitud de Cristo con los que sí sabían lo que estaban haciendo era muy diferente. Ver Mateo 11:20 y ss.

29. *DNB*, p. 233.

30. Por ejemplo, Mateo 21:12-13, Marcos 11:15-17, Lucas 19:45-46 y Juan 2:13-17.

31. 1 Timoteo 2:5–6.

32. Merece la pena registrar las palabras de Carton: "Es mucho mejor hacer que no haber hecho jamás; es mucho mejor el descanso al que voy que lo que haya llegado a conocer".

33. Mateo 9:2.

34. Wiesenthal, *The Sunflower*.

35. Mateo 1:20-21.

36. Juan 1:29.

37. Ver Hebreos 10:4.

38. Marcos 10:45.

39. Lucas 22:19-20.

40. 1 Corintios 15:3-4.

41. Isaías 53:5.

42. 2 Corintios 5:19-21.

43. Si el lector quiere una explicación más completa de esta terminología a nivel popular, podría consultar *Key Bible Concepts* de David Gooding y John Lennox, Grand Rapids, Gospel Folio Press, 1997 [*Conceptos bíblicos fundamentales* de David Gooding y John Lennox, Barcelona: Publicaciones Andamio, 2011]. El libro se puede descargar en ingles en www.keybibleconcepts.org.

44. Lucas 23:11, 35-37.

45. El término griego usado denota un espectro que incluye ladrón, bandolero, bandido o proscrito.

46. En Charles Williams, *Taliessin through Logres*, Grand Rapids, Eerdmans, 1974, p. 307.

47. Lucas 23:40-41

48. David Gooding, *According to Luke*, Leicester, Inter-Varsity Press, 1987, pp. 344-345.

Capítulo 7

¿Son los milagros pura fantasía?

1. Una visión anterior de este capítulo aparece como Capítulo 12 de mi libro *¿Ha enterrado la ciencia a Dios?* Se incluye aquí, ya que es un puente esencial al capítulo siguiente sobre las evidencias de la resurrección.

2. *ED*, p. 83.

3. http://daily.stanford.edu/article/2008/1/28/
hitchensKnocksIntelligentDesign.

4. Francis Collins, *The Language of God*, Londres,
Simon & Schuster Ltd, 2006, pp. 51-52 [*¿Cómo habla
Dios?*, Madrid: Ediciones Temas de Hoy, 2007].

5. Hechos 1:22.

6. Lewis, *Miracles*, p. 148.

7. 1 Corintios 15:14.

8. Ver David Hume, *An Enquiry Concerning Human
Understanding: A Letter from a Gentleman to His
Friend in Edinburgh*, Indiana, Hackett Publishing
Co., 1993, 10.1, pp. 76-77 [*Investigación sobre
el conocimiento humano. Carta de un caballero
a su amigo de Edimburgo*, Madrid: Alianza].

9. Este es el significado del término griego
para "resurrección" (*anastasis*).

10. David Hume, *An Enquiry Concerning
Human Understanding*, 4.1, p. 15.

11. *ED*, p. 173.

12. David Hume, *An Enquiry Concerning
Human Understanding*, p. 49.

13. Alfred North Whitehead, *Process and
Reality*, Macmillan, Londres, 1929.

14. Anthony Flew, *There is a God*, New York,
HarperOne, 2007, pp. 57-58 [*Dios existe*,
Madrid: Editorial Trotta, 2012].

15. John Earman, *Hume's Abject Failure*, Oxford,
Oxford University Press, 2000, p. 3.

16. *DNB*, p. 161.

17. *DNB*, p. 79 de la edición en inglés.

18. Lucas 1:5-25.

19. Hechos 4:1-21.

20. Hechos 23:8.

21. Tom Wright, James Gregory Lecture, Universidad de Durham, 2007.

22. Lewis, *Miracles*, p. 62.

23. A este respecto uno piensa en las palabras de Wittgenstein: "El gran engaño de la modernidad es que las leyes de la naturaleza explican el universo. Las leyes de la naturaleza describen el universo, describen las regularidades. Pero no explican nada".

24. Lewis, *Miracles*, p. 63.

25. David Hume, *An Enquiry Concerning Human Understanding*, p. 73.

26. *Ibíd.*, p. 77.

27. Norman Anderson, *The Evidence for the Resurrection*, Inter-Varsity Press, Leicester, 1990, p. 1.

28. 1 Corintios 15:15.

29. Hechos 4:3; 5:18.

30. Juan 2:21.

31. Juan 21:18.

32. C. F. D. Moule, *The Phenomenon of the New Testament*, Londres, SCM, 1967, pp. 3, 13 [*El fenómeno del Nuevo Testamento*, Bilbao: Desclee de Brouwer, 1971].

33. Ver su artículo "Miracles" en *The Encyclopedia of Philosophy*, ed. Paul Edwards, Macmillan, Nueva York, 1967, vol. 5, pp. 346-353; ver también el ensayo "Neo-Humean Arguments about the Miraculous", en *In Defence of Miracles*, eds. R. D. Geivett y G. R. Habermas, Leicester, Apollos, 1997, pp. 45-57.

34. Edwards, *Encyclopedia of Philosophy*, p. 252.

35. Otro defecto en la visión de Hume-Flew es que no parece ser falsificable (en el sentido de que no parecen ser capaces de concebir una observación que demostrara que su visión es falsa).

36. David Hume, *An Enquiry Concerning Human Understanding*, p. 76.

37. Lewis, *Miracles*, p. 109.

38. Wolfhart Pannenberg, *Jesus – God and Man*, traducido por L. L. Wilkins y D. A. Priebe, Filadelfia, Westminster, 1974, p. 109.

39. Es decir, razones que tienen que ver con las convicciones, las creencias y los principios que ya tenemos, *antes* de aplicarlos a una situación.

Capítulo 8

¿Resucitó Cristo de los muertos?

1. Este capítulo está basado en material que apareció en D. W. Gooding y J. C. Lennox, "Worldview", Yaroslavl, Nord, 2004.

2. *DNB*, p. 132.

3. *ED*, p. 109.

4. Este incidente ocurrió justo después de un debate organizado por el *Sydney Morning Herald* en el que tanto Stenger como yo participamos. El debate puede verse en http://www.iq2oz.com/events/eventdetails/2008-series-series/08-08-19.php.

5. E. P. Sanders, *The Historical Figure of Jesus*, Penguin Books, 1993, p. 11 [*La figura histórica de Jesús*, Estella (Navarra): Editorial Verbo Divino, 2010].

6. Christopher Tuckett, "Sources and Methods", en *The Cambridge Companion to Jesus*, ed.

Markus Bockmuehl, Cambridge, Cambridge University Press, 2001, p. 124.

7. Gerd Theissen y Annette Merz, *The Historical Jesus: a comprehensive guide*, Minneapolis, Fortress Press, 1998, pp. 93-94 [*El Jesús histórico: manual,* Salamanca: Editorial Sígueme, 1999].

8. Bertrand Russell, *Why I Am Not a Christian,* Londres, George Allen y Unwin, 1957, p. 16 [*Por qué no soy cristiano,* Barcelona: Edhasa, 2008].

9. *ED,* p. 109.

10. *DNB,* p. 127.

11. Frederic G. Kenyon, *Our Bible and the Ancient Manuscripts,* 4ª ed., Harper, Nueva York, 1958, p. 55.

12. Bruce M. Metzger y Bart D. Ehrman, *The Text of the New Testament, Its Transmission, Corruption and Restoration,* Oxford, Oxford University Press, 3ª ed. ampliada, 1992.

13. Entrevista grabada por Lee Strobel, *The Case for Christ,* Zondervan, Grand Rapids, Michigan, 1998, p. 63 [*El caso de Cristo,* Grand Rapids, Michigan: Editorial Vida, 2000].

14. *DNB,* p. 129.

15. Lucas 1:1-4.

16. Lucas 2:1

17. Los momentos y las fechas aparecen en Lucas 1:5; 2:1 y 3:1-2 respectivamente.

18. Hechos 17:6, original griego.

19. Ver, p. ej., Hechos 17:17, original griego.

20. Irina Levinskaya, *The Book of Acts in its First Century Setting, Volume 5 Diaspora Setting,* Michigan, Eerdmans, Grand Rapids, 1996, p. 51 y ss.

21. *Ibíd.,* p. 80

22. William Ramsey, *St. Paul The Traveller and The Roman Citizen*, NuevaYork, G. P. Putnam's Sons, 1896.

23. Colin J. Hemer y Conrad H. Gempf, *The Book of Acts in the Setting of Hellenistic History*, Londres, Coronet Books Inc, 1989, p. 107 y ss.

24. Sherwin White, *Roman Society and Roman Law in the New Testament*, Oxford, Oxford University Press, 1963, p. 189.

25. Para una introducción de carácter informativo escrita por un filósofo y un historiador, ver Gary R. Habermas y Michael R. Licona, *The Case for the Resurrection of Jesus*, Grand Rapids, Kregel, 2004.

26. Josefo, *Antigüedades de los judíos*,18.64.

27. Tácito, *Anales*, 15.44.

28. Mateo 27:26-31.

29. Ver Mateo 27:32.

30. Juan 19:31 y ss.

31. Ver de nuevo Juan 19:31 y ss.

32. Juan 19:34.

33. Para comentarios adicionales sobre los aspectos médicos de la crucifixión, ver Raymond Brown, *The Death of the Messiah*, New York, Doubleday, 1994, 2:1088 [*La muerte del Mesías*, Estella (Navarra): Editorial Verbo Divino, 2005], y ver también Charles Foster QC, *The Jesus Inquest*, Oxford, Monarch, 2006, Apéndice 1.

34. Marcos 15:44-45.

35. John Dominic Crossan, Jesus, *A Revolutionary Biography*, San Francisco, HarperCollins, 1991, p. 145 [*Jesús: Biografía revolucionaria*, Barcelona: Grijalbo Mondadori Ediciones Junior S.A., 1996].

36. Gerd Lüdemann, *The Resurrection of Christ*, Amherst, Prometheus Books, 2004, p. 50.

37. Mateo 27:57-60; Marcos 15:42-46;
    Lucas 23:50-53; Juan 19:38-42.

38. Lucas 23:50-51.

39. Ver Juan 7:50-52; 19:39-42.

40. Mateo 27:50.

41. Lucas 23:55.

42. Mateo 27:62; Marcos 15:47.

43. Lucas 23:53.

44. Marcos 15:47; Lucas 23:55.

45. Lucas 8:3.

46. Lucas 23:49-55.

47. Juan 19:42.

48. Juan 19:39.

49. Lucas 23:55-56.

50. Marcos 16:1.

51. Marcos 16:1-3.

52. Juan 20:3-9.

53. Marcos 15:46; Mateo 27:60.

54. Mateo 27:62, 65-66.

55. Mateo 27:62-66

56. Marcos 16:3-4.

57. Mateo 28:11-15.

58. Las razones están claras. En primer lugar, inicialmente
    los discípulos estaban asustados de las autoridades
    judías, como demuestra el hecho de que, durante
    algún tiempo después, se reunían a puerta cerrada
    (Jn 20:19, 26). En segundo lugar, Jesús se reunió
    con ellos en diversas ocasiones, poco después de
    su resurrección y les dijo que esperaran hasta el

día de Pentecostés para decirle a la nación que él
había resucitado de los muertos (Hch 1:4-5).

59. Ver Ethelbert Stauber, *Jesus – Gestalt und Geschichte*,
Bern, Francke Verlag, 1957, p. 163 y ss.

60. Mateo 27:55-56.

61. Marcos 15:40-41.

62. Juan 19:25.

63. John Wenham, *Easter Enigma – Do the
Resurrection Stories Contradict One Another?*
Exeter, Paternoster Press, 1984, p. 34.

64. No tenemos más información sobre ningún José, pero
en las listas de los apóstoles (ver, p. ej., Mateo 10:3 y
ss., Marcos 3:13 y ss.) hay dos hombres con el mismo
nombre, Jacobo: Jacobo hijo de Zebedeo, y Jacobo,
hijo de Alfeo. Alfeo y Clofas podía ser perfectamente
versiones del mismo nombre arameo, que se suele
transliterar *Calfai*. La razón es que la primera letra
del nombre en arameo es gutural y, o bien se podría
transliterar como una "k", dando así en Clopas (o
Cleopas, en su equivalente griego más cercado, según
Wenham, *Easter Enigma*, p. 37); o como una "h".
Esta última se representa en griego por un pequeño
signo llamado respiración dura, y se omitía al hablar
o al escribir, siendo en griego *Alfaios*, y en latín Alfeo.
También es interesante que el historiador Eusebio, en
su *Historia Eclesiástica* escrita hacia principios del
siglo IV, mencione que Clopas era hermano de José (es
decir, José, el esposo de María, la madre de Jesús).

65. Juan 19:27.

66. Juan 20:3.

67. Ver Lucas 24:10.

68. Lucas 8:3.

69. Lucas 8:3.

70. Juan 12:1.

71. Mateo 26:56; Marcos 14:50. Muchos creen que el joven que estaba en el huerto cuando Jesús fue arrestado y que se las arregló para escapar a la orden de arresto podría muy bien haber sido Marcos mismo (Marcos 14:51-52).

72. Marcos 16:1; Lucas 23:56–24:1.

73. Es curioso notar que, aunque Jesús les había dicho a sus discípulos que moriría y resucitaría (por ejemplo, Mateo 16:21), es evidente que no lo habían comprendido. La razón psicológica que lo explica es clara: iba en contra de todo lo que ellos esperaban que Jesús haría como mesías (ver Lucas 24, que se explica más adelante, como ejemplo de esto). Sin embargo, las autoridades judías habían tomado nota de las predicciones de Jesús, y por esta razón custodiaron la tumba (Mateo 27:62-65).

74. Marcos 16:1.

75. Wenham, *Easter Enigma – Do the Resurrection Stories Contradict One Another?*, p. 69.

76. Juan 20:2.

77. Juan 20:3-8.

78. Ver Juan 20:15.

79. Michael Grant, *Jesus: An Historian's Review of the Gospels*, Nueva York, Charles Schribner & Sons, 1977, p. 176.

80. Hechos 1:3.

81. Gerd Lüdemann, *What Really Happened to Jesus? A Historical Approach to the Resurrection*, traducido por John Bowden, Louisville, Westminster John Knox, 1995, p. 80.

82. Hechos 2:32.

83. Hechos 3:15.

84. Hechos 10:41.

85. Hechos 13:29-31.

86. 1 Corintios 15:1-8. Una lista completa de referencias a las apariciones posteriores a la resurrección de Cristo: Mateo 28:1-10, 16-20; Marcos 16:9 y ss.; Lucas 24:13-31, 34, 36-49; Juan 20:11-18, 19-23, 24-29; 21:1-23; Hch 1:1-3, 6-11; 9:1-9; 22:3-11; 26:12-18; 1 Corintios 15:5-9.

87. William Lane Craig, *Reasonable Faith*, Wheaton, Illinois, Crossway, 1994, p. 288.

88. Hechos 7:56.

89. 1 Corintios 15:8.

90. 1 Corintios 15:6.

91. Ver Michael Licona, *The Evidence for God*, Ada, Baker Academic, 2010, p. 178.

92. Lewis, *Miracles*, p. 151.

93. Mateo 28:1.

94. Juan 20:1.

95. Juan 20:11-18.

96. Mateo 28:9.

97. Lucas 24:33 y ss.

98. Juan 20:19-25.

99. Wenham, *Easter Enigma – Do the Resurrection Stories Contradict One Another?*

100. Hechos 9:1-19.

101. 1 Corintios 15:8.

102. Hechos 4:17-22.

103. Mateo 26:52.

104. Juan 19:36.

105. Juan 20:1-10

106. Ver Juan 20:10-18

107. Juan 20:17.

108. Juan 20:19-23; Lucas 24:36-49.

109. Edwin Abbott, *Flatland*, Oxford, Blackwell, 1884.

110. 1 Corintios 15:44.

111. Lucas 24:39.

112. Lucas 24:41-43.

113. Lucas 24:11.

114. Juan 20:25.

115. Juan 20:28.

116. Juan 20:29.

117. Lucas 24:3-35.

118. Isaías 53:5.

119. Isaías 53:11.

120. Anderson, *The Evidence for the Resurrection*, p. 11. Para una evaluación más reciente de las pruebas a favor y en contra de la resurrección por parte de un experto jurista, ver *The Jesus Inquest*, de Charles Foster QC, Oxford, Monarch, 2006.

Capítulo 9

Reflexiones finales

1. Griego: *en autois*.

2. Griego: *autois*.

3. Romanos 1:19-21.

4. Richard Dawkins, *The Blind Watchmaker*, Londres, Longman, 1986, p. 1 [*El relojero ciego*, Barcelona: Tusquets Editores, 2015].

5. Entrevista con el *Wirtschaftswoche*, agosto
   de 2007. La traducción es mía.

6. Robert Spaemann, *Das unsterbliche Gerücht: Die
   Frage nach Gott und die Täuschung der Moderne*,
   Stuttgart, Klett-Cotta, 2007, p. 63 [*El rumor
   inmortal: la cuestión sobre Dios y la ilusión de la
   modernidad*, Madrid, Ediciones Rialp, 2010].

7. Parecido a la gematría del mundo clásico por la
   que un niño, usando un sencillo código de letras
   y números, podía escribir en una pared: "Amo
   a la chica cuyo número es el 467". Un ejemplo
   bíblico bien conocido es el número 666.

8. En Dios nacemos, en Cristo morimos, por
   medio del Espíritu Santo somos vivificados.

9. J. L. Mackie, *The Miracle of Theism*, Oxford,
   Clarendon, 1982, pp. 115-116 [*El milagro del
   Teísmo*, Madrid, Editorial Tecnos, 1994].

10. Kant, *Critique of Practical Reason*, Conclusión,
    p. 113, [*Crítica de la razón práctica*,
    Madrid: Alianza Editorial, 2000].

La **misión** de Publicaciones Andamio es publicar y difundir literatura que, desde una perspectiva bíblica, contribuya al crecimiento integral de la persona, la iglesia y a la transformación de la sociedad.

Somos la editorial de los **Grupos Bíblicos Unidos (GBU)** y nacimos en 1987. Los GBU inician su camino en el mundo de la literatura cuando un grupo de estudiantes universitarios puso en marcha (1974) una revista muy sencilla a nivel de producción, pero muy rica en contenidos. Desde ese comienzo un tanto "inesperado", con pocos recursos pero con muchas ganas, hemos ido creciendo hasta el día de hoy.

Publicaciones Andamio ha sido y es el resultado del trabajo y **colaboración de muchas personas**, unido a la **ayuda de Dios** a lo largo de todo este camino.

Síguenos en 

www.publicacionesandamio.com
portafolioandamio.com

Printed in Dunstable, United Kingdom